La métaphore et l'improbable

Ouverture philosophique

Collection dirigée par Aline Caillet, Dominique Chateau, Jean-Marc Lachaud et Bruno Péquignot

Une collection d'ouvrages qui se propose d'accueillir des travaux originaux sans exclusive d'écoles ou de thématiques.

Il s'agit de favoriser la confrontation de recherches et des réflexions, qu'elles soient le fait de philosophes « professionnels » ou non. On n'y confondra donc pas la philosophie avec une discipline académique ; elle est réputée être le fait de tous ceux qu'habite la passion de penser, qu'ils soient professeurs de philosophie, spécialistes des sciences humaines, sociales ou naturelles, ou… polisseurs de verres de lunettes astronomiques.

Dernières parutions

Ado-Dieumerci BONYANGA, *Émancipation et révolution biologique selon Habermas*, 2015.
Olivier LAHBIB, *Phénoménisme et empiriocriticisme*, 2015.
Camille LACAU ST GUILY, *Henri Bergson en Espagne. Une histoire contrariée (1875-1930)*, 2015.
Guylain BERNIER, *La Vidéo de soi sur Internet : rendre visible sa différence. Au-delà de la technologie, les fondements sociaux*, 2015.
Jean PIWNICA, *Le temps des philosophes,* 2015.
Robert PUJADE, *Fantastique et Photographie, Essai sur les limites de la représentation photographique*, 2015.
Nassim EL KABLI, *La Rupture. Philosophie d'une expérience ordinaire*, 2015.
Laurent CHERLONNEIX, *De la volonté de vérité à la Mort de dieu*, 2015.
Paul DUBOUCHET, *De Georg Wilhem Friedrich Hegel à René Girard. Violence du droit, religion et science*, 2015.
Oscar BRENIFIER, *Apologie de la métaphysique. Ou l'art de la conversion*, 2015.
Reza ROKOEE, *L'attitude phénoménologique comparée, de Husserl à Avicenne*, 2015.
François BESSET, *L'âme de la guerre. Petite métaphysique de la Nation*, 2015.
Philippe FLEURY, *Hegel et l'école de Francfort*, 2015.
Pierre ZIADE, *Généalogie de la mondialisation, analyse de la crise identitaire actuelle*, 2015.
Hamdi NABLI, *Foucault et Baudrillard : la fin du pouvoir*, 2015
Richard GROULX, *Michel Foucault, la politique comme guerre continuée. De la guerre des races au racisme d'État*, 2015.
Miklos VETÖ, *De Whitehead à Marion. Éclats de philosophie contemporaine*, 2015.

Michel J.F. DUBOIS

La métaphore et l'improbable

Émergence de l'esprit post-scientifique ?

L'Harmattan

Du même auteur

Du haut du rocher de Prométhée, in *L'entreprise en débat dans la société démocratique*, ouvrage collectif, dir. Blaise Ollivier et Renaud Sainsaulieu, Paris, Éditions Sciences-Po, 2001.

La transition énergétique – vivre dans un monde fini, Paris, DDB, coll. « l'époque en débat », 2009.

L'homme est-il un objet quantique ?, avec Dominique Laplane, in *Repenser l'humain : la fin des évidences*, ouvrage collectif, dir. Jean-Baptiste Lecuit et Jean-Luc Blaquart, Paris, L'Harmattan, 2010.

Le rire de Sisyphe, contes philosophiques, éditions Baudelaire, Lyon, 2012.

Aux portes des cieux, contes philosophiques, éditions Baudelaire, Lyon, 2012.

La Saga des cent-mots, roman, Paris, Thélès, 2013.

Le vivant et l'indéterminé – Tome 1 – action intentionnelle, cerveau et physique quantique, Éditions Universitaires Européennes, 2013.

Le vivant et l'indéterminé – Tome 2 – les modalités de l'action intentionnelle, Éditions Universitaires Européennes, 2014.

5-7, rue de l'Ecole-Polytechnique, 75005 Paris

http://www.harmattan.fr
diffusion.harmattan@wanadoo.fr
harmattan1@wanadoo.fr

ISBN : 978-2-343-06678-3
EAN : 9782343066783

Rien, dans le passé le plus lointain de l'espèce, ne l'a préparée au problème auquel elle se heurte, la rencontre avec une force antagoniste qu'on ne peut vaincre et avec laquelle on ne peut négocier. Seul son acquis culturel, récent et disparate, unique cependant dans le règne vivant, peut inhiber le comportement atavique de dominance qui la conduit à sa perte.

André Lebeau, L'engrenage de la technique, 2006, p. 257

Nous ignorons ce que seront l'Homme et la culture de l'avenir, mais nous avons la certitude que, selon un proverbe wolof, seul l'Homme peut être un remède pour l'Homme.

André Bourguignon, Histoire naturelle de l'homme 2 — L'homme fou, 1989, p. 323

Tout ce que l'on peut dire est que, si l'Histoire est celle du développement de l'esprit humain, elle nous promet du nouveau, pour le meilleur ou pour le pire.

Emmanuel Todd, Après la démocratie, 2008, p. 183

Le fait que ce caractère complexe de la crise planétaire est généralement ignoré indique que la multi-crise est aussi cognitive.

Edgar Morin, La Voie, 2011, p. 27

Chaque siècle se moquait du précédent, l'accusant d'avoir généralisé trop vite et trop naïvement. Descartes avait pitié des Ioniens ; Descartes à son tour nous fait sourire ; sans aucun doute, nos fils riront de nous quelque jour.

Henri Poincaré, La science et l'hypothèse, 1968, p. 157

Il nous est cependant apparu que la métaphore est omniprésente, non seulement dans notre langage, mais dans notre système conceptuel.

George Lakoff et Mark Johnson, Les métaphores dans la vie quotidienne, 1985, p. 223

Dans les années 1950, une révolution scientifique s'est produite [...]. C'est aujourd'hui tout le domaine des *Monte Carlo Markov Chains*, dont l'efficacité déraisonnable en physique, en chimie, en biologie, n'a toujours pas été expliquée. Ce n'est pas une exploration déterministe, ce n'est pas non plus une exploration complètement aléatoire, c'est une exploration par marche au hasard.

Cédric Villani, Théorème vivant, 2012, p 201-202

« C'est en conférant au discours évolutionniste le statut d'un mythe qui assure l'institution historique du sujet que le préjugé anthropologique aussi bien que la thèse du déterminisme technologique pourront être détruits en leurs fondements. »

Xavier Guchet, Les sens de l'évolution technique, Éd. Léo Scheer, 2005, p 347.

Introduction

La perception subjective de l'univers qui nous entoure et notre condition humaine restent des mystères résistant à nos recherches. À la question d'un enfant de six ans : pourquoi suis-je, ici, moi, à ma place, pas à celle d'un autre ? Que répondre ? Malgré les avancées prodigieuses de nos connaissances, l'énigme de l'origine de soi-même, expérience commune s'il en est, reste entière. Notre conscience est une réalité insaisissable à partir de laquelle nous pouvons connaitre les êtres et les choses, expérimenter, découvrir. La reconnaissance de l'existence subjective est angoissante ; toutes les cultures, aussi diverses soient-elles, ont tenté d'en évacuer la charge émotionnelle par des récits ou le déni. Des histoires mythiques et poétiques décrivaient la naissance du monde à partir du chaos ou du néant, puis l'apparition de l'homme venu ou créé par des dieux, ou Dieu. Ces récits se sont enrichis d'apports venus de sages ou de prophètes. Ils ont été revus par les métaphysiciens, les théologiens, les philosophes, et transformés par les scientifiques.

Parallèlement, la méthodologie scientifique résiste aux critiques déconstructivistes. Même si la science se construit à partir de l'humain, c'est-à-dire par des humains, l'analyse critique de l'activité scientifique est elle-même produite par des humains. Il reste que le réel, aussi difficile à définir soit-il, se manifeste par une résistance à toute réduction aux représentations que nous en avons. Aussi, pourquoi avoir peur de l'évolution des représentations collectives, même si elles semblent décalées par rapport à la résistance du réel ?

Aujourd'hui, une pensée nouvelle de l'évolution, en ce qui concerne tous les processus du vivant, est manifestement en cours d'émergence. Ce sont désormais les schèmes associés aux découvertes scientifiques et aux inventions techniques qui sont repris et réfléchis par les philosophes ; les ingénieurs et scientifiques ne croient plus à la philosophie comme prescriptive de ce que devraient être la science et la technique. Par contre, ils attendent des éclairages signifiants qui intègrent ces nouveautés dans l'enjeu de refonder les liens qui constituent le « vivre ensemble ».

Une des conclusions de ce livre est que nous devons aujourd'hui développer notre écoute de l'improbable, ce dernier se dévoilant par ce que les prospectivistes appellent « les signaux faibles ». Il apparait, depuis 2012 ou 2013, que de nouveaux outils le permettent. Sans céder pour autant au triomphalisme de nombreux acteurs qui œuvrent sur les fronts de l'évolution technique, reconnaissons que l'apparition de ce que nous appelons désormais le « Big Data » ressemble à l'outil attendu. Il a bien sûr ses possibilités de dérives techniques, mais loin de fermer notre monde dans un déterminisme oppressant, il ouvre davantage le champ de l'improbable. Il nous le rend perceptible. [1]Je crois ainsi que ce texte est parlant pour ceux qui sont « sur le front » des innovations qui, mises en réseau, font système et sont en train de transformer notre monde.

Les quatre derniers siècles de l'Histoire sont marqués par l'expansion technique, économique et impérialiste de l'Occident. Mais aussi, par la transformation intellectuelle fondatrice de l'approche scientifique et résultat des connaissances qu'elle a apportées. La Terre n'est plus au centre de l'univers, l'homme au sommet de la création, l'esprit indépendant du corps, Dieu (ou les dieux) créateur(s) et acteur(s) direct(s) dans la marche du monde, et le bien suprême, finalité de notre vie sur terre. Étrangère au dévoilement d'un sens, l'approche scientifique accentue le mystère de la subjectivité et de la créativité humaine. Elle semble détruire l'espérance en l'identifiant à une illusion, car ce concept se situe hors de son champ d'études. Elle nous ouvre à la perte et au manque, lesquels pourraient devenir générateurs de solutions nouvelles, nécessaires à notre survie à moyen terme. Depuis que notre connaissance de l'univers et du monde s'est transformée, élargie et complexifiée, notre existence subjective devient une énigme encore plus prégnante, pourtant fondement de ce qui nous permet d'agir et de connaitre.

Notre connaissance du monde et notre regard sur lui sont en interaction. Par le fait d'être conscients, nous sommes le regard du monde sur lui-même. Rien, de la nature, ne peut dire ses besoins, ses récriminations contre l'homme, si ce n'est par un être humain qui parle en son nom. La nature ne peut dire ses droits, ni aucun être vivant qui vaque à ses affaires sans conscience de sa fin proche. Aujourd'hui, nous comprenons que nous avons modifié la biosphère dont nous provenons, ce qui entraine une transformation inéluctable dans la durée. Nous

[1]Gilles Babinet, *Big Data, penser l'homme et le monde autrement*, Le passeur, 2014. Pierre Giorgini, *La transition fulgurante, Vers un bouleversement systémique du monde ?*, Bayard, 2014.

accroissons encore ce changement pour les siècles à venir en nous mettant face à une sorte de mur des limites physiques. Quelles en sont les conséquences sur notre vie collective ? Nous commençons à l'entrevoir.

Les représentations que nous construisons pas à pas, en interaction avec notre action sur le monde, ne sont pas que les résultats de connaissances acquises. Même si les objets matériels montrent une résistance à nos actions, et, par là, leur autonomie, nos représentations sont aussi ce qui transforme le monde et ce qui freine le changement, directement ou indirectement. Elles sont donc à la fois effets et causes de cette transformation. Notre regard actuel est un inextricable tissage d'ancien et de nouveau. Le nouveau nous fascine et nous fait peur. L'ancien nous rassure, mais la conscience de sa fragilité accroit notre angoisse de le voir s'effondrer.

L'accélération de la transformation depuis deux siècles, qui implique toute la biosphère, modifie la qualité des entrelacs entre ancien et nouveau. Si le changement est suffisamment lent, par le processus d'habituation propre au système nerveux animal, ni mémorisation ni prise de conscience « spontanée » du phénomène ne sont possibles[2]. Seuls les historiens peuvent, après études, montrer les mutations politiques, sociales, économiques, techniques, ainsi que celles de nos représentations. Lorsque le changement s'accélère, la conscience de l'évolution touche un nombre croissant d'acteurs ; ils comparent leurs souvenirs à l'expérience du temps présent. La vitesse du bouleversement provoque un processus intérieur de remaniement des représentations, qui est décrit comme une prise de conscience, dans le monde moderne, et qui jadis était interprété comme une révélation[3]. Cette prise de conscience peut être décrite comme un changement de regard sur les situations, un éclaircissement qui offre l'accès à plus d'autonomie, de réflexion, voire de délibération[4]. Le propre d'une croissance exponentielle est que son accélération est en accélération et ainsi de suite ; les prises de conscience s'amplifient et s'élargissent avec cette accélération.

Cette transformation ne dépend plus d'un groupe humain, qu'il se réfère à une nation, une culture, une civilisation, une religion, une idéologie. Elle dépasse l'humanité dans sa globalité. Elle a comme cadre la biosphère planétaire. Nous agissons aujourd'hui, nous les êtres humains, de manière massive, chaotique, destructive et créatrice, nous

---

[2] Larry Squire et Eric Kandel, *La mémoire – de l'esprit aux molécules*, trad. fr., Paris, Flammarion, 2005.

[3] On peut lire dans ce sens l'ouvrage d'Alvin Toffler, *Le choc du futur*, trad. fr., Paris, Denoël, 1971, ouvrage encore d'actualité, qui décrit les processus et les états de conscience qu'entraine une accélération du changement.

[4] Florence Giust-Desprairies, *L'imaginaire collectif*, Toulouse, Erés, 2009, p 23-45.

modifions les équilibres en ignorant souvent les conséquences de nos actions. Pourtant, nous commençons à en prendre conscience et à acquérir la connaissance des effets de nos actions. Appartenant à la seule espèce dont les individus ont conscience de leur mort, nous avons assimilé l'idée que les civilisations sont mortelles[5]. Nous devenons la seule espèce vivante dont les membres ont conscience de leur mortalité et dont un nombre croissant d'entre eux a conscience de la mortalité de toute espèce, de la fragilité de la vie et de la barbarie encore en l'Homme[6].

Il semble difficile de soutenir que la transformation actuelle ne concerne que la science ou l'action technique, ou même l'action économique ou politique. Elle concerne aussi les fondements de la force de vie en chaque individu, son intrication avec la force de mort, sa manifestation culturelle et spirituelle au niveau individuel, social, national, multinational, religieux, planétaire. Définir comment et quand apparaitra au grand jour cette transformation à multiples niveaux semble une gageüre. Décrire toutes ses caractéristiques semble hors de portée. La seule certitude qui anime l'écriture de ce livre : elle aura lieu, dans une durée inférieure à ce siècle. Car nul système ne franchit longtemps impunément les limites des conditions de son maintien.

Peut-on éviter la montée en puissance des forces destructrices, surtout si elles prennent l'aspect de force de vie ? Limiter les actions négatives qui se croient positives, favoriser les rencontres transversales, ouvrir à l'action collective solidaire, favoriser les intégrations entre cloisonnement et ouverture ou entre opposition et coopération, diminuer les pressions quantitatives sur la biosphère, favoriser le développement des connaissances, innover pour permettre les actions ci-dessus ? Cette transformation inéluctable sera-t-elle génératrice d'effondrements collatéraux[7] ? Pouvons-nous anticiper ? Confirmerons-nous notre statut d'étranger, comme force motrice de la biosphère dont nous provenons pourtant ?

Ce nouvel état humain, individuel et collectif, fondé sur la reconnaissance que nous, les êtres humains, sommes à la fois dans et hors de la biosphère, tout en étant aussi les représentants d'une espèce dont l'identité est multiple, biologique, psychique, culturelle et sociale, voire religieuse, c'est ce que j'appelle *l'esprit post-scientifique.* C'est un phénomène collectif qui émerge dans l'interaction, comme conséquence

---

[5]Paul Valéry, *Regards sur le monde actuel,* 1945, in Œuvres, tome 2, Paris, Gallimard, col. La Pléiade.
[6]Tzvetan Todorov, *La peur des barbares – Au-delà du choc des civilisations*, Paris, Laffont, 2008.
[7] Gaïdz Minassian, *Zones grises – Quand les États perdent le contrôle,* Paris, Autrement, col. Frontières, 2011.

des ruptures culturelles, épistémologiques, technologiques. Cette expression fait référence à la fois à Hegel et à Bachelard ; elle permet de colorer différemment le terme *esprit,* en préservant une vision évolutionnaire sans adhérer à un absolu ou à un accomplissement. L'individualisme collectif postmoderne porte en lui cette transformation potentielle. J'espère le faire comprendre par ce texte et montrer que l'appropriation collective de cette approche l'enrichira, la transformera, au point de rendre manifeste cette émergence. Car, même s'il s'agit d'un processus profond, le temps presse et une sorte de course s'est entamée contre la butée des limites physiques, thermodynamiques. Certains croient à une mutation biologique, mais nous savons qu'une telle transformation demande un temps trop long par rapport aux vitesses actuelles des développements et transformations[8]. Face à la rapidité de l'expansion quantitative humaine planétaire, laquelle est déjà en train de heurter les limites physiques, y a-t-il d'autres chemins qu'une transformation qualitative anthropologique, culturelle, psychique et intellectuelle, qualifiable de *spirituelle* ?

C'est à ce saut qualitatif que cet ouvrage est consacré. Comment penser à partir du cadre intellectuel en recomposition qui a mis bas les concepts classiques, lesquels sont encore enracinés dans notre évolution multiple : biologique, psychologique, culturelle et sociale, technique, religieuse ? Pouvons-nous agir de manière adaptée à la situation nouvelle, celle du rôle dominant de notre propre espèce dans la biosphère ? Cela conduit à l'intégration collective de ce qui nous environne dans notre propre perception. Dès que nous prenons conscience que la biosphère est nôtre, notre perception de l'altérité se modifie. L'hypothèse Gaïa, par exemple, dont l'influence apparait dans la conscience collective, nous oriente vers une conscience nouvelle de la possibilité de Gaïa[9].

Le cœur de toute théorie, de toute conception, scientifique, philosophique, identitaire ou religieuse, est un indémontrable souvent non explicité. C'est le sens donné ici au terme *paradigme*[10]. Il peut exister différents paradigmes selon le niveau d'analyse. Je considère ici

---

[8] C'est ce que défend Michel Houellebecq, dans *Les particules élémentaires,* Paris, Flammarion, 1998. Les biologistes évolutionnaires estiment qu'il faut des millénaires pour qu'une espèce nouvelle émerge (S.J. Gould, *La structure de la théorie de l'évolution*, trad. fr., Paris, Gallimard, 2006), même si, dans certains cas spécifiques (petite population, cycle générationnel court), un siècle pourrait suffire.

[9]James Lovelock, *La terre est un être vivant – l'hypothèse Gaïa*, trad. fr., Paris, Flammarion, 1993. L'auteur, chercheur britannique indépendant, défend l'idée que la Terre est un être vivant, idée qui est en contradiction avec le concept d'être vivant. Mais cette thèse a le mérite de remettre en cause certains concepts simplificateurs sur l'évolution du vivant.

[10]Ce concept, popularisé par Thomas Kuhn, doit être revisité pour conceptualiser la nature du paradigme nouveau, puisqu'il s'agit du paradigme de la rupture paradigmatique. La révolution scientifique, telle que décrite par Kuhn, est en train de devenir permanente.

un nouveau paradigme en émergence qui, dans la largeur de son soubassement, intègre ceux qui sont aux fondements des révolutions intellectuelles des vingt-six siècles précédents. Il est déjà là. Nous l'utilisons de plus en plus, sorte de préalable à la prise de conscience de la nouveauté, mais sans l'identifier, tant nous sommes orientés vers des objets extérieurs[11]. Comme nous le verrons, la « recherche d'un nouveau paradigme » est un leurre[12]. Il est déjà présent en nous, il nous fait peur car il n'est pas reposant, il intègre comme complémentaires des inconciliables. Pour qu'il émerge, nous devons l'apprivoiser, l'accepter, y entrer comme on se jette à l'eau pour apprendre à nager. Car ce paradigme, décrit ci-après, incorpore de fait l'instabilité intrinsèque de la rencontre d'un obstacle fondamental pour lequel le concept de franchissement n'est pas adapté.

Dans la transformation conceptuelle décrite ci-après, est remis en cause l'absolutisme du paradigme – dit classique – de la substance, de l'identité et de la séparabilité des choses et des êtres, de la logique classique de la non-contradiction et du tiers exclu, de la conception que tout peut se ramener à une mécanique objective, que tout fait, tout évènement, a toujours une cause identifiable[13]. Même s'il a donné des résultats impressionnants, même s'il sera encore longtemps utilisé, car il est adapté à l'environnement matériel macroscopique dans lequel nous vivons, il ne permet pas de saisir l'interaction mouvante entre un sujet et son environnement, entre différents sujets, entre des institutions et une population. Il ne permet pas non plus d'agir en intégrant des champs disciplinaires différents, ou de prendre des décisions dans un système complexe, ce monde désormais sous influence humaine, dont les multiples niveaux interagissent de manière imprévisible. « Déchosifiant », ce nouveau paradigme reconnait néanmoins que même ce qui est conceptuel, non identifiable à une chose, possède les capacités de résistance d'un objet.

---

[11]C'est une règle générale des processus évolutifs. Les fondements d'un caractère nouveau sont, le plus souvent, construits longtemps avant le caractère lui-même. Ainsi, on peut retrouver les prémices de ce qui nous parait le plus humain, comme le rire ou la compassion, chez d'autres espèces plus ou moins proches de nous.

[12]Même si des auteurs sont partis à sa recherche. Cf Jean Staune, *Notre existence a-t-elle un sens ?*, Presses de la renaissance, Paris, 2007.

[13]L'énoncé du principe du tiers exclu vient d'Aristote ; on peut aussi le rattacher au principe de non-contradiction énoncé par Platon. Il est un fondement de la logique et des mathématiques. Chacun peut en faire l'expérience. Si je pose A quel qu'il soit, tout le reste sera non-A. Selon le principe du tiers exclu, il n'existe pas de « A et non-A ». Par exemple, si A signifie « a les yeux bruns », non-A signifie « n'a pas les yeux bruns ». Il n'existe pas de troisième terme. Dans un système mouvant, fluide et complexe, où la discontinuité est relative, le tiers exclu perd sa pertinence absolue, les limites, leur netteté ; il peut exister, par exemple, des yeux à la couleur changeante, parfois bruns. Hegel avait déjà montré que, dans la durée, le principe du tiers exclu ne fonctionne pas.

Je développerai ce que je comprends de ce nouveau paradigme, pourquoi j'affirme qu'il est déjà présent en nous, partiellement, et pourquoi je pense qu'il apporte des réponses possibles aux problématiques que nous rencontrons. Pour le dévoiler, je m'appuierai sur plusieurs approches bâties durant le XXe siècle. Car, conformément à ce que je montre, je suis aussi sous l'influence du paradigme dans lequel j'ai grandi ; exposer l'émergence d'un nouveau paradigme dans des termes anciens est quasi impossible ; mais l'exposer dans ses termes nouveaux est aussi une gageüre. Je m'y suis exercé en prenant une « posture métaphorique » qui pourra perturber ceux qui restent indéfectiblement dans ce monde ancien sans outil pour comprendre ce qui se passe.

Ce livre, même s'il parle de sciences – de la matière, du vivant, de l'homme –, et aussi de techniques, n'est un livre ni de science, ni de technique, ni même d'épistémologie. Chaque sujet est trop vaste pour être abordé ici de manière approfondie. Pour ceux qui aiment les catégories, bien que ce texte prétende que l'approche par les catégories perd de sa consistance tout en restant, dans certaines limites, intellectuellement opératoire, il s'agit, ici, de pensée à propos des sciences, voire des techniques, mais surtout à propos de ce qu'elles nous disent ou que nous leur faisons dire. En quoi les sciences et les techniques ont-elles transformé nos représentations du monde ? Comment intégrer ce que les scientifiques pensent de ce qu'ils ont trouvé ? Qu'en pensons-nous, collectivement ? Cela change-t-il aussi nos modalités d'action ?

Heidegger a écrit que « la science ne pense pas » ; certes, mais la philosophie non plus. Ce sont des hommes qui pensent ou tentent de penser : des philosophes, des scientifiques, mais aussi des artistes, des politiques, des ingénieurs, des techniciens… Ce que voulait peut-être nous dire Heidegger, c'est que la pensée, même si nous l'avons tous en nous, reste un apprentissage permanent. Ce livre est ainsi une tentative de penser autrement, en tentant d'utiliser des termes accessibles au plus grand nombre. Il défend une thèse : un nouveau paradigme est en cours d'émergence, mais il est refusé à la fois par ceux qui se réfèrent implicitement à l'ancien, et par ceux qui voudraient rejeter l'approche scientifique et se disent à la recherche d'un nouveau paradigme de type religieux. Ce nouveau paradigme est en effet, intellectuellement et psychologiquement, très dérangeant, mais, me semble-t-il, inéluctable, et fait vaciller ce que nous avons cru certain, même dans les désaccords qui semblaient irréductibles. Si ce texte s'appuie sur de nombreux penseurs des vingt-six derniers siècles de la pensée humaine et parcourt l'histoire de la philosophie depuis ses origines, il ne contient pas de discussion philosophique classique, ni de référence complète à la longue liste des philosophes, épistémologues, historiens des sciences ou des techniques, ou encore anthropologues, sociologues, psychosociologues ou historiens des religions, dont les travaux servent de support au point de vue présenté ici… Juste un hommage aux principaux précurseurs identifiés.

Le sujet même de ce texte posait un problème d'écriture. J'ai tenté une forme cohérente avec son fond. Voulant éviter le discours de penseurs antimétaphoriques, parsemant leurs discours de métaphores inconscientes, j'ai au contraire accentué l'aspect métaphorique, parfois en le précisant, tout en gardant une méthode qui se veut rigoureuse et déterministe. On peut croire à l'incroyable, rien n'est plus commun, mais tout dépend de ce que veut dire « croire » et de sa relation-opposition au réel.

Première Partie

Des origines à la modernité

Chapitre I

Le grand changement du XXe siècle

Les découvertes scientifiques du XXe siècle modifient radicalement nos connaissances sur l'histoire de l'univers, de la vie et de l'homme. En même temps, la situation démographique, économique et biogéologique suggère que notre époque est celle d'une grande rupture planétaire.

La grande expansion des sciences durant l'ère moderne, qui a connu plusieurs phases, provoque une véritable rupture conceptuelle durant le XXe siècle amorçant une transformation de notre vision de la nature, du monde et de l'homme.

La physique a commencé avec les Grecs antiques, Thalès, Pythagore, et tant d'autres, jusqu'à Archimède[1] et la fin du monde antique. Après un temps de stase, corrélée à des conditions historiques bien étudiées, elle connait un premier renouveau dans le monde sous domination arabe entre le XIe et le XIIIe siècle, puis un second en Italie, après trois siècles d'évolution constante de la pensée réflexive en Europe, vers la fin du XVIe siècle, avec Galilée puis Torricelli. Ce dernier va résoudre le problème des fontainiers de Florence qui n'arrivaient pas à élever l'eau de l'Arno à plus de 10 mètres. La physique s'internationalise en Europe dès la fin du XVIIe siècle. On connait les noms de Descartes pour la France, Newton en Grande-Bretagne, Leibniz en Allemagne ; le nombre de philosophes savants chercheurs croît durant tout le XVIIIe siècle. Dès le milieu du XIXe siècle, il existe de nombreux savants chercheurs dans tous les pays

[1]Dans l'Antiquité, la physique était la part de la philosophie qui traitait de la connaissance de la nature. La séparation initiée par Galilée va conduire, en deux siècles, à une définition limitant la physique à l'étude du monde naturel non vivant. La chimie s'en séparera à la fin du XVIIIe siècle.

occidentaux, Russie comprise. La physique représentait alors un idéal type de *La Science* et semblait presque terminée à la fin du siècle[2].

Pendant cette période, le paradigme fondamental dominant est resté stable, malgré les apparences ; par exemple, les débats des XVIIe et XVIIIe siècles sur la communication des substances, devenus peu compréhensibles aujourd'hui, viennent du fait de la conservation du paradigme le plus profond. Il est fondé sur la croyance en l'existence d'un déterminisme général, sur le refus de l'existence du hasard relégué à la simple ignorance des causes et, corrélativement, sur le principe absolu du tiers exclu[3]. Il pose la séparation du sujet observant de l'objet observé comme seule possibilité d'acquérir un savoir. Il admet, implicitement, que les individus et les objets, dotés d'une substance, sont soit constitués de parties qui sont autant d'objets, et cela à l'infini, soit intelligible comme substance unique, le fondement matériel étant indifférencié[4]. Si les scientifiques s'opposent aux institutions religieuses, c'est au nom de la liberté de pensée et de recherche et au nom d'une approche expérimentale, car les théologiens partagent ces mêmes croyances et valeurs, ce qui les conduit à des discussions sans fin sur la relation entre Dieu et les êtres humains.

La transformation de la physique, au XIXe siècle, est venue par la thermodynamique et l'électromagnétisme. Elle remet déjà en cause la théorie de la connaissance construite par Kant. Elle est prélude à l'immense mutation scientifique qui commence en 1905[5]. Vingt-cinq ans après, les nouvelles théories donnaient le vertige aux physiciens et mathématiciens européens, acteurs et penseurs de leur discipline : Planck, Bohr, Einstein…[6]. Cette révolution mène à admettre un principe fondamental d'indétermination et de non-neutralité de l'observation – théorie de la mesure –. Elle conduit à découvrir que, au-delà d'un certain seuil, les composants des objets n'ont plus les caractéristiques d'un objet classique et que des interactions non locales sont possibles. Elle amène les chercheurs à considérer que la réalité ultime transcende l'espace et le temps.

---

[2] Lord Kelvin, en 1898, en introduction à des étudiants commençant première année d'étude de physique, les plaignit d'entrer dans l'étude d'une science dont on avait presque fait le tour...

[3]On peut lire avec profit *L'anti-nature* de Clément Rosset (puf, 1973) qui propose une histoire de la confrontation entre les idées de Nature et d'Artifice, qui correspond, selon lui, à l'opposition entre déterminisme et aléatoire.

[4]C'est ce qu'il est convenu d'appeler la thèse hylémorphique aristotélicienne.

[5]Cette année est qualifiée par les physiciens d'« annus mirabilis » après 1543 (Copernic) et 1666 (Newton).

[6]Parmi les scientifiques à l'origine de ce renouvèlement, on peut nommer : Pauli, Fermi, Bose, Schrödinger, Heisenberg, De Broglie, Dirac, London, Bauer. Max Planck, né en 1858 et mort en 1947, peut être considéré comme celui qui a initié et vécu la transition. On peut lire avec profit : Bruno Escoubès et José Leite Lopes, *Source et évolution de la physique quantique – textes fondateurs*, Paris, EDP Sciences, 2005.

Après ces découvertes, nous voici devant une nouvelle conception de l'origine de l'univers – la théorie du Big Bang –, de ses dimensions et de son âge : l'univers devient vieux d'environ quatorze-milliards d'années et maintenant de nouvelles planètes tournant autour d'autres soleils sont découvertes chaque semaine, jusqu'en bordure d'autres galaxies...

En 1912, Alfred Wegener, astronome et météorologue allemand, présentait son idée de dérive des continents qui ne fut acceptée qu'après la construction de la théorie synthétique de la tectonique des plaques en 1967 : elle confirmait la longue histoire évolutive de la Terre et du vivant, vieille de 4,5 milliards d'années, et son rapport avec les mouvements des continents terrestres[7].

Avec le concept de biosphère, le russe Vladimir Vernadsky développe une autre approche du vivant. Au-delà du principe d'adaptation, l'évolution est aussi pensée en termes d'interaction avec l'environnement lui-même régulé et construit par les êtres vivants. Ce faisant, il renoue avec une vision ancienne des lois naturelles dans lesquelles s'encastrent les lois propres à l'activité humaine.[8] La reconnaissance de l'évolution du vivant avait commencé au siècle des lumières avec, par exemple, de La Mettrie et Diderot ; elle s'était prolongée par les recherches de Geoffroy Saint-Hilaire et de Lamarck, puis de Darwin qui est à l'origine de la pensée biologique évolutionnaire moderne[9]. Les trente dernières années du XXe siècle mettront en évidence la dialectique complexe entre déterminisme génétique et probabilisme biologique, mettant le concept de hasard au cœur des sciences du vivant[10]. Depuis Lamarck et Geoffroy Saint-Hilaire, il apparait que ce hasard s'intègre chaque jour davantage

---

[7]Wegener s'appuyait sur plusieurs disciplines (géophysique, géographie, paléontologie et géologie). Il inaugura une nouvelle façon de découvrir des lois en sciences. Nous avons oublié que, au milieu du XIXe siècle, personne n'imaginait que l'histoire de la Terre pouvait dépasser quelques centaines de millions d'années. Beaucoup se fiaient aux textes bibliques, soit un peu plus de 6000 ans. Le terme « antédiluvien », qui veut dire « avant le déluge du mythe de Noé », signifiait un au-delà des temps accessibles.

[8]Le terme de « biosphère » est inventé en réalité par le Suisse Édouard Suess, dans *La Face de la Terre* (1885, 1901). La plupart des grands concepts du XXe siècle qui font système trouvent leur origine nettement avant ce siècle. Par exemple, Lamarck avait vu, cent-cinquante ans à l'avance, les menaces que l'espèce humaine faisait courir à son propre environnement.

[9] *Philosophie zoologique*, de Jean-Baptiste Lamarck (Paris, 1930) est accessible sur internet. Comme pour la découverte de Wegener, celle de l'évolution du vivant demande de s'appuyer sur de multiples disciplines (géologie, paléontologie, génétique, embryologie, anatomie comparée, outils issus de la physique, puis de la biologie moléculaire). La confirmation de la théorie darwinienne de l'évolution, à différencier de la reconnaissance de l'évolution, a demandé la mobilisation des connaissances et compétences de générations de chercheurs de multiples domaines.

[10]Pierre Vendryès développe le concept de processus aléatoire, dans *Vers la théorie de l'homme*, puf, Paris, 1973. Une généralisation de l'approche darwinienne est proposée par Jean-Jacques Kupiec et Pierre Sonigo, *Ni Dieu ni gène*, Seuil, Paris, 2000 et Jean-Jacques Kupiec, *L'origine des individus*, Fayard, Paris, 2008.

dans une conception de l'évolution qui réintègre leurs approches tout en les transformant[11].

La révolution épistémologique de la biologie atteint un chemin de non-retour, mettant l'indéterminisme au cœur des processus du vivant, qu'ils concernent l'évolution, le développement ou même les processus régulateurs et adaptatifs. Personne n'aurait pu imaginer au début du XIXe siècle que le secret du vivant se situerait au niveau des associations d'atomes, des échanges d'électrons et de protons, selon des processus autoorganisationnels, c'est-à-dire à un niveau où les propriétés de la matière ne peuvent plus être décrites dans les termes d'une langue naturelle.

Pour couronner le tout, la climatologie prend son essor durant les années 70, grâce au développement de nouveaux outils de mesure et à l'accroissement prodigieux des capacités de calculs. Elle confirme la régulation globale et l'interaction entre phénomènes géophysiques et activités des êtres vivants[12].

De nombreuses applications techniques seront issues de ces découvertes : optoélectronique, informatique, réseaux, biotechnologies, alors même que l'impact intellectuel et culturel de ces bouleversements n'est pas encore pleinement ressenti. Et le rythme des découvertes se poursuit. Dans les années 70 du XXe siècle, il était courant de dire, dans les milieux scientifiques, qu'il vivait plus de chercheurs qu'il n'en avait existé depuis le début de l'humanité, et quarante plus tard, nous pouvons encore le dire, car la population des chercheurs a plus que doublé depuis cette époque. Cette évolution va se poursuivre, d'ici une autre quarantaine d'années, car la communauté de chercheurs s'accroit et s'internationalise toujours plus avec la venue de nouveaux pays comme l'Inde, la Chine, la Corée ou le Brésil[13].

Ces multiples découvertes conceptuelles rencontrent des résistances. En effet, pour penser ces transformations, les chercheurs utilisent les concepts fondateurs de leurs représentations initiales et c'est bien souvent dans l'après-coup qu'ils reconnaissent la rupture opérée. Nous en avons

[11]Le terme ancien d'épigénétique est repris pour décrire une influence de l'environnement provoquant des modifications biochimiques de l'ADN transmissibles à la descendance. Le concept de « gène homéotique » reprend une conception de Geoffroy Saint-Hilaire, si révolutionnaire qu'elle fut rejetée de son temps.

[12]Là encore, l'activité transdisciplinaire (géologie, paléontologie, biologie, chimie, physique, mathématiques) est à l'origine des plus grandes découvertes.

[13] L'Inde, impliquée dans l'origine de la pensée scientifique, a une population de chercheurs renommés dès la fin du XIXe siècle : par exemple, Chandrashekhara Venkata Râman né à Timchirappalli, Tamil Nadu, en 1888, a le prix Nobel de physique en 1930 pour ses travaux sur la diffusion de la lumière et la découverte de l'effet dit Raman, donnant la spectroscopie Raman ; Satyendranath Bose (qui a donné son nom aux Bosons) est Bengali, né en 1894 à Calcutta ; Subrahmanyan Chandrasekhar, neveu de Raman, reçoit le prix Nobel de physique en 1983. Aujourd'hui la communauté scientifique indienne, numériquement parlant, est la troisième, au niveau planétaire. En 2013, la Chine revendique la deuxième place et le Brésil vient de dépasser la Russie.

un très bon exemple dans la formulation écrite par l'un d'entre eux : « *Si nous croyons l'hypothèse de Wegener, nous devons oublier tout ce que nous avons appris dans les soixante-dix dernières années et retourner sur les bancs de l'école !* »[14].

Une révolution scientifique n'apparait pas là où on l'attend, même si elle est pressentie, et n'apporte pas toujours ce qu'espèrent ceux qui se réfèrent à l'histoire passée. Lord Kelvin, en 1898, aurait déclaré que « *Désormais, il n'y a plus rien de nouveau à découvrir en physique. Ce qui reste à faire, ce sont des mesures de plus en plus précises. [...] La connaissance en physique est semblable à un grand ciel bleu, à l'horizon duquel subsistent seulement deux petits nuages* ». La solution du premier nuage conduisit à l'abandon du concept de temps absolu, et celle du deuxième à l'abandon du déterminisme absolu.

Si ces révolutions scientifiques sont souvent rapides et profondes, leurs conséquences philosophiques émergent difficilement. On a pu le voir avec les tentatives des scientifiques pour saisir les conséquences philosophiques des théories qu'ils avaient conçues[15]. Les échanges épistolaires de Charles Darwin révèlent à quel point il était conscient de l'impact philosophique de sa théorie et de son impuissance à en rendre compte. Désormais, les sciences deviennent la source des nouveaux schèmes de pensée ; la pensée réflexive et critique sur la Nature, le Monde et l'Humain, a besoin des données et concepts fournis par les sciences.

La difficulté à donner du sens à ces découvertes scientifiques va engendrer un clivage entre science et philosophie, pourtant historiquement imbriquées. Cette séparation va même entrainer des clivages dans la pensée philosophique qui tend à devenir éclatée en spécialités de plus en plus fines, l'organisation de la recherche en philosophie des sciences se calquant sur celle de la recherche en sciences. Cette séparation pourrait avoir un lien avec une autre divergence, celle qui s'établit entre ces questionnements philosophiques et le développement technique qui répond aux seuls besoins de santé, de déplacements ou de confort. L'évolution incessante des connaissances et la multiplication des nouveaux schèmes de pensée, chacun associé à une discipline spécifique, détruisent le rêve philosophique d'une unification de la connaissance. Reconstruire une théorie de la connaissance semble aujourd'hui inaccessible.

---

[14] Rollin Thomas Chamberlin, *Some of the objections to Wegener's Theory*, in W. A. Van Waterschoot Van Der Gracht, *Theory of continental drift : a symposium*, Tulsa, American Association of the Petroleum Geologists, 1928, p. 87.

[15] Ils ont presque tous écrit un ou plusieurs ouvrages pour tenter de comprendre ce qu'ils avaient découvert.

L'impact de la science sur la technique est récent. Jusqu'au XVIIe siècle, le développement technique s'est fait sans grand apport scientifique, auquel il a servi au contraire de support. Longtemps avant le néolithique, l'homme savait qu'une hache faite d'un manche et d'une pierre était plus efficace que la pierre seule. Pourtant le calcul de la quantité de mouvement et de l'énergie cinétique, qui permettent d'en expliquer la raison et d'optimiser les formes, n'a été possible qu'au début des temps modernes. Archimède découvre le principe de la flottaison d'un corps, le fameux « principe d'Archimède », alors qu'on fabriquait des bateaux depuis deux millénaires, sans savoir pourquoi ils flottaient. Les chantiers navals grecs et phéniciens avaient besoin de pouvoir sortir de l'eau les bateaux pour les réparer ; l'invention des poulies, des moufles et des palans, permettant de démultiplier la force, a eu lieu bien avant qu'on sache analyser la décomposition des forces. Archimède a amélioré ces outils, mais, dans ce cas, n'a pu énoncer la théorie explicative. Il faudra attendre le XVIIe siècle, après nombre d'améliorations techniques. L'invention de lunettes et de télescopes n'a pas attendu le développement scientifique de l'optique qui s'est développée à partir du XVIIe siècle, ni celle de la machine à vapeur n'a compté sur la thermodynamique conçue environ 70 ans plus tard, etc. Au cœur de la science se situe la problématique de la mesure ; la précision des mesures et la définition de ce qui est mesurable se sont sans cesse améliorées, en interaction avec la technique, et c'est par là que la science a provoqué peu à peu une transformation de la technique.

Aujourd'hui, on peut dire que la plus grande part des innovations techniques utilise des découvertes scientifiques autant que les innovations techniques servent les recherches scientifiques. Les matériaux composites ont été inventés avant les débuts de recherche sur leurs intérêts. De nombreuses innovations résultent d'utilisations transversales des connaissances scientifiques, ce qui n'est pas prévisible par la science, selon un processus qui peut être qualifié de transductif. Cette interaction obéit à des lois propres, apparemment autonomes, échappant au questionnement préalable, éthique ou politique.

« L'engrenage de la technique » modifie les organisations sociales et se diffuse jusque dans la sphère individuelle, alors que les représentations collectives se réfèrent encore souvent au passé[16]. Un « recul de la mort »

---

[16]Pour une approche générale et critique de la technique, on peut lire : Martin Heidegger, *Essais et conférences*, trad. fr., Paris, Gallimard, 1958, pp. 9-48 ; Gilbert Simondon, *Du mode d'existence des objets techniques*, Aubier, Paris 1958-2012. Jacques Ellul, *La technique, ou l'enjeu du siècle*, dern. Éd., Paris, Economica, 2008 – André Lebeau, *L'engrenage de la technique, – essai sur une menace planétaire*, Gallimard, Paris, 2006. Marcel Mauss, André Leroi-Gourhan, Maurice Pradines, avaient déjà montré le rôle de la technique dans l'évolution humaine. Xavier Guchet, dans *Les sens de l'évolution technique* (ed . Léo Scheer, 2005), montre la difficulté à penser selon une approche évolutionnaire (et non évolutionniste) ;

spectaculaire a multiplié par trois l'espérance de vie en deux siècles, ce qui entraine un bouleversement des relations intergénérationnelles et la nécessaire maitrise de la fécondité, et une « explosion » démographique temporaire mettant en péril les équilibres géopolitiques, sociétaux, environnementaux, climatiques, planétaires[17]. On peut constater, parallèlement et/ou corrélativement, des changements au niveau des rôles respectifs de l'homme et de la femme dans la société, des représentations sociales du pouvoir, de l'autorité et de la responsabilité.

Le développement scientifique et technique a permis, jusqu'au milieu du XXe siècle, une croyance à l'expansion sans limites des connaissances et des moyens d'action. Celle-ci se heurte à la complexité des effets de ces transformations sur le monde humain et naturel. Jamais contradictions si fortes n'ont existé dans une société humaine entre les forces intellectuelles et conceptualisantes et les forces d'action concrète[18] qui se développent à l'échelle planétaire, transcendant les clivages culturels ou nationaux.

Je n'ai présenté ci-dessus que les révolutions des sciences de la matière et de la vie. Notre conception de l'homme, comme espèce, individu social, être conscient, a été fondamentalement transformée, en un siècle et demi, par l'anthropologie, la sociologie, l'économie, la psychologie, la psychanalyse, et toutes les sciences humaines, aussi radicalement que nos conceptions sur le cosmos, la matière, la terre et la vie. Nous savons désormais que nous faisons partie de l'évolution du vivant au même titre que les bactéries, les plantes, les méduses ou les baleines, les insectes ou les oiseaux. Nous découvrons que la société et la technique apparurent bien avant l'homme biologique actuel, produit d'interactions entre une société prototechnicienne dont l'origine remonte aux premières lignées des hominidés et un fonctionnement biologique et neurologique dont l'origine est encore plus ancienne. L'évolution technique commence avec les lointaines lignées antérieures à l'espèce humaine moderne[19]. La conscience humaine apparait comme une

---

l'identification entre évolutionnisme et déterminisme vient des sciences humaines dont les représentants ne connaissaient manifestement pas les concepts fondamentaux de la théorie de l'évolution biologique, fondamentalement non déterministe. Une conception évolutionniste déterministe s'appelle « orthogénèse » en biologie ; elle a été complètement rejetée au milieu du XXe siècle. Elle a un parfum de créationnisme et a été reprise par l'« intelligent design ».

[17]Paul Yonnet, *Le recul de la mort*, Paris, Gallimard, 2006. La maitrise de la fécondité demande plusieurs générations. La France semble avoir été le premier pays à avoir acquis cette maitrise bien avant « le recul de la mort » provoqué par les innovations scientifiques et techniques, ce qui a eu de lourdes conséquences. Du pays le plus peuplé d'Europe, avant la Révolution, elle est devenue une terre d'immigration durant le 20e siècle.

[18]On trouve une description saisissante de ces contradictions dans Bruno Latour, *Nous n'avons jamais été modernes*, Paris, La découverte, 1991.

[19]La taille des pierres, commencée avec *Homo habilis*, il y a plus de deux-millions d'années, la construction d'outils articulés, peu après, et la domestication du feu, dont l'usage continu est attesté il y a au moins cinq-

émergence fragile dont les contenus s'enracinent dans des processus inconscients et non conscients, individuels et collectifs, dont bon nombre se sont établis durant l'évolution des lignées vivantes qui nous ont précédées, et dont d'autres sont propres à l'émergence de la subjectivité[20]. L'anthropologie dévoile l'extraordinaire variété des sociétés humaines. L'humain devient insaisissable ; son unité et son unicité, douteuses. Il demande la référence à un objet externe et pourtant interne, l'objet artificiel, qu'il soit reconnu technique ou pas, matériel ou mental. Discontinuité et continuité deviennent des contradictoires complémentaires dont l'intégration demande de nouveaux schèmes de pensée.

L'homme se découvre écartelé, à la fois dans la nature, dans le monde vivant, dans la biosphère, et émergeant à partir d'un monde de cultures et de techniques, externe à la biosphère et évoluant de manière relativement indépendante. Nous nous découvrons dépassés par des pulsions dont les effets deviennent destructeurs à la mesure de la place que l'espèce humaine est en train de prendre dans la biosphère. Cette place s'est faite dans des affrontements géopolitiques et idéologiques d'une violence nouvelle dans l'histoire de l'humanité, engendrant des destructions à de larges échelles, des horreurs, la mise en œuvre de moyens techniques nouveaux, de l'arme atomique aux drones tueurs. Elle conduit à une planétarisation des problématiques du devenir humain, dans des termes qui relèvent d'une conception globale de la vie sur la planète, alors que les acteurs concrets pensent encore à partir de conceptions économiques et identitaires qui ne permettent plus de relever les défis environnementaux. Il est troublant que les référents des acteurs technicoéconomiques restent empreints de la philosophie qui a conduit à la physique dite classique, celle qui connut son apogée vers le milieu du XIXe siècle : refus de l'imprévisible et de la complexité, croyance en un monde déterminé fait uniquement d'objets délimités, aveuglement devant les faits qui contredisent cette philosophie. Nous avons encore les plus grandes difficultés à penser et agir en accordant une existence réelle aux effets d'échelle.

Répandue sur toute la planète, l'humanité rencontre les limites à sa croissance quantitative. Nous aurions dépassé les capacités de la biosphère à nous porter[21]. La croissance démographique, irrégulièrement

---

cent-mille ans, sont largement antérieures à l'émergence de l'Homme actuel (il y a environ deux-cent-mille ans).

[20]On a aujourd'hui de fortes présomptions qu'*Homo erectus*, plus d'un million d'années avant l'émergence de l'homme moderne, travaillait ses aliments et inventait la cuisine. Cela donne un éclairage nouveau au livre de Bachelard *La Psychanalyse du feu*.

[21] Dennis Meadows et al, *Limits to growth – the 30-year update*, White river Jct, Chelsea Green, 2004.

répartie, se combine à une croissance économique et technologique qui semble indépendante. Des réactions de refus face aux changements culturels, techniques, économiques ou sociopolitiques génèrent des tensions indicatrices de ruptures évolutives potentielles. Comme ces tensions s'exacerbent, une révolution technologique, portée par les développements scientifiques ci-dessus décrits, est en train de submerger le monde humain : technologies optoélectroniques et de l'information, biotechnologies, nouveaux matériaux, réseau universel, approche « Big Data ». Ses conséquences, dans un monde déjà sous tension extrême, sont inimaginables. Il s'agit d'un nouvel environnement sélectif, s'ajoutant aux transformations conceptuelles, et co-orientant l'évolution humaine.

Chapitre II

L'émergence du vivant et son évolution

Depuis son origine, le vivant est en perpétuelle évolution. Cette évolution est marquée par des innovations successives majeures. Un changement radical apparait depuis l'émergence de l'homme, lequel modifie la biosphère de manière globale et rapide.

Pour comprendre qui nous sommes, pour réfléchir à notre façon d'agir dans cet environnement nouveau que nous produisons, qui nous enveloppe et nous transforme, un voyage dans le temps profond nous permettra d'appréhender le monde vivant dont nous provenons. La communauté d'appartenance des êtres vivants a été reconnue par les communautés humaines bien avant les savoirs scientifiques. Un petit enfant classe, dans des tests, un avion avec un train, et un oiseau avec un chien alors qu'il aurait pu distinguer, au-delà du vivant et de l'inanimé, le vol de la marche. Le vivant est une catégorie spontanée de reconnaissance, dans toutes les cultures, malgré notre incapacité à définir sans tautologie ou définition circulaire ce qu'est la vie[1].

Davantage que les penseurs du monde antique, nous sommes fascinés par la diversité du vivant. Biodiversité, écosystème, complexité sont devenus des concepts quasi familiers, au point de nous faire oublier l'étonnante unité du monde vivant. C'est au niveau moléculaire qu'elle se dévoile. Qu'on en juge : tous les acides aminés des protéines portent des atomes de carbone dit lévogyres, dévoilant ainsi une chimie interne propre au vivant ; le même code génétique est utilisé par tous les êtres vivants, qu'il s'agisse de bactéries, de plantes ou d'animaux[2] ; nous

[1]Dans les cultures dites animistes, on peut projeter sur des éléments inanimés un imaginaire de vie.
[2]Jacques Monod, *Le Hasard et la nécessité,* Paris, Seuil, 1970.

partageons, nous autres humains, la majorité de nos gènes avec les autres espèces de mammifères, et, bien qu'elle nous paraisse si lointaine, la levure possède près de 30% des gènes existant chez l'homme. Quant aux gènes de l'apoptose ou suicide cellulaire, on les retrouve dans le fonctionnement des bactéries, présentes depuis des milliards d'années, et chez tous les mammifères dont nous sommes[3]. Pour ceux qui régulent la segmentation de l'organisme, ils existent chez les vers de terre, les insectes et les vertébrés[4]. Enfin on sait depuis des décennies que les facteurs qui correspondent aux groupes sanguins humains A, B ou H sont retrouvés sous des formes identiques ou très voisines chez les animaux et même chez les végétaux ou les bactéries.

Ces savoirs nous montrent que tous les êtres vivants ont une source commune. Il est d'usage courant de construire des relations entre les espèces vivantes, comprises comme le résultat d'une évolution qui coïncide avec les données fournies par la paléontologie. Les multiples possibilités de datation, les outils de plus en plus puissants d'analyse comparative, permettent de construire l'arbre de l'évolution et de raconter l'histoire de l'évolution du vivant[5].

Cette histoire commence il y a près de quatre-milliards d'années. La Terre était une toute jeune planète au moment où s'acheva la condensation de l'océan mondial et que se construisirent les bases moléculaires de la vie. Deux-cents ou trois-cents millions d'années plus tard, les premières formes de vie sont identifiables dans les roches présentes aujourd'hui. Les êtres vivants peuplant la Terre étaient des procaryotes, encore appelés *bactéries*, représentant l'invention fondamentale du niveau moléculaire de la vie. Ce fondement ne sera plus transformé jusqu'au temps présent, il sera conservé, et cette conservation conforme au concept de *path dependence*, ou dépendance du chemin, marque toute forme matérielle d'évolution du vivant[6].

---

[3]Jean-Claude Ameisen, *La sculpture du vivant*, Paris, Seuil, 2003.

[4]Alain Prochiantz, *Machine-esprit*, Paris, Seuil, 2001.

[5]Richard Dawkins, *Il était une fois nos ancêtres – Une histoire de l'évolution*, trad. fr., Paris, Hachette, 2007.

[6]Ce concept vient de l'économie. Cf Nelson, Richard R. ; Winter, Sidney G. *Evolutionary Theorizing in Economics*, The Journal of economics Perspectives, Volume 16, Number 2, 2002, pp. 23-46. Mais, il était déjà décrit, en biologie, dès la fin du XIXe siècle, par le structuralisme morphologique dont le plus éminent représentant a été D'Arcy Thompson, *On growth and form*, Dover publication, New York, 1942 (complete revised edition). L'expression « *dépendance du chemin* » me parait plus opportune en langue française que « *dépendance au sentier* », pour deux raisons : 1) *dépendance à* donne une connotation d'addiction générale (il y a *dépendance à l'alcool*, selon, semble-t-il, déjà une traduction fautive ; mais un comportement peut *dépendre de l'alcool*) qui suggère qu'il s'agit d'un problème d'addiction et non d'un concept ; 2) Le sentier a un sens d'anticipation ; on suit le sentier. En français, le chemin a un sens plus large, plus créatif, plus symbolique (plus métaphorique), il peut se construire, sa marque est derrière. Dans ce sens, il y a correspondance entre l'expression biologique et l'expression économique. L'ambigüité vient du double sens de *dépendance de* ; cf « *la dépendance de l'Europe en pétrole* »

De l'ordre de deux-cents millions d'années plus tard, probablement sous la pression du manque de substrat minéral (sulfates), des bactéries deviennent capables d'utiliser une part de l'énergie du soleil par la photosynthèse. Ce faisant, elles enrichissent l'atmosphère en oxygène dont le taux dans l'air s'accroit ; le taux de gaz carbonique baisse, marquant une nouvelle étape dans l'évolution du vivant[7]. D'autres bactéries ont acquis la capacité remarquable de fixer l'azote gazeux, utile pour la construction de l'ADN et des protéines essentielles aux réactions biochimiques, permettant de satisfaire leurs propres besoins et ceux de toute la flore et de la faune. Avec une population estimée à plus de 10^{30}, le nombre de bactéries dépasse ce que nous pouvons imaginer. Elles se trouvent dans les sols, les océans, les couches profondes du sous-sol. Elles se maintiennent dans des conditions qu'aucun autre être vivant ne peut supporter, elles présentent une variété de métabolismes qui dépasse largement celle de tous les autres vivants réunis.

Il y a plus de deux-milliards d'années, innovation majeure, des bactéries s'associent en symbiose pour produire les premiers eucaryotes, algues constituées d'une cellule contenant un noyau. Ce processus aurait eu lieu plusieurs fois durant l'évolution du vivant[8]. Ces algues unicellulaires accélérèrent la transformation de l'atmosphère. Elles ont évolué et forment aujourd'hui ce que l'on appelle le phytoplancton. Les organismes photosynthétiques marins, bactéries et eucaryotes travaillant de concert, produisirent l'oxygène atmosphérique dont l'accroissement du taux permit la formation de la couche d'ozone stratosphérique. Il y a 800 millions d'années, l'atmosphère terrestre, modifiée par les êtres vivants, commençait à ressembler à celle qui nous est familière.

C'est durant cette époque que les eucaryotes ont inventé à la fois l'aptitude à se rassembler en individus composés d'un grand nombre de cellules plus ou moins différenciées et la reproduction sexuée entre ces individus[9]. On les appelle les métazoaires. Il a fallu quelques centaines de millions d'années pour réussir cette transformation extraordinaire. Certains d'entre eux sont les ancêtres des végétaux photosynthétiques, source de biomasse. D'autres métazoaires perdent la capacité de photosynthèse et consomment les végétaux pour se maintenir vivants. Ce sont les ancêtres des animaux métazoaires, tandis que les champignons semblent être une catégorie artificielle, non conforme à la phylogénétique. Il y a plus de 560 millions d'années, les métazoaires,

---

[7]Ces bactéries particulières sont appelées cyanobactéries.

[8]Marc-André Selosse, *Les végétaux existent-ils encore ?*, Dossier « Pour la Science », N° 77, 2012, pp 8-13.

[9]Reproduction sexuée telle que nous l'entendons classiquement, car les bactéries avaient inventé des relations similaires, mais plus larges, moins structurées, et dépassant les « barrières entre espèces ». De l'ADN peut toujours être échangé indépendamment des « barrières des espèces », au moins chez les procaryotes.

petits animaux mous, étaient présents dans les mers. Végétaux, champignons et animaux se répandaient dans les mers, enracinés sur le monde bactérien omniprésent.

Moins de cent-millions d'années plus tard, la différenciation des plantes et des animaux produisait tous les grands plans d'organisation des êtres vivants pluricellulaires existant à ce jour. Ce que nous appelons l'embranchement des vertébrés – plus généralement, des chordés – était déjà constitué de nombreux représentants. À l'origine, les plateaux continentaux, secs et arides, soumis à des pluies dont l'eau ruisselait sur les roches sans être retenue, étaient peu accueillants pour les organismes vivants qui, nés dans la mer, avaient besoin d'eau. Les végétaux sont sortis de la mer, il y a 440 millions d'années environ. Ils ont progressé dans les profondeurs continentales grâce à la constitution progressive, à partir des masses minérales, d'une couche dotée de propriétés particulières, dont celle de garder l'eau : le sol. Bactéries, champignons et plantes, plus ou moins en symbiose, modifient les roches, constituent peu à peu le sol, mélange de particules minérales, de sels minéraux, de matières organiques mortes et d'êtres vivants. Les êtres vivants, ayant absolument besoin d'eau, ont participé à la création des sols qui retiennent l'eau et qui leur permirent de s'épanouir et d'évoluer.

Les invertébrés de presque toutes les classes ont suivi le mouvement, puis les vertébrés. Les insectes ont réalisé les premiers la conquête de l'air, il y a plus de 350 millions d'années, suivis par des familles de reptiles volants, puis par un rameau des dinosaures que nous appelons les oiseaux, il y a environ 150 millions d'années, enfin par des mammifères, les chauvesouris. L'apparition des plantes à fleurs démarre une coévolution particulière entre insectes et plantes. Même si la vie a continué d'évoluer en générant une multiplicité d'espèces, il semble qu'aucune classe nouvelle d'êtres vivants, selon nos catégories biologiques actuelles, ne soit apparue depuis 130 millions d'années. La vie évolue selon un processus généalogique ; chaque être vivant devient ce qu'il est en fonction de ses géniteurs, selon le concept de dépendance du chemin.

La description des évènements évolutifs est souvent teintée d'anthropocentrisme. La disparition des dinosaures, il y a 65 millions d'années, nous ébranle par son aspect symbolique et par l'espace qu'elle offre aux radiations évolutives des mammifères, alors que cette extinction a frappé aussi les ammonites, les bélemnites et 80% des microorganismes marins dont personne ne se soucie. De même, l'apparition des primates, il y a 50 millions d'années, est magnifiée alors qu'elle a lieu durant l'époque de radiation évolutive à l'origine des autres familles de mammifères ou d'oiseaux. Enfin, on salue l'apparition des grands singes puis des premières lignées d'hominidés, apparus parallèlement aux grandes familles actuelles de mammifères, d'oiseaux, ou de plantes à fleurs, pour prendre quelques exemples. Il apparait une radiation globale de tous les embranchements, après la rupture dite « crétacé-tertiaire » qui vit disparaitre environ 80% des genres. Les 65 dernières millions d'années sont aussi bien l'ère des mammifères que celle des oiseaux, des insectes, des poissons, ou même des vers, des plantes à fleurs, des arbres, ou de l'herbe... les bactéries restant omniprésentes.

Une rupture majeure commence, il y a un peu moins de 40 000 ans, hier, selon les rythmes géologiques. Elle est provoquée par *Homo sapiens*, l'homme moderne, espèce récente, âgée alors d'environ 150 000 ans, appartenant à une famille de primates bipèdes verticaux. Elle va provoquer la disparition de nombreuses espèces de mammifères de grande taille, de milliers d'espèces d'oiseaux, de bon nombre de reptiles spécialisés, de poissons, et maintenant de batraciens, d'insectes, de plantes... Sa présence conduit à une expansion considérable de rongeurs, comme le rat ou la souris, et de nombreuses autres espèces dites commensales – mammifères, oiseaux, poissons –, vivant dans l'environnement humain ou dans un environnement profondément modifié par l'homme. Elle entraine aussi la différenciation, et l'accroissement des populations d'espèces inféodées, les animaux et les plantes domestiqués, et va jusqu'à générer des biotopes nouveaux[10]. Elle transforme les paysages modelés par le vivant, crée de nouvelles niches écologiques ; son activité commence à modifier la composition de l'atmosphère, comme jadis les bactéries photosynthétiques, mais en sens inverse, au point que le climat évolue.

Pour les géologues, c'est un peu moins de 10 000 ans av. J.-C. qu'apparait cette rupture, inaugurant l'ère appelée Holocène. Pour les anthropologues, il s'agit du Néolithique qui commencerait 1500 ans plus tard avec l'avènement de l'agriculture et de l'élevage, par lesquels seront modifiés les paysages terrestres. Aujourd'hui, en ce début du XXIe siècle, est en train d'être débattue la définition d'une nouvelle ère géologique appelée l'Anthropocène, laquelle aurait débuté vers le milieu du XVIIIe siècle, reconnaissance de l'influence dominante de l'espèce humaine

[10]Xavier de Planhol analyse dans *Le Monde Animal* (Flammarion, 2004) les effets destructeurs et créateurs du développement de l'espèce humaine en quelques millénaires sur un seul aspect : la « grande faune » terrestre. Les surfaces cultivées planétaires (1800 millions d'Ha) et les origines géographiques de toutes les espèces domestiquées montrent l'ampleur du chambardement écologique provoqué par l'espèce humaine en une dizaine de millénaires.

comme force géophysique agissant sur l'ensemble des équilibres du système terrestre.

La croissance démographique apparait comme un indicateur de la montée en puissance de l'espèce humaine sur la Terre. Il y a quarante-mille ans, cette population totale n'atteignait probablement pas le million, soit moins que les éléphants... Elle passait à cent millions d'individus deux ou trois millénaires après le début de l'Holocène, à deux-cent-cinquante millions lors de la constitution de l'Empire romain qui en rassemblait le quart, cinq-cents millions au XVIIe siècle. Puis l'accroissement s'accélère à la fin du XVIIIe siècle. Un milliard et demi en 1914 ; nous serons neuf-milliards en 2050, et chaque individu actuel puise en moyenne, annuellement, dans les ressources de la planète, environ dix fois plus que ne le faisaient ses ancêtres il y a mille ans, mais avec une variabilité énorme selon les populations[11].

L'humanité et ses animaux domestiques représentent aujourd'hui au moins 95% de la masse de toute la faune planétaire constituée par les animaux de plus de deux kilogrammes. Ce pourcentage varierait peu si la limite était placée à cent grammes ou cinq kilogrammes, et il faudrait aussi faire une place aux animaux commensaux, comme le rat, la souris ou la mouette, dont les populations ont été amplifiées par l'homme. La population totale de volailles domestiques, environ le double de la population humaine, dépasse largement la totalité des populations des oiseaux sauvages estimée à moins de dix-milliards d'individus pour plusieurs milliers d'espèces.

Comme nos populations continuent à croitre, chaque année, au détriment des populations sauvages correspondantes, c'est que l'avenir de ces dernières, et de toute la vie qui leur est associée, est devenue dépendante des choix des êtres humains.

Devant cette situation inédite, que nous dit l'histoire de l'évolution, avant même l'émergence de l'homme ? Le passé nous donne-t-il des clés pour interpréter ce qui nous arrive ?

---

[11]Un Américain puise dans la biosphère autant que 25 à 40 Burkinabés.

Chapitre III

Les métaphores sur l'histoire de l'évolution

La compréhension de l'histoire du vivant demande la construction de nouvelles représentations de cette évolution, conformes à l'analyse des processus découverts. Ces représentations ont un sens, elles nous parlent de nous-mêmes autant que du vivant.

À partir d'une analyse généalogique, nous accédons à une compréhension de l'évolution du vivant. Pourtant il existe une différence fondamentale entre l'évolution du vivant depuis son origine et celle de l'homme durant les temps historiques : l'unité de temps n'est plus la même. Un évènement, ou un moment historique, serait, selon Fernand Braudel, un composé de trois rythmes distincts dans lesquels il s'inscrit. Le temps long, celui de la géographie ou de l'ethnologie, le temps moyen, celui des religions, des systèmes sociaux et économiques, le temps court, celui du politique[1]. Depuis, Jared Diamond a montré l'importance de temps encore plus longs, eux aussi géographiques, dépassant largement les temps historiques[2]. Mais l'évolution du vivant s'inscrit dans un temps tellement long qu'il parait vain d'y inscrire l'analyse de l'histoire humaine. *« [...] la durée de l'histoire entière de la civilisation humaine par rapport à celle de la phylogenèse des primates (est) comparable à la durée d'un battement de paupière par rapport à celle de la vie humaine. »*[3] Le processus menant à l'apparition de nouvelles espèces, appelé encore cladogenèse, demande des alternances de stabilité et de changements qui s'étalent sur des millions d'années.

Si le temps très long semble créer un cadre sans prise, le temps court peut, après coup et dans certains cas, *transformer le sens des effets du*

[1]Fernand Braudel, *Écrits sur l'histoire*, Paris, Flammarion, 1969.
[2]Jared Diamond, *De l'inégalité parmi les sociétés,* trad. fr., Paris, Gallimard, 1997.
[3]Stephen Jay Gould, *La structure de la théorie de l'évolution,* trad. fr., Paris, Gallimard, 2006, p 1072.

temps long. Ce sont les évènements qui ont lieu dans le temps court, et les interprétations que nous en faisons, qui éclairent, voire créent, le sens de ce que produit le temps long. Notre compréhension du temps long dépend fortement de nos découvertes, dans notre temps. En moins de deux siècles, notre représentation du temps biologique s'est transformée. C'est par la métaphore que nous pouvons accéder aux évolutions sur les temps longs, et par là comprendre les changements qui nous adviennent. La transposition métaphorique porte une remarquable puissance interprétative, source d'actions possibles. Les chercheurs, pour parler de l'évolution, emploient constamment des métaphores, non par plaisir, mais conformément au besoin de la décrire. Les métaphores, pour parler de l'histoire du vivant, viennent comme seul moyen d'en parler de façon compréhensible. Elles ne figent pas le temps, elles s'y adaptent, comme si des temps longs se contractaient à l'échelle de celui qui s'est donné comme projet d'en parler. On peut comprendre ainsi l'œuvre de Teilhard de Chardin comme un grandiose récit métaphorique[4].

Lorsque Stephen J. Gould souhaite transmettre le sens de la réalité biologique suivante : « *Nous devons considérer qu'un épisode évolutif correspond, non à une "entité" en mouvement, mais à un accroissement ou une diminution des variations au sein d'un système entier.* », il nous livre le récit suivant. Un ivrogne marche, en titubant selon un processus aléatoire, sur un trottoir dont le côté gauche est fermé par un mur et le côté droit est libre et donne sur un caniveau. Au bout d'un temps suffisamment long, on peut affirmer que l'ivrogne finira dans le caniveau. Ainsi il suffit qu'une espèce fondatrice soit proche de la taille minimale qui lui fait garder ses qualités spécifiques, son « mur de gauche », pour que la variabilité de ses descendants conduise, inéluctablement, sur un temps suffisamment long, à un accroissement de leur taille moyenne, certains pouvant devenir énormes. Selon cette métaphore, on accorde une sorte de visibilité à la croissance de la complexité, produite par une butée qui casse la symétrie de la variabilité. Je l'appellerai la « métaphore de l'ivrogne »[5].

Une fois la vie apparue, un accroissement de la complexité était inéluctable. En effet, la variabilité est une donnée fondamentale du vivant – de même qu'un ivrogne marche de manière chaotique – ; on s'attend ainsi à un accroissement possible de la taille de certaines espèces, dans le temps, par le fait que toute variabilité menant en dessous du seuil minimum, le « mur de gauche », entraine la disparition, tandis que la

---

[4]Parmi les œuvres de Teilhard de Chardin : *Le phénomène humain, L'apparition de l'Homme, L'avenir de l'Homme, L'énergie humaine,* Ed. du Seuil, *La place de l'Homme dans la nature,* Albin Michel.
[5]Stephen Jay Gould, *L'éventail du vivant,* trad. fr., Paris, Seuil, 1977, p 181.

variabilité menant à l'accroissement peut être conservée. « *Le fameux progrès de l'histoire de la vie est ainsi un mouvement aléatoire éloignant les organismes de leurs minuscules ancêtres, et non une impulsion unidirectionnelle vers une complexité fondamentalement avantageuse.* »[6]

Nous prendrons comme deuxième métaphore celle de l'arbre du vivant, sur lequel sont représentées les différentes étapes de l'évolution. Il commence par un large tronc dont sortent des branches robustes – les phylums ou embranchements –, lesquelles se subdivisent en classes, en nombre varié selon chaque branche, puis en ordres, selon la même logique aléatoire, enfin en familles, dont on indique un exemple, si la place est suffisante. Ces dernières, si l'arbre est tracé sur un panneau suffisamment grand, pourraient se diviser en genre, puis en espèces sous forme de feuilles. L'enfant, qui se demande où sont les êtres actuellement vivants dans cet arbre, comprendra qu'il s'agit des feuilles, chacune représentant une espèce. Selon une approche anthropocentrique, le tronc, à l'instar du sapin, s'élève jusqu'au sommet duquel bourgeonne l'espèce humaine. Selon la représentation actuelle, il ressemble davantage à une boule buissonnante, dont toutes les extrémités sont équivalentes. Cet arbre dit que les êtres vivants actuels sont issus des milliards d'années d'évolution du monde vivant. Ils sont modernes, aucun n'est primitif, ce qui conduit à la métaphore suivante.

La vie est comme un énorme ver temporel, immobile, qui s'allonge avec le temps ; c'est sur sa face que résident les vivants. Le ver s'allonge au fur et à mesure que les espèces vivantes apparaissent et meurent. En arrière de cette prolifération incessante, à l'intérieur du ver, car celui-ci ne cesse de s'allonger par genèse de la vie instantanée sur sa face, sont les ancêtres morts, souvenir d'un passé sans lequel le présent ne serait pas. La plupart se désagrègent mais certains sont pétrifiés, fossilisés. Les paléontologues, être vivants qui vivent sur la face du ver, partent à l'intérieur et découpent des tranches, images d'un passé disparu. Ils découvrent que le ver est continu et tressé de ces longs filaments généalogiques qui prolifèrent de la queue à la tête. En remontant vers la queue du ver, ils rencontrent des filaments éteints, remplacés dans le temps par la différenciation des filaments récents. La longueur du fil unique, avant la rencontre d'un autre auquel il fusionne, définit l'âge de l'espèce ; puis jusqu'au nœud suivant, ou plusieurs nœuds s'ils sont très rapprochés, celle du genre, et ainsi de suite. Certaines espèces sont jeunes, issues d'arborescences récentes, d'autres plus anciennes ; leur coalescence avec d'autres fils demandant à remonter plus loin, vers l'arrière du ver. La métaphore du vers nous permet d'appréhender les

---

[6]Idem, p 213.

traces du chemin de l'évolution, il suffit d'étudier le ver de sa tête vers sa queue. Si le nombre d'espèces s'accroit, le diamètre du ver s'élargit, lorsqu'il diminue, elle se resserre. La face du ver, c'est la biodiversité au temps présent.

Nous voici à la métaphore du bricoleur. La vie essaye tout ce qu'elle peut ; « elle bricole », comme ont dit certains chercheurs, avec ce qu'elle a sous la main[7]. D'abord a existé le système bactérien, apparemment le plus simple. Les bactéries ont testé toutes les possibilités d'utilisation d'énergie chimique accessible, avant l'utilisation de l'énergie solaire. On continue de découvrir ce vaste règne et on l'utilise en biotechnologie. Puis des bactéries se sont associées et ont construit la cellule eucaryote. D'autres essais ont eu lieu, des bactéries s'associant à des cellules eucaryotes. À partir de cette construction, diverses orientations se mettent en place : bouger, se fixer, s'associer... Les premiers embranchements conduisant aux espèces actuelles sont des essais couronnés de succès. La reproduction, phase essentielle du maintien et de l'évolution du vivant, a été un lieu d'intense créativité. Tout ce qui est concevable à partir de l'organisation préalable a été essayé, même si certaines formules ont mieux réussi. Un embranchement, les rotifères, a réussi l'exploit de se maintenir sans reproduction sexuée. La taille elle-même a été l'objet d'essais. Depuis l'eucaryote pluricellulaire de moins d'un dixième de gramme à celui qui pèse plus de deux-cents tonnes. La maxime serait : chaque fois que c'est possible, ce sera tenté.

L'histoire de la vie permet de projeter une quatrième métaphore, celle de l'innovation de rupture, qui, clin d'œil vers Darwin, pourrait être appelée la métaphore du saut[8]. Un zèbre diffère d'un lion. Comme ils ont tous deux un ancêtre commun mammifère, il a bien fallu qu'à un moment une divergence apparaisse, l'un continuant à manger des plantes et l'autre commençant à manger son congénère ou des espèces diverses, régulant ainsi leur population. Cette divergence particulière aurait eu lieu il y a plus de quatre-vingt-dix-millions d'années. Un même type de divergence a existé chez les oiseaux, les reptiles, les poissons. Dans un passé lointain, il y a cent-quatre-vingts-millions d'années, les mammifères et les marsupiaux se sont séparés. Plus loin encore, c'est la séparation des reptiles mammaliens et des ancêtres des reptiles et des oiseaux. On peut remonter dans le temps et trouver les époques approximatives des séparations. Cela permet d'imaginer les innovations de rupture nommées macroévolutions et les innovations de spéciation ou microévolutions. On

[7]Gros François, *Regard sur la biologie contemporaine*, Paris, Gallimard, 1993

[8]L'expression « Natura non facit saltus » est très ancienne et remonterait à Aristote. Mais le calcul différentiel (Descartes, Leibniz, Newton) en a fait dès le début du XVIIIe siècle un principe fondamental, auquel s'est tenu Darwin. Encore aujourd'hui, le concept de saut qualitatif reste une métaphore.

se représente que tous les félins ont une même origine et qu'un chat est une sorte de petit tigre. Cette évolution est liée à la séparation des aires de vie des populations issues de leur ancêtre commun, une sorte de chat. Par contre, imaginer à quoi ressemble l'ancêtre commun aux félins et aux oiseaux est peu évident, et encore moins celui qui est commun aux félins et aux papillons... Il faut aller voir de près et suivre l'évolution pas à pas.

La métaphore de l'innovation de rupture décrit un saut qualitatif qui ne peut être identifié qu'après coup ; c'est l'apparition d'un être vivant, de type bactérien, ce qui a demandé des centaines de millions d'années ; puis la capacité à utiliser l'énergie de la lumière solaire, qui a demandé autant de temps ; puis l'invention de la cellule eucaryote, formée par la symbiose de plusieurs bactéries, à partir de laquelle plantes et animaux ont pu apparaitre. Tout cela a demandé de l'ordre du milliard et demi d'années. Ces êtres vivants pluricellulaires vont être dotés de plans d'organisation différents, innovations multiples réalisées durant cette longue période. La différence originelle entre les arthropodes – insectes, crustacés, myriapodes, araignées – et les vertébrés – poissons, batraciens, reptiles, oiseaux, mammifères –, est l'inversion entre position ventrale et position dorsale. Les vertébrés sont issus d'un ancêtre qui a inversé le sens ventral/dorsal, par rapport à la tête. Il s'est mis à nager, ou ramper, sur le dos, mais sa tête a tourné de cent-quatre-vingts degrés. C'est la raison pour laquelle, huit-cent-millions d'années plus tard, notre cerveau droit innerve la partie gauche de notre corps et le cerveau gauche la partie droite et que notre squelette est interne et non externe.

D'autres innovations de rupture apparaissent plus tard. Elles ne concernent plus les plans d'organisation, car la voie a été tracée, selon le principe de la dépendance du chemin, mais des aptitudes différentes. Par exemple : l'invention de la vue qui se serait réalisée sur plus de vingt lignées différentes ; la sortie des eaux effectuée au moins dix fois séparément ; l'aptitude au vol trouvée de manière différente par les insectes, les reptiles, les oiseaux, les mammifères ; l'homéothermie trouvée par les oiseaux, les mammifères, les poissons ; la seringue hypodermique inventée par les guêpes, les scorpions, les serpents ; le ballast, ce système de conservation de la densité pour la navigation en eaux profondes, trouvé différemment par les poissons osseux, les requins, les cétacés. D'autres n'ont eu lieu qu'une ou deux fois, comme : l'écholocation des chauvesouris, l'électrolocation de l'ornithorynque, le réflecteur parabolique de la patelle, le capteur de chaleur à infrarouge de certains serpents, la sensibilité au champ magnétique des tortues et oiseaux migrateurs, le harpon des cnidaires, la propulsion à réaction à l'endroit, du calmar, ou à l'envers, de la coquille Saint-Jacques, la trompe multifonctionnelle de l'éléphant, la main préhensile des primates, l'aptitude à émettre des sons, voire des mélodies, des oiseaux et de certains mammifères, l'aptitude au langage chez l'homme. Ces ruptures sont conçues comme telles dans l'après-coup ; de fait, leur émergence est souvent lente dès qu'on se situe aux échelles de temps et d'espace de ce qui se transforme.

Ces descriptions nous amènent à la métaphore de l'opportuniste, dans le sens de celui qui se saisit d'une opportunité. L'opportuniste est capable de saisir des chances qui se présentent, il possède une marge de manœuvre par rapport à son environnement. Un omnivore est opportuniste sur le plan alimentaire. Mais on peut être omnivore et ne pas apprécier certaines températures, ou certaines altitudes, ce qui définit d'autres formes d'opportunisme. Un opportuniste peut être empêché de se développer dans des environnements où un spécialiste lui dame le pion. Dans un environnement différencié, mais stable sur une longue durée, les spécialistes trouvent leur place, les opportunistes prennent ce qu'ils peuvent. L'âne est porteur de l'image de l'herbivore qui aime les chardons. En réalité, c'est un opportuniste, mais son genre de vie plutôt solitaire le rend peu compétitif par rapport aux autres herbivores collectifs. Le résultat c'est qu'en compétition, il se contente de ce que les autres ne prennent pas, les chardons et autres plantes piquantes. En période stable, l'opportuniste se contente de ce qu'il peut. Lorsque les conditions changent, de nombreux spécialistes disparaissent par inadaptation. Les opportunistes reprennent le dessus, car ils sont capables de s'adapter à différents environnements. Lorsque les conditions redeviennent stables, leurs descendants se spécialisent à nouveau. Ainsi en fut-il avec la disparition des dinosaures spécialisés remplacés par des petits mammifères opportunistes qui se sont empressés en cinq-millions d'années de refaire des spécialistes tandis que des lignées opportunistes se maintiennent cahincaha. Plus les crises sont serrées, plus les lignées opportunistes se maintiennent, voire élargissent leurs capacités d'opportunisme.

Lorsque les conditions sont stables et que les êtres vivants prolifèrent, c'est le manque relatif de ressources (amplifiant la sélection) qui favorise la spécialisation dans l'utilisation d'une ressource. Un changement important de la nature des ressources conduit à la disparition en masse des spécialistes. L'espèce humaine tient le record d'opportunisme depuis le début du cambrien. Elle peut manger à peu près n'importe quoi, ce qui n'est pas en contradiction avec l'existence d'interdits de nombreuses cultures, vivre presque n'importe où, s'adapter à quasiment toutes les conditions climatiques du globe.

Dans le contexte de la métaphore de l'opportuniste se présente celle de *la fenêtre d'opportunité*. Elle positionne l'opportuniste face à l'innovation de rupture. Perte de références, perte de sens, perte d'intelligibilité, crise des anticipations, autant d'expressions qui signifient un accroissement de l'incertitude, l'advenue d'une sorte de chaos, indifférenciation métastable, les cartes rebattues ; l'anomie, diraient les sociologues depuis Durkheim. L'incertitude irréductible est la fenêtre d'opportunité de l'innovation de rupture, tandis que l'incertitude réduite, en conditions de stabilité, favorise l'innovation incrémentale. La croissance de l'incertitude, celle qui émerge avec la complexification, favorise – les darwiniens diraient *sélectionne* – des innovations majeures, celles qui conduisent à un changement global, systémique, imprévisible. Pour remettre en cause profondément un référentiel, il faut que son dysfonctionnement et l'incertitude associée s'amplifient au point que toute solution nouvelle puisse être une chance de retrouver l'intelligibilité. Ainsi métaphoriquement, lorsque tout est perdu, tout devient possible ; ou encore « *là où est le danger est aussi ce qui sauve* » (Höderlin).

Lors de l'émergence du vivant, une fenêtre d'opportunité s'est présentée dans le chaos biochimique de l'époque, qui a permis l'émergence de structures conduisant à la vie. Imaginons un milieu bouillonnant, à haute température, perturbé par les émissions volcaniques, les eaux chaudes brassées avec celles qui retombaient en pluie, des ruptures d'acidité, la dissolution de carbonates, de sulfates, de nitrates, orages et foudre, violents courants marins, eaux momentanément dormantes au fond des criques, tempêtes soudaines, ravines qui raclaient les roches émergées et transféraient les minéraux vers les côtes, lents dépôts d'argile… Elles ont conduit à l'émergence du vivant : les bactéries réductrices de composés minéraux préexistants. C'est à dire des êtres vivants utilisant l'énergie chimique de composés apparus avant eux. Cela a finalement conduit à l'épuisement de ces ressources énergétiques, la fin d'un monde de croissance sans souci. Nouvelle fenêtre d'opportunité ; pendant que chacun luttait avec et contre tous, certaines bactéries ont inventé la photosynthèse trouvant dans l'énergie solaire une source d'énergie inépuisable. Leur activité, productrice d'oxygène, a transformé l'atmosphère, au point de changer l'apparence de la terre, vue du lointain des espaces cosmiques. Une nouvelle croissance apparemment infinie reprenait fondée sur une source d'énergie permanente.

Cette énorme population de bactéries s'est différenciée en de multiples lignées combinant la compétition féroce et la coopération.

Nouvelle fenêtre d'opportunité, certains ont tenté des expériences de symbiose pour consommer cette masse d'aliments en production incessante et pour se protéger de l'oxygène tueur qui s'infiltrait partout. Cela conduisit à la cellule eucaryote, issue de l'association de plusieurs types de bactéries, pouvant vivre de la consommation de cette vie.

Vers la fin du précambrien, dans cette prolifération incessante des procaryotes et des eucaryotes, dans l'amas et la densité organique, un autre bouillonnement a eu lieu, fenêtre d'opportunité permettant à certains eucaryotes de s'associer en organismes pluricellulaires, à l'origine des grands embranchements du monde vivant actuel visible, végétal et animal.

Notre époque ressemble à ces temps anciens d'innovation de rupture potentielle, concentrée sur l'espèce humaine et ses temps évolutifs resserrés, comme l'équilibre de la biosphère se transforme. L'espèce humaine, l'acteur devenu dominant, parait contradictoire, par sa diversité et les oppositions entre groupes à de multiples niveaux. Elle apporte désolation, fureur et destruction, mais aussi de nouveaux écosystèmes et les prémices de changement dans les systèmes de régulation de la biosphère. Les dérégulations successives conduisent à l'enchevêtrement d'une multitude de cultures et de comportements tandis que les contraintes physiques s'accroissent et que l'expansion humaine semble atteindre des limites quantitatives. Les limites, qu'il s'agisse de terre, d'eau, d'énergie, d'atmosphère, seraient atteintes, voire dépassées, dans le cadre des technologies actuelles. Les références habituelles s'effondrent. Menace fondamentale ou fenêtre d'opportunité ?[9]

On peut aussi mettre en scène un point de vue différent sur l'opportunisme. Chaque espèce porte un fardeau des gènes et fonctions issus de l'histoire de sa genèse et considérés comme désavantageux dans l'immédiat, mais avec lesquels elle arrive à se maintenir, car cela n'a pas d'inconvénient discriminant. L'exemple le plus connu est celui de l'anémie falciforme, maladie génétique qui prive celui qui l'a d'un fort potentiel en énergie. Cela le protège du paludisme, ce qui lui permit de résister à cette pandémie ; mais fardeau dès qu'elle disparait.

Ce fardeau est aussi une conséquence de la recombinaison incessante des pools de gènes réalisée grâce à la reproduction sexuée. Un être vivant est décalé de l'optimum d'adaptation. Ce décalage n'est pas qu'un manque, c'est souvent un surplus, rarement adapté aux conditions du moment. Il vaut mieux avoir la peau foncée dans les tropiques où le soleil

[9] *Approaching a state shift in Earth's biosphere*, Nature 486, 52-58, du 7 juin 2012 ; vingt-deux scientifiques de renom ont publié une synthèse qui conclut que l'écosystème mondial dans son ensemble se rapproche d'une transition critique à l'échelle planétaire en raison du forçage imposé par l'humanité.

est très intense et l'avoir claire dans les régions nordiques peu éclairées ; l'inverse n'empêche pas de vivre tout en étant un fardeau. La peau foncée dans le nord conduit au risque de manquer de vitamine D, et claire dans le sud au risque d'insolation, voire de cancer de la peau.

La métaphore du fardeau décrit une boite à outils potentielle des solutions éventuelles à utiliser en cas de changement difficile de l'environnement. Ce fardeau pèse sur l'expansion de l'espèce, mais son inconvénient n'est pas excessif. Lorsque les temps changent, le fardeau peut devenir un avantage conséquent, des outils nouveaux sont pertinents, l'espèce peut se maintenir ou se transformer. Les outils sortent du sac, s'intègrent aux organes et permettent la poursuite de l'expérience par une transformation progressive sélectionnée par la réussite. Le fardeau est une réserve de potentiel qui a un cout, il est d'autant plus facile à porter que les individus de l'espèce ont un comportement collectif ou social, chacun portant une part différente du fardeau collectif et une part différente de certains outils avantageux. Ainsi le génome de l'abeille permet-il de faire des reines, des faux bourdons et des ouvrières.

Pour une espèce opportuniste, son fardeau peut être décrit comme le cout de la capacité d'adaptation. C'est la raison pour laquelle, quand les conditions sont stables, elle produit une radiation d'espèces descendantes spécialisées. L'homme, le champion toute catégorie de la capacité d'adaptation, porte probablement un très lourd fardeau, pas uniquement biologique, dont on ignore le potentiel, certainement immense. En conséquence, à chaque changement des conditions d'existence, il révèle des capacités ignorées précédemment.

Souvent, l'innovation détruit les conditions de son apparition. La métaphore d'Attila dit que l'innovation modifie l'environnement lui-même, au point qu'il perd les conditions qui permettaient l'innovation. La girafe au long cou empêche les espèces moins hautes de viser plus haut. En oxydant l'atmosphère, les cyanobactéries reléguèrent leurs sœurs, habituées à vivre dans les conditions primitives sans oxygène libre, dans les profondeurs dénuées d'oxygène ou dans les espaces spécifiques protégés de l'oxygène pour survivre. Agressées par l'atmosphère, elles cédèrent la place à ceux qui se complaisaient à consommer de l'oxygène. L'innovation détruit ce qui lui a permis d'émerger. Cette septième métaphore décrit l'irréversibilité des changements du vivant, l'irréversibilité de l'évolution. Jamais de possibilité de retour aux conditions initiales, car rien ne le permet plus. On dépend du chemin, sans pouvoir faire marche arrière. L'innovateur est comme Attila ; après lui, l'herbe qui a permis son innovation ne repousse plus.

La vision darwinienne de l'évolution, telle que transmise au grand public, est la compétition pour la survie. Que le meilleur gagne. Dans un monde où tout peut être essayé, celui qui gagne peut tricher ou illusionner. On en oublie que cette compétition s'associe à la coopération autant entre individus d'une même espèce, qu'entre espèces provenant de familles, voire d'embranchements différents. Nous avons déjà parlé de la création de la cellule eucaryote. Le lichen, symbiose entre un champignon et des cyanobactéries capables de synthétiser de la matière organique par le processus de photosynthèse, colonise n'importe quelle roche, sous réserve de trouver des minéraux à dissoudre, un peu de rosée et d'air. Les légumineuses forment des symbioses avec des bactéries pour profiter de leur capacité à fixer l'azote de l'air. Elles peuvent ainsi vivre dans des terres relativement pauvres. Ces innovations sont très nombreuses et la liste exhaustive serait fastidieuse. Nous ne pourrions vivre sans les dizaines de milliers de milliards de bactéries vivant dans notre intestin, la vache ne pourrait pas transformer l'herbe en viande sans l'activité d'innombrables bactéries vivant dans son rumen, ni les termites consommer du bois sans bactéries capables de consommer la lignine (composant spécifique du bois)... La vie se construit autant sur la coopération que sur la compétition. Compétition dans la coopération elle-même, et coopération dans la compétition.

J'aime pour ma part l'histoire du Dyctostelium, cet eucaryote unicellulaire, ressemblant à une amibe, dont la population s'associe lorsque les conditions sont difficiles pour former une sorte de limace qui se déplace comme un petit animal et finit par se fixer par la tête et se redresser, les différentes cellules se spécialisant. Celles qui sont au-dessus produiront les spores permettant le développement ultérieur lorsque les conditions seront meilleures. Le médiateur chimique de cette transformation, appelé AMP cyclique, est une molécule dont le rôle est immense et multiforme chez tous les êtres pluricellulaires. Plantes et animaux, nous sommes issus d'une coopération initiale... Celle-ci semble avoir été commencée par les bactéries elles-mêmes, capables de vivre en colonies pouvant, dans certains cas, être constituées de plusieurs espèces et chez lesquelles le suicide est une forme de coopération. Je l'appellerais volontiers la métaphore de la coopétition[10].

Dans l'évolution des animaux, il apparait un accroissement du cerveau au fur et à mesure de l'apparition de nouvelles espèces, surtout chez les vertébrés, mais aussi chez les invertébrés (par exemple les

[10]Le terme de coopétition a été forgé et popularisé par Adam M. Brandenburger et Barry J. Nabeluff (1997), professeurs à Harvard et Yale, respectivement ; il a acquis un statut professionnel, en France, grâce à Giovanni Battista Dagnino qui l'a repris dans *La dynamique des stratégies de coopétition*, Revue française de gestion juillet 2007, n° 176, p. 87-98.

céphalopodes). Cet accroissement du cerveau, dont la taille relative atteindrait un sommet chez l'homme, pourtant dépassé par le dauphin, a conduit à de nombreuses conceptions affirmant une tendance globale du vivant à évoluer vers une conscience accrue. Au fur et à mesure de sa croissance, le cerveau prend le pouvoir sur tout l'organisme. Certes, cette croissance est décrite par la métaphore de l'ivrogne, mais elle conduit à la prise de pouvoir de l'organe qui va être décrit comme le lieu de décision.

Cette propriété apparait avec la différenciation de prédateurs non spécialisés, et, souvent, avec l'émergence de la vie sociale. L'interaction entre carnassier et herbivore conduit des deux côtés à l'amélioration des fonctions cérébrales. Les enjeux étant dissymétriques, l'évolution l'est aussi. Pour l'herbivore chassé, l'enjeu est sa survie, fondée sur des réactions rapides ou la cohésion d'un groupe. Pour le carnassier, il s'agit d'une optimisation de l'effort pour obtenir une proie. Aussi, le carnassier a-t-il généralement une encéphalisation plus prononcée. Ne risquant pas d'être poursuivi, le prédateur prend le temps de rêver.

L'homme ne dispose pas de moyen biologique naturel de prédation ; ni griffes, ni dents pointues, ni puissance musculaire, ni rapidité. Il doit avoir acquis des armes par son intelligence. Il s'avère que, dans le cas de l'Homme dit anatomiquement moderne (*Homo Sapiens*), le plus grand prédateur du monde vivant, existaient déjà dans sa propre lignée d'ancêtres : l'aptitude au maniement d'outils, le régime omnivore, l'organisation sociale, l'invention d'outils, la domestication du feu. Cette prédation sans outil naturel demande une intelligence préalable supérieure, s'exerçant dans la prédation et dans l'empathie, car sans arme biologique, il faut de la coopération. L'intelligence sans moyen naturel de prédation, c'est l'invention du mal ; prédation multiforme, non canalisée par la biologie. L'intelligence s'affute dans la prédation de ce qui est accessible, y compris de son prochain, par l'invention d'outils toujours plus élaborés pour dominer. Cette métaphore, que j'appellerais volontiers la métaphore du métaprédateur, associe intelligence, empathie et prédation, elle suggère que l'intelligence est en partie de la prédation non spécialisée et que cette prédation s'exerce dans la coopération et la relation. Ce processus systémique est insaisissable autrement que métaphoriquement.

La dixième métaphore nous est apportée par certains insectes qualifiée d'holométaboles. C'est le concept de métamorphose. On peut éprouver une impression de magie devant la transformation de la chenille en papillon, de la larve qui vit dans les ruisseaux en libellule, du ver blanc en hanneton, etc. Les insectes ne sont pas les seuls à montrer cette capacité. Car, avant de se transformer, la grenouille a été têtard. Cette métaphore ne peut pas être prise dans le sens d'Ovide, car le christianisme en a changé le sens[11]. Ce n'est pas que l'apparence qui est transformée alors que l'intérieur reste semblable, telle la métamorphose d'Actéon après qu'il eût vu Artémis dévoilée à l'heure de midi. Cerf apparent muet, dévoré par ses chiens, il restait lui-même. Dans la métaphore moderne, l'intérieur se transforme, l'être métamorphosé renait, à la fois lui-même et autre. Le cerf parlerait et, pleurant, raconterait son histoire.

La onzième métaphore sur le vivant rappelle Héraclite. Il s'agit de celle qui décrit l'évolution de la vie comme celle d'un fleuve. Un fleuve de gènes qui se multiplient, se rencontrent, rivalisent, s'associent ou se séparent. Un fleuve de populations qui varient sans cesse et cherchent à se répandre partout où c'est possible. Cet écoulement parfois s'éteint dans les sables et parfois rebondit en cascades et ruisseaux nouveaux[12]. On peut l'appeler la métaphore du fleuve de la vie.

Dernière métaphore, celle d'Icare. Ce qu'on observe, malgré les variations, les changements, les innovations, c'est que tout système persévère, métaphoriquement, dans son être. Au point d'en mourir. Icare, si heureux de voler, voulut voler plus haut, ce qui lui réussit. Toujours plus haut, jusqu'à la fonte de la cire qui soudait ses ailes. Vouloir toujours plus, comme les dinosaures, comme ceux qui réussissent et dont le succès conduit, dans la durée, à l'échec[13]... On dit qu'au moins 99% des espèces ayant existé ont disparu. C'est-à-dire que celles qui survivent sont des rescapées, souvent issues d'opportunistes, celles qui acceptaient de ne pas persévérer dans leur être, sinon que cet être devenait indescriptible, non délimitable, non figé.

Je n'ai pas inventé ces métaphores et il y en a bien d'autres ; on pourrait s'amuser à les collectionner. Stephen Jay Gould a réussi, par celle des pendentifs de l'Église Saint-Marc de Venise, à faire saisir le concept d'exaptation à la communauté scientifique. Elles sont dites par les scientifiques généralement *in extenso*. Pas par gout des métaphores, alors qu'ils aimeraient être de froids observateurs, mais parce que cela fait sens et que cela a une fonction heuristique, c'est-à-dire que cela aide

---

[11]Ovide, *Les métamorphoses*, trad. fr. J.-P. Néraudau, Paris, Gallimard, 1992.

[12]Métaphore présentée avec brio par Richard Dawkins, dans *Qu'est-ce que l'évolution ? Le fleuve de la vie*, trad. fr., Paris, Hachette, 1997.

[13]En biologie, on nomme *hypertélie* l'évolution d'un organe qui semble dépasser le niveau de l'adaptation optimale pour conduire à une impasse évolutive. Par exemple, les défenses recourbées en dedans du mammouth, les bois excessifs de certains cervidés mâles, les gigantesques mandibules du lucane mâle, les canines supérieures recourbées vers le dessus comme des cornes, du cochon des iles Célèbes, les armures pesantes de certains anciens dinosaures, l'énorme noix de coco en forme de fessier du cocotier des Seychelles. L'hypertélie est un cas particulier de la métaphore d'Icare.

à découvrir. C'est aussi le moyen d'exposer les théories de manière compréhensible par tous. Les métaphores, concernant le vivant, sont des projections de nos représentations nous permettant l'observation du vivant. Ces douze métaphores sont immédiatement parlantes ; elles nous interpellent. Nous sommes issus du vivant, nous lui ressemblons. Ou encore, nous projetons sur le vivant ce qui nous parle. Et ce qui nous parle nous dit aussi comment être et comment agir.

Penser le vivant, c'est penser aussi les processus de l'émergence de la pensée, et donc reconnaitre, de fait, que la pensée humaine est dotée de processus qui coïncident métaphoriquement avec ceux qui lui ont permis d'apparaitre.

Chapitre IV

Les théories évolutionnaires et leurs métaphores

Les théories néodarwiniennes s'appuient sur un algorithme simple. La théorie des équilibres ponctués donne l'impression d'être plus complexe. Néanmoins, dans les deux cas apparait un aspect fondamental : l'indéterminisme. Cet indéterminisme devient le support de métaphores.

Durant le XVIIIe siècle, et le début du siècle suivant, plusieurs intellectuels européens comme Diderot, Maupertuis, Buffon, Goethe, Geoffroy Saint-Hilaire, commencent à avoir l'idée d'évolution du vivant sous le terme de transformisme. Les débats furent empêchés par la vision fixiste imposée par Cuvier durant presque trente ans[1] entre autres contre Lamarck, le premier à proposer une théorie évolutionnaire. On sait que le père de Charles Darwin connaissait ces débats théoriques. Charles n'y fit pas allusion dans ses premiers écrits officiels, mais sa correspondance montre qu'il avait lu Lamarck et qu'il était très critique à l'égard de ses théories. Nous nous concentrerons sur la théorie darwinienne fondement du paradigme évolutif actuel. Il s'agit ici d'en réaliser une analyse critique pour en pénétrer le sens.

L'algorithme darwinien est ce à partir de quoi sont fondées toutes les théories dites néodarwiniennes, qu'elles soient moléculaires ou génétiques, adaptées à des individus, des familles ou des groupes. Dans les théories synthétiques actuelles, l'algorithme est maintenu[2]. Pourtant,

---

[1]Pour l'époque, ses arguments étaient solides. Les créationnistes actuels n'utilisent aucun argument de plus que ceux de Cuvier et de ses partisans, alors que, depuis, les données se sont accumulées contredisant les hypothèses fixistes.

[2]La théorie des équilibres ponctués, défendue avec talent par S.J. Gould *(La structure de la théorie de l'évolution*, trad. fr., Paris, Gallimard, 2006), signifie surtout que l'évolution n'a pas lieu à vitesse constante. Elle dit qu'il existe davantage de stases, c'est-à-dire de temps longs sans évolution détectable, que de moments évolutifs. La stase correspond à une absence de changement de l'environnement, pour l'espèce

malgré leur succès et leur pouvoir heuristique, elles rencontrent des oppositions constantes des milieux étrangers à la biologie. Nous allons examiner ici pourquoi. Je présenterai d'abord l'algorithme darwinien, ses conséquences, puis les métaphores sur lesquelles il s'appuie.

La première base de cet algorithme est la reconnaissance de la variabilité du vivant. Il n'existe pas deux êtres humains semblables. Ceux qui ont un chien ou un chat, qui ont eu affaire à des animaux domestiques – chevaux, vaches, moutons... – ou qui s'occupent de jardinage, savent que dans une même espèce on trouve quantité de variétés ou de races, et que chaque individu a des caractéristiques qui lui sont propres. Cette variabilité est intrinsèque au vivant[3]. Retenons que le vivant est à la fois doté d'une extraordinaire capacité de copiage et d'une variabilité intrinsèque, augmentée avec l'apparition de la reproduction sexuée. Le processus d'individuation est tel que non seulement il produit un individu, mais ce dernier est unique. Cette variabilité est multiforme, incessante, abondante, quoique de faible ampleur à chaque génération. Avec le cumul des générations, elle finit par donner des populations assez hétérogènes, au sein d'une même espèce. Cette variabilité conduit à la fois à la redondance de structures ou de fonctions et la multifonctionnalité des structures. Tout organe réalise plusieurs fonctions, et un même objectif peut être atteint de plusieurs façons différentes[4].

Le deuxième élément de cet algorithme est basé sur le fait que cette variabilité est sans cesse rebattue à chaque génération selon un processus aléatoire qui conduit au fait que les enfants montrent des différences par rapport à leurs parents, pour plusieurs raisons, largement explorées, sur lesquelles il n'est pas utile d'insister ici. Les caractéristiques parentales sont à la fois transmises et remaniées, voire retouchées, et ce, de manière probabiliste. C'est ce qu'on appelle l'héritabilité. Lorsque les parents sont plus grands que la moyenne, la probabilité du descendant d'être plus grand que la moyenne est proche de 100%. En revanche, la probabilité d'être plus grand que ses parents est d'autant plus faible qu'ils sont plus grands, sauf changement alimentaire ou de mode de vie. Ainsi, la mesure de la variabilité et de la transmission des caractères variants obéit à des calculs probabilistes[5].

---

considérée. C'est une thèse qui décrit un processus et non une théorie explicative, et ce, dans le cadre darwinien.

[3]En langue française, les ouvrages de Henri Atlan permettent d'accéder à cette problématique de la variabilité et néanmoins stabilité du vivant : *Le cristal et la fumée* ; *A tort et à raison* ; *Tout non peut-être ; L'organisation biologique et la théorie de l'information* (Éd. du Seuil).

[4]Cette expression est bien entendu une projection anthropomorphique.

[5]J'ai choisi le terme probabiliste et non probabilitaire, pour indiquer son côté systémique.

Le troisième élément est fondé sur le fait que toute population vivante a tendance à s'accroitre, et comme les ressources sont le plus souvent stables, tous les nés d'une génération ne deviendront pas les parents de la génération suivante. En langage darwinien, ils seront sélectionnés, selon « *la sélection naturelle* ». Darwin, dans son ouvrage fondateur, a commencé par une analyse de la sélection artificielle, c'est-à-dire la sélection opérée par l'homme, avant de concevoir la sélection naturelle[6]. Celui qui veut obtenir une nouvelle forme de pigeon, pour reprendre un exemple de Darwin, sélectionnera génération après génération les formes qui se rapprochent d'un modèle que se représente le sélectionneur. Ce dernier peut aussi, par tâtonnement, aller dans une direction dont il ne sait pas précisément jusqu'où elle le mènera. La création variétale ressemble à une lente activité de sculpture qui part de la variabilité infime, incessante et égale dans toutes les directions, pour l'orienter, étape par étape sur un chemin évolutif régulier. Dans la sélection moderne, cette approche est conservée, mais la puissance des outils d'amplification de la variation, de modification et de prévision s'accroit.

Dans le cadre de la sélection naturelle, l'algorithme se complexifie. Si un sélectionneur de variété peut calculer une pression de sélection, celle qu'il effectue pour un but donné prédéfini, il en va autrement dans la nature dont la sélection sur un caractère est peu calculable, car variable elle-même. Il est difficile de savoir ce qui est avantageux, à l'avance, même si nombre de biologistes sont enclins à justifier les avantages *ex post*. Les herbivores, comme la vache, ruminent et ont une panse, mais non le porc, et l'avantage sélectif parait évident : elles peuvent digérer de l'herbe ; quant au porc il peut manger presque tout, mais peu d'herbe. Le grand panda, qui est un ours – lequel, chacun le sait, est fortement carnassier – devenu végétarien spécialisé, ne mange que du bambou ; son pouce est une adaptation qui lui permet de l'éplucher. Son estomac d'ours, qui a moins évolué et reste mal adapté à la digestion du bambou, fait qu'il en souffre mais pourtant se maintient. L'existence actuelle du grand panda prouve qu'il a été sélectionné dans son environnement, sa lente digestion a été compensée. De même, tous les carnassiers n'ont pas des griffes ou des crocs, ils peuvent avoir d'autres moyens. Les couleuvres et les pythons étouffent leurs proies. Il apparait ainsi que la sélection naturelle est multiforme. On ne peut pas savoir ce qu'elle va produire. Elle peut aller dans n'importe quelle direction à partir des bases du vivant sur lequel elle s'exerce (dépendance du chemin et bricolage).

Dans la conception darwinienne, la sélection trie dans la variabilité, elle ne la crée pas. Elle l'oriente dans le sens où ce qui est favorisé se

---

[6]Il s'agit de *L'origine des espèces,* dont il existe plusieurs éditions en langue française.

maintient et s'étend. Néanmoins, ce qui est favorable, en conditions naturelles, est difficile à prévoir. Car la sélection a de multiples variables : la géographie, le climat, l'écologie, la morphologie initiale de l'être vivant, sa biologie, la disponibilité alimentaire, la relation sexuelle, la relation parentale, la vie en groupe ou non, les espèces concurrentes, parasitaires ou prédatrices, le hasard des rencontres... Ces variables en nombre indéfini sont changeantes. La sélection ne peut être pensée sans l'aléatoire, même si son effet est déterminé. Nul n'est à l'abri d'un accident. Mais il a été possible d'isoler un facteur sélectif : par exemple, la phalène du bouleau (*Biston betularia*), en Angleterre, consommée par des oiseaux, est devenue noire avec la pollution industrielle noircissant les troncs, puis redevenue blanche avec le retour de l'air pur. Ne pourrait-on pas dire que la sélection n'existe pas, que ce qui existe ce sont les valeurs sélectives des variations ? Si l'ancêtre de la girafe mangeait les feuilles des arbres tout en ayant un cou ramassé, la moindre variation allongeant son cou permettait d'accéder à davantage de nourriture, ce qui aurait favorisé sa descendance, s'il s'agissait d'une réserve d'aliments non accessible par les autres… Peut-être que les femelles de l'espèce ancêtre aimaient les mâles au cou plus long, ou que le cou long devenait une arme pour l'éradication de concurrents, ce qui est le cas dans les combats entre mâles. On le voit, la valeur sélective est comme la sélection, souvent imprévisible *ex ante*, mais justifiable *ex post*. Si la girafe a un cou long, c'est que cela fût un avantage décisif, quel qu'il soit, sur une durée longue, pour des générations de gazelles pré-girafes dont le cou s'allongeait progressivement, par contre-sélection des cous courts. Chez les dinosaures, on trouve des animaux au cou invraisemblablement long, au point que cela aurait pu être contresélectif. La théorie actuelle est que la longueur du cou est une réponse à l'augmentation du poids : on peut manger plus d'herbe sans bouger… Cela, semble-t-il, a créé une pression de sélection sur le système respiratoire, dont la performance accrue lui a permis d'être préadapté aux conditions du vol, celui des futurs oiseaux. Ou au contraire, le système respiratoire déjà préadapté pour une autre raison a permis soit le cou démesuré, soit le vol.

Les généticiens ont montré que la sélection pouvait favoriser certaines recombinaisons génétiques. Par l'intermédiaire de l'organisme, voici les gènes en compétition ou interaction, d'où la théorie métaphorique du gène égoïste ou du gène coopératif[7]. Chacun être vivant lutte *pour que ses gènes se répandent* dans les générations suivantes, chaque gène lutte en association avec d'autres *pour qu'il se répande*, et la sélection,

[7]Richard Dawkins, *Le gène égoïste,* trad. fr., dernière édition, Paris, O.Jacob, 2003.

impitoyable et omnisciente, trie ce qui convient, sans qu'on puisse faire autre chose que d'admirer ce qui en sort. Darwin compare la sélection à l'enfoncement de coins dans un espace limité ; le coin le plus faible est éliminé.

Que pouvons-nous dire de cette rapide description de la théorie de l'évolution ? Commençons par la variabilité. Les estimations quantitatives des possibles à partir de recombinaisons de ce qui existe sont probabilistes de fait. Ceci me permet de considérer un autre probabilisme qui est l'estimation d'apparition de caractères nouveaux qui ne se réduisent plus au calcul de ce qui est mais qu'on imagine comme étant possibles, et pour lesquels les scientifiques ou les techniciens affectent néanmoins des probabilités souvent très faibles. Je l'appellerai le probabilisme métaphorique. On peut justifier la sélection d'un nouveau caractère ; on ne peut le prédire. Le probabilisme de l'imprédictible est un probabilisme métaphorique. Ce n'est pas un probabilisme quantifiable. Cela ne signifie pas que la sélection n'existe pas ; cela dit que la sélection de l'apparition d'une nouvelle qualité est extrêmement difficile à prévoir. Après coup, les valeurs sélectives sont calculables si les mécanismes de sélection sont compris.

Nous avons vu qu'il est abusif de considérer la sélection comme une entité agissante. Pourtant, ce qui est généralement affirmé, c'est que : « *Ce processus est à présent bien compris : c'est la sélection naturelle* »[8]. Or comment pouvons-nous comprendre la sélection naturelle si ce n'est selon une approche métaphorique ? La présentation métaphorique d'un système probabiliste ne peut être une explication *stricto sensu*, à moins de changer radicalement le concept d'explication. La personnification de la sélection naturelle est une métaphore darwinienne, même si Darwin lui-même, dans ses écrits, essaya de l'éviter, sans succès.

Darwin vivait à une époque où les mécanismes génétiques étaient inconnus. Depuis qu'ils ont été identifiés, l'algorithme darwinien leur a été appliqué. Voilà donc, après la sélection toute puissante, les gènes personnifiés et luttant pour leur multiplication.

Donc deux métaphores ; la personnification des gènes et celle de la sélection. Pourquoi les néodarwiniens en ont-ils besoin alors que le taux de variation d'allèles ou de gènes, ils le calculent ; la transmission génétique, ils la calculent aussi. Parce qu'il leur faut bien nommer la sélection qui, elle, est multiforme, incessante, et pourtant *choisit* les caractères qui lui conviennent. Nul ne peut prédire où elle va se nicher, bien qu'il faille admettre que quand un animal ou une plante est capable

[8]Richard Dawkins, *Qu'est-ce que l'évolution ?*, p 116.

de produire des centaines de descendants potentiels chaque année, et dans certains cas des millions, il y a eu, il y a et il y aura sélection, sinon nous serions inondés par l'espèce en question. Pourquoi la sélection choisit-elle ceci plutôt que cela ? C'est après coup que nous pouvons le constater. Dans certains cas nous pouvons le prédire avec une certaine marge d'erreur. Quant à dire que la sélection est une entité agissante, c'est une métaphore, à moins d'affirmer qu'il existe une entité immatérielle extraordinairement intelligente, multiforme et omniprésente, imprévisible et toute puissante, nommée sélection. De même pour les gènes qui, s'ils sont égoïstes, doivent donc être dotés d'intention. Comme l'a dit avec humour un néodarwinien : « *Soit : il s'agissait d'une métaphore.* »[9]

La sélection n'existe pas en tant que substance ni en tant que chose. Il s'agit d'un processus complexe et aléatoire, nommé métaphoriquement sélection pour la commodité de l'expression verbale. Pourtant, tout biologiste évolutionnaire, c'est-à-dire l'écrasante majorité des biologistes, n'hésite pas à user de métaphores, surtout quand il s'agit d'enseigner, qui personnalisent et rendent intentionnels des processus aléatoires *tout en croyant* qu'il s'agit d'une explication.

Cette façon d'opérer, qui consiste à user de métaphores en les faisant passer pour des explications trouve une consonance forte dans les théories économiques libérales. La « sélection naturelle » est une « main invisible » qui a les qualités qu'Adam Smith voyait dans la régulation « naturelle » économique[10]. Stephen J. Gould a identifié cette ressemblance et sa source : Darwin avait lu Adam Smith longtemps avant d'émettre sa théorie[11]. La philosophie économique libérale actuelle reprend cette conception métaphorique de la main invisible, résultat manifeste de l'action d'hommes nombreux qui agissent selon leur intérêt personnel ; l'État devant se limiter à des actions techniques, monétaires, sans dessein global préétabli pour la société[12]. En biologie évolutionnaire, la « main invisible », c'est la sélection.

Retenons deux questions : que signifie ce hasard omniprésent dans le processus évolutif, tel que modélisé selon l'algorithme darwinien ? Où se situe le déterminisme ? On peut répondre à la deuxième question : le

---

[9]Robert Wright, *L'animal moral,* trad. Fr., Paris, Gallimard, 1995, p 365.

[10]Adam Smith, *An inquiry into the nature and causes of the wealth of nations*, (*Recherches sur la nature et les causes de la richesse des nations)* en 1776. Ce livre fondateur de l'économie comme science est accessible en français dans de nombreuses éditions.

[11]Dans *La structure de la théorie de l'évolution,* p176-180. Ce qui permet de reconstruire une filiation de Darwin à Anaximandre, via Bernardino Telesio (*La Nature des choses selon leurs propres principes*, 1565), lequel parlait déjà de « main invisible ».

[12]Cf Milton Friedman, Rose Friedman, Guy Casaril, *La liberté du choix,* trad. fr., Paris, Belfond, 1980 ; Friedrich A. Hayek, *La route de la servitude*, trad. fr., Paris, puf, 2005.

déterminisme est inscrit dans les mécanismes de fonctionnement et de reproduction du vivant ainsi que dans ceux de l'environnement. La recherche scientifique a pour but de les découvrir toujours davantage. On a cru longtemps que connaitre, c'est expliquer, isoler les effets et déterminer leur cause. On n'imaginait pas que l'indéterminisme à une échelle donnée puisse produire du déterminisme à une échelle supérieure, ce qui est aujourd'hui explicable : c'est la loi des grands nombres. La première question est plus complexe et nous l'étudierons ci-après. Il nous faut faire un détour du côté de ce que, dans notre culture occidentale, nous appelons « la matière ».

Chapitre V

La physique quantique et ses métaphores

La physique quantique a entrainé une révolution intellectuelle aux conséquences multiples. Elle a détruit la croyance au déterminisme fondamental et universel. Le fondement de la nature devient inconcevable, source de métaphores vertigineuses, tout en étant prédictible.

D'où vient ce hasard omniprésent dans le processus complexe d'évolution du vivant ? On a fait comme si l'on pouvait imaginer que c'est le vivant lui-même qui a inventé le hasard et qu'il s'en sert pour son évolution, grâce à une sélection elle-même aléatoire qu'il s'approprie, en témoignent tous ces termes consacrés : aptitude globale ; sélection sexuelle, parentale, groupale ; altruisme réciproque ; hiérarchie des statuts, sociaux ou non ; compromis, soumission versus domination, etc. Ce serait donner au vivant des capacités extraordinaires. Il s'inventerait lui-même en générant du hasard qui agirait en rétroaction sur lui-même. Que les évènements aléatoires soient qualifiés de contingents – probabilisme métaphorique — ne change pas les données du problème. Ne serait-il pas préférable de considérer que le hasard ou les processus aléatoires existent indépendamment du vivant, lequel en a besoin pour son fonctionnement, ce qui, en conséquence, le fait entrer dans des processus évolutifs ?

Où est-il décrit, ce hasard ? On ne le trouve pas dans la mécanique newtonienne qui s'imposa jusqu'à la fin du XIXe siècle. On le trouve en premier lieu chez Pascal. Puis, on le devine chez David Hume qui associe le hasard et l'indifférence[1]. Quelques générations plus tard, Antoine Cournot nous apporte cette définition : « *Les évènements amenés par la*

[1]David Hume, qui se situait du côté du sujet connaissant, parlait d'indifférence. *Traité de la nature humaine*, trad. fr., Paris, Aubier-Montaigne, 1973, Tome 1, p 204 – 212.

combinaison ou la rencontre d'autres évènements qui appartiennent à des séries indépendantes les unes des autres sont ce qu'on nomme des évènements fortuits ou des résultats du hasard. »[2] Les « séries » de Cournot sont des séries déterminées. Peu après, on retrouve chez Claude Bernard dans son « *Introduction à la médecine expérimentale* » l'affirmation de notre indépendance vis-à-vis de ce que nous mesurons[3]. Mais c'est la thermodynamique, et son élaboration le long du XIXe siècle, jusqu'à Ludwig Botzmann, qui apporta les premiers éléments de compréhension. Henri Poincaré changea d'avis sur le hasard en remarquant que s'il nous permet de prédire le comportement de phénomènes physiques, il doit être autre chose que « le nom que nous donnons à notre ignorance. »[4]

Cependant, le fait qu'il existe des séries déterminées *indépendantes* est une sorte de mystère. D'où provient cette indépendance ? Si ces séries indépendantes existent, c'est que leur origine est indépendante. C'est bien ce que nous dit la physique quantique qui étudie le monde subatomique, c'est-à-dire le monde matériel à une échelle plus petite que celle des atomes.

Depuis l'origine de la philosophie, la plupart des philosophes croientt fermement que le hasard n'est que la mesure de notre ignorance[5]. Avec la physique quantique, un hasard fondamental, pourtant formalisable, se dévoile dans le soubassement de la matière. Véritable séisme intellectuel, il remet en cause notre conception dominante, vieille d'au moins vingt-cinq siècles, d'un monde entièrement déterminé. Pour résoudre un des deux petits nuages qui voilaient le ciel bleu de la physique, pour reprendre ici l'expression de Lord Kelvin, citée au premier chapitre, deux grands physiciens, Schrödinger et Heisenberg, mettent indépendamment, et sous deux formes mathématiques, une description du monde subatomique qui implique un principe d'indétermination, souvent appelé principe d'incertitude. Par exemple, plus est déterminée la quantité de mouvement d'une particule, moins sa position peut l'être, et réciproquement. Ces deux variables sont dites conjuguées, et il existe d'autres variables conjuguées qui conduisent à un monde étrange dans lequel, par exemple, la variation énergétique est potentiellement gratuite. Pour prendre une métaphore souvent utilisée par les physiciens quantiques, il est possible d'emprunter gratuitement de l'énergie, à condition que la quantité d'énergie et la durée de l'emprunt soient conformes au principe d'indétermination. Ce principe d'indétermination

---

[2]Antoine Cournot, *Exposition de la théorie des chances et des probabilités*, § 40, Paris, 1843

[3]Claude Bernard, *Introduction à la médecine expérimentale*, Flammarion, Paris, 1984

[4]Henri Poincaré, *Science et méthode*, Paris, 1908 ; dern. ed., Kimé, 2011

[5]Encore qu'il faudrait analyser le concept de matière d'Aristote qui semble manifestement indéterminé.

conduit à la reconnaissance d'une impossibilité de connaissance complète déterministe. C'est bien ce qu'avoue Richard Feynman, prix Nobel de physique, de la physique quantique : personne ne peut la comprendre[6], et pourtant elle a pu être construite. Car faire référence à une onde de probabilité de présence, ou à des états superposés, voire intriqués, ce n'est certes pas expliquer ce qui se passe. Belles expressions métaphoriques, formalisées par les mathématiques, mais inconcevables selon une approche déterministe.

Les métaphores associées à la physique quantique sont très différentes de celles que disent les biologistes. La projection anthropocentrique est plus difficile, mais il y a une autre raison. La physique, dès Pythagore, a pu être mathématiquement formalisée[7]. La biologie a longtemps été descriptive. La différence vient des statuts épistémologiques différents de ces deux champs disciplinaires. Aussi est-ce à partir des équations ou des matrices mises au point par les physiciens pour donner une description formalisée de ce qui se passait dans les expériences que s'est dévoilé le hasard fondamental quantique, alors que Darwin n'a pu que constater la variabilité du vivant, dévoilée qualitativement par le processus artificiel de sélection des sélectionneurs. La métaphore, en physique, apparait après la mise en équation, pour donner du sens, alors qu'en biologie le besoin préalable de sens a convoqué la métaphore avant de commencer à calculer. Darwin, qui reconnaissait volontiers ses incapacités mathématiques, a pu concevoir un modèle qui exige une approche mathématique stochastique. Il pensait métaphoriquement.

La première grande métaphore quantique s'exprime de la façon suivante : le fond de la matière, au niveau d'une échelle qui nous parait infiniment petite, est comme un champ vide dans lequel on trouve des ondulations de probabilités de présence. Un « objet » auquel est associée une onde de probabilité de présence, verra cette onde rapetisser avec la croissance de sa masse. Plus il est petit et plus l'onde prendra de place, au point que, s'il est devenu nul en terme de masse, son onde s'étende à l'infini dans tout l'univers. Au hasard omniprésent, de fait, des biologistes, les physiciens répondent par un hasard fondamental, de principe. Le champ quantique, malgré sa vacuité, est une sorte de tempête permanente et indéterministe, faite d'ondes de probabilité de présence en interaction. Le hasard devient un concept qui décrit une réalité, certes voilée, celle du fondement de la nature.

Cela conduit à une deuxième métaphore, encore plus radicale. Le soubassement de la matière, ou ce à partir de quoi elle émerge, est hors

---

[6]Richard Feynman, *La nature de la physique*, trad. fr., Paris, Seuil, 1980, p 154

[7]« Tout est nombre » aurait dit Pythagore dès le 6e siècle av. J.-C.

de l'espace et du temps, ce qui, dans un langage déterministe, ne veut rien dire, mais que les théologiens, depuis Saint-Augustin, ont admis. Deux particules dont la probabilité de présence ondule, ou deux ondes de probabilité de présence particulaire, peuvent être reliées selon des lois qui transcendent l'espace et le temps. Ce qui est séparable est en même temps inséparable. Le réel est inaccessible, nous ne mesurons que le réalisé. Cette métaphore de l'indéterminisme fondamental est un séisme pour toute construction déterministe absolue.

Ces métaphores quantiques apparaissent dans un dialogue entre René Thom et Émile Noël[8]. René Thom reprend l'exemple donné ci-dessus. Dans les très hautes fréquences, le photon est plus énergétique, il a donc tendance à être une particule. Si la fréquence devient très petite, il s'étend dans l'espace en étant moins énergétique. Voilà un objet énorme doté d'une énergie quasi nulle. N'est-ce pas un scandale intellectuel ? Émile Noël lui répond qu'au contraire, non seulement pour lui c'est très satisfaisant, mais il arrive à se l'imaginer ! Beaucoup d'énergie en un point, c'est quasi matériel ; très peu cela ne l'est plus.

Dans ce dialogue, Émile Noël parle d'imaginer, et René Thom lui répond qu'il introduit une pensée qualitative. L'étrange continuité entre ce qui est doté des caractéristiques que nous attribuons spontanément à la matière et ce qui en perd les propriétés éveille en nous une représentation mentale. Bien sûr, il n'y a là aucune explication, mais une métaphore, un imaginaire auquel accède sans effort un étranger aux cultures des mathématiques et des sciences physiques. À l'inconfort intellectuel de l'absence d'explication possible, nous avons l'opportunité de substituer l'intuition de quelque chose devenue porteuse de sens, laquelle ne peut être exposée que métaphoriquement. Une autre manière de le dire est d'affirmer que le champ quantique est un continuum alors que tous nos outils conceptuels ou de calculs sont discontinus (ou discrets) ; le passage de l'un à l'autre devient soit probabiliste soit métaphorique. La métaphore d'Émile Noël, très abstraite, s'appuie sur une représentation du psychisme humain, alors que les métaphores biologiques se conforment à des expériences humaines.

On peut relier ce hasard quantique à celui qui est présent dans le monde vivant, cette contingence reconnue par les biologistes. Le biologiste moléculaire JohnJoe McFadden a cherché à le montrer[9]. Depuis les arguments, mais aussi les expériences, s'accumulent[10]. Il existe un argument pour affirmer que ce lien doit exister : c'est la nature

[8]René Thom et Émile Noël *Prédire n'est pas expliquer*, Paris, Flammarion, col Champs, 1993, p 83-84.
[9]JohnJoe McFadden, *Quantum Evolution*, Londres, Flamingo, 2000.
[10]Vedral Vlatko, 2011, *Vivre dans un monde quantique*, Pour la Science, N°407, Sept 2011, Paris.

du fondement du vivant. Il est physico-chimique et moléculaire. Le métabolisme du vivant se résume à un jeu sur les transferts de protons et d'électrons, couplés à des réactions de synthèse et de dégradation, par l'intermédiaire de la création de liaisons phosphates, la monnaie énergétique du métabolisme[11]. L'obtention d'énergie vient de cascades d'électrons couplées à la construction des outils de fonctionnement, incorporant des protons, pour croitre, se développer, se reproduire. Or le proton et l'électron sont des particules élémentaires soumises à l'indéterminisme quantique. Si, par la mesure, les physiciens permettent *la condensation du paquet d'onde*, à chaque instant, les enzymes font de même[12]. Ils mesurent et en conséquence déplacent les probabilités. Ces particules élémentaires mobiles ne sont jamais à cent pour cent là où elles sont décrites, elles sont en plusieurs lieux, ce qui aide particulièrement le fonctionnement du vivant et favorise son évolution. En déplaçant les probabilités, les enzymes orientent le fonctionnement.

Nous ne pouvons pas concevoir les lois de la nature à *priori*. Le développement des sciences est là pour le prouver. Toute révélation sur l'origine du monde, à une époque où l'homme ne disposait pas d'outils intellectuels et de méthodes exploratoires, d'analyse et de décryptage du fonctionnement de la nature, est métaphorique et non scientifique. La méthode scientifique a cherché, originellement, à se séparer de toute approche métaphorique. Même si la nature semble être telle qu'elle est, indépendamment de nos désirs, cela ne permet pas de déduire tous ses phénomènes à partir des observations immédiates fournies par les sens, il faut s'opposer à la perception immédiate et à la représentation mentale pour construire des lois, et cette opposition implique une forme d'indépendance[13]. Maintenant nous savons que ces lois doivent incorporer l'aléatoire. Il existe donc bien du hasard dans la nature. Les scientifiques qui ont rencontré ce hasard fondamental ont eux-mêmes été secoués par cette découverte. Niels Bohr aurait dit que « *Quiconque n'est pas choqué par la théorie quantique ne la comprend pas* »[14]. Nous sommes choqués, comme les philosophes pendant vingt-quatre siècles, lesquels ont refusé une physique indéterministe pour raison d'inconcevabilité.

---

[11]Sans cycle des acides carboxyliques (cycle de Krebs), sans glycolyse, pas d'énergie dans les cellules, désagrégation quasi immédiate. On parle d'anabolisme pour l'activité de synthèse des composés et de catabolisme pour celle de dégradation récupératrice d'énergie, les deux formant le métabolisme.

[12]Expression devenue un classique chez les physiciens depuis les années 1930 ; représentation métaphorique du passage de l'état ondulatoire d'avant la mesure à l'état corpusculaire quantifié par la mesure elle-même.

[13]Gaston Bachelard, *La formation de l'esprit scientifique*, Paris, Vrin, 1972

[14]Cité par Abraham Pais, *Niels Bohr's Times, in Physics, Philosophy, and Polity*, Oxford University Press, 1991.

L'indéterminisme semble inacceptable pour l'esprit, l'histoire de la philosophie le confirme ; pourtant, sans lui, l'esprit ne peut être et ne peut agir dans la nature. Grâce à lui, il peut projeter du sens, ce qui confère à un évènement aléatoire une signification[15]. Ainsi voit-on les physiciens, lorsqu'ils veulent faire comprendre leurs découvertes, parler métaphoriquement des particules élémentaires comme si elles étaient animées d'intention.

En 1825, Pierre Laplace imagina une intelligence capable de connaitre l'état du monde à un instant donné ; appelée depuis *démon de Laplace*, elle serait capable, dans un monde déterministe, de prédire l'avenir[16]. Un siècle plus tard, avec la physique quantique et la théorie de l'information, nous savons que ce démon, métaphore du déterminisme, ne peut pas exister. L'univers étant insuffisant pour porter la description de tous les déterminismes qui le constitue, comment un démon pourrait-il les porter ? Il devrait être indépendant de ce qu'il connait, ce qui fait revenir un indéterminisme fondamental qui maintient pourtant lié ce qui est délié. Métaphoriquement, il faudrait reprendre le récit de la Genèse : Dieu joua aux dés… puis Il observa ce que cela donnait, et Il constata que c'était bon[17]. C'est bon, car le germe de la liberté est semé.

Et pourtant… l'idée était déjà là depuis longtemps. C'est ce que reconnait Jean Perrin, prix Nobel de physique : « *Il y a vingt-cinq siècles peut-être, sur les bords de la mer divine, ou le chant des aèdes venait à peine de s'éteindre, quelques philosophes enseignaient déjà que la matière changeante est faite de grains indestructibles en mouvement incessant, atomes que le hasard ou le destin auraient groupés au cours des âges selon les formes ou les corps qui nous sont familiers.* »[18] Dans la cité grecque antique d'Abdère, Leucippe et Démocrite conçurent la première théorie sur les atomes[19]. Philosophes dits matérialistes, les Abdéritains laissèrent une longue postérité. Épicure, philosophe grec athénien né au quatrième siècle av. J.-C., approfondit leur théorie. Selon lui, les atomes peuvent vibrer sur place et s'agréger. Ils forment alors des corps de plus en plus complexes. Comment les atomes peuvent-ils dévier de leur course immuable et permettre l'apparition de formes nouvelles jusqu'à l'action humaine intentionnelle ? Pour y répondre, Épicure

---

[15]Dès 1744, Giambattista Vico avait saisi la relation entre aléa et intentionnalité projetée : *la science nouvelle*, 1744, trad fr, Nagel, Paris, 1953.

[16]Pierre Simon Laplace, *Essai philosophique sur les probabilités*, Paris, 1825

[17]*La Genèse*, premier livre de la Bible.

[18]Jean Perrin, *Les atomes*, reprint de l'édition de 1913, Paris, Flammarion, col. Champs, 1991, p 33

[19]Lorsque les chimistes, à la fin du 18e siècle, reprirent le terme d'atome, ils savaient qu'ils reprenaient le terme grec des Abdéritains. Ils ne se doutaient pas que l'indéterminisme prévu par Épicure serait également repris. Il ne faut pas aller trop loin et croire qu'Épicure avait prévu la physique quantique, elle n'est plus atomiste dans le sens des Grecs anciens ; mais il avait conçu logiquement la nécessité de l'indéterminisme.

introduit ce que Lucrèce traduira par *clinamen*, qui est une déviation spontanée, spatialement et temporellement indéterminée, qui permet aux atomes de s'entrechoquer[20]. La déviation des atomes « *en un lieu en un temps que rien ne détermine* » est la première définition de l'indéterminisme corpusculaire lequel, pour Épicure, permet à l'homme d'agir intentionnellement, c'est-à-dire, pour reprendre une terminologie moderne, permet une causalité descendante[21]. Cette hypothèse a paru incompréhensible à bien des philosophes pendant vingt-trois siècles, au point que l'épicurisme a eu une place à part, marginale, dans l'histoire de la philosophie[22]. La métaphore du clinamen, traduite par déviation en français, conçue sur le modèle de l'action humaine libre, mais non consciente, est un concept inintelligible, nous dirions aujourd'hui inconcevable, et pourtant nécessaire pour penser la possibilité de la liberté humaine. Elle montre la nécessité de la contingence.

Épicure fut considéré comme impie par les chrétiens ; il professait que l'âme, comme le corps, est mortelle, et qu'il n'y a pas de finalité dans la nature, puisqu'il la remplaçait, comme plus tard Darwin, par le hasard. Aussi ses œuvres furent-elles détruites alors qu'Aristote, Platon et Plotin, ainsi que les écrits des stoïciens traversèrent les siècles. C'est la découverte, au XIXe siècle, d'une bibliothèque privée dans la cité d'Herculanum, ensevelie sous les cendres du Vésuve, qui a permis d'accéder à de nombreuses œuvres épicuriennes.

L'enseignement d'Épicure a pu être transmis par un long poème, le *De rerum natura* de Lucrèce, sorte de prémonition que la référence à l'indéterminisme exige une langue métaphorique. Lucrèce y suggère que si nous pouvons agir intentionnellement, c'est que nous pouvons modifier les probabilités de fonctionnement de notre cerveau, ce qui conduit au concept de Clinamen. Émettre une intention, agir intentionnellement, c'est modifier des probabilités. C'est utiliser la déviance des particules élémentaires « *en un lieu en un temps que rien ne détermine* ». Si nous sommes capables de le faire, c'est que ce qui le permet existe depuis bien longtemps, quelques milliards d'années avant notre émergence comme espèce, et que le hasard fondamental au sein de la matière est ce grâce à quoi cette évolution a été possible.

---

[20]Le terme grec (paregklisis, παρέγκλισις) n'a pas eu la même postérité pour des raisons qui semblent relever de l'euphonie. Mais Clément Rosset remarque qu'on n'a aucune preuve que ce concept était chez Épicure.

[21]Lucrèce, De rerum natura, bilingue, Paris, Flammarion, GF, 1993, II, p 251-293.

[22]Dans sa petite histoire de la philosophie, Luc Ferry (*Apprendre à vivre*, Paris, Plon, 2006) se permet de ne pas citer l'épicurisme. Mais les temps changent ; l'édition des épicuriens dans La Pléiade, en 2010, au pays qui adore le déterminisme, est-elle un signe des temps ?

Lucrèce, extrait du *De rerum natura*

D'où vient, dis-je, cette volonté arrachée aux destins
qui nous permet d'aller où nous conduit notre plaisir
et d'infléchir nous aussi nos mouvements
non pas en un moment ni en un lieu fixé
mais suivant l'intention de notre seul esprit ?
Car, en ce domaine, la volonté de chacun
prend évidemment l'initiative et c'est à partir d'elle
que les mouvements se distribuent dans le corps. [...]
Oui, le poids empêche que tout arrive par des chocs,
par une force étrangère, mais si l'esprit n'est pas
régi en tous ses actes par la nécessité interne,
s'il n'est pas, tel un vaincu, réduit à la passivité,
c'est l'effet de la légère déviation des atomes
en un lieu, en un temps que rien ne détermine.[23]

La Fontaine écrivit une fable élogieuse sur Démocrite décrit comme un prophète selon une formule faisant référence à Luc, 4, 24. Sa critique de la pensée commune illettrée est associée à un antidémocratisme que nous ne pouvons pas juger hors du cadre culturel de l'époque. L'expérience démocratique conduit à une indétermination fondamentale et un processus de désubstantialisation qui sont homologues de ce que donne une approche probabiliste – épicurienne, quantique ou darwinienne[24]. Il n'en est que plus saisissant de voir celui qui défend Démocrite et Épicure exprimer son dégoût pour la forme de gouvernement démocratique qui est le mieux en accord avec une pensée qui accepte l'incertitude. Accepter l'indétermination, l'incertain, la désubstantialisation, au cœur de tout processus vivant et humain est une épreuve, et Platon a fait un véritable procès aux Abdéritains tant au niveau de la philosophie de la connaissance qu'au niveau de la politique.

La Fontaine
Démocrite et les Abdéritains
livre VIII, fable 26

Que j'ai toujours haï les pensers du vulgaire !
Qu'il me semble profane, injuste, et téméraire,
Mettant de faux milieux entre la chose et lui,
Et mesurant par soi ce qu'il voit en autrui !

[23]Lucrèce, *De Rerum Natura*, II, 257-263, 284-293, trad fr. José Kany-Turpin, Paris, Aubier, 1993
[24]Myriam Revault d'Allonnes, *Pourquoi nous n'aimons pas la démocratie*, Paris, Seuil, 2010.

Le maitre d'Épicure en fit l'apprentissage.
Son pays le crut fou : Petits esprits ! mais quoi ?
            Aucun n'est prophète chez soi.
Ces gens étaient les fous, Démocrite, le sage.
L'erreur alla si loin qu'Abdère députa
            Vers Hippocrate, et l'invita
            Par lettres et par ambassade,
À venir rétablir la raison du malade.
Notre concitoyen, disaient-ils en pleurant,
Perd l'esprit : la lecture a gâté Démocrite.
Nous l'estimerions plus s'il était ignorant.
Aucun nombre, dit-il, les mondes ne limite :
            Peut-être même ils sont remplis
            De Démocrites infinis.
Non content de ce songe, il y joint les atomes,
Enfants d'un cerveau creux, invisibles fantômes ;
Et, mesurant les cieux sans bouger d'ici-bas,
Il connait l'univers, et ne se connait pas.
Un temps fut qu'il savait accorder les débats :
            Maintenant il parle à lui-même.
Venez, divin mortel ; sa folie est extrême.
Hippocrate n'eut pas trop de foi pour ces gens ;
Cependant il partit. Et voyez, je vous prie,
            Quelles rencontres dans la vie
Le sort cause ; Hippocrate arriva dans le temps
Que celui qu'on disait n'avoir raison ni sens
            Cherchait dans l'homme et dans la bête
Quel siège a la raison, soit le cœur, soit la tête.
Sous un ombrage épais, assis près d'un ruisseau,
            Les labyrinthes d'un cerveau
L'occupaient. Il avait à ses pieds maint volume,
Et ne vit presque pas son ami s'avancer,
            Attaché selon sa coutume.
Leur compliment fut court, ainsi qu'on peut penser.
Le sage est ménager du temps et des paroles.
Ayant donc mis à part les entretiens frivoles,
Et beaucoup raisonné sur l'homme et sur l'esprit,
            Ils tombèrent sur la morale.
            Il n'est pas besoin que j'étale
            Tout ce que l'un et l'autre dit.
            Le récit précédent suffit

Pour montrer que le peuple est juge récusable.
En quel sens est donc véritable
Ce que j'ai lu dans certain lieu,
Que sa voix est la voix de Dieu ?

Depuis La Fontaine, rares sont les penseurs qui reconnurent spécifiquement que le hasard correspondait à une réalité incontournable ; on peut citer William James et Henry Poincaré. Je mets Darwin à part, car son approche n'est pas théorique sur ce sujet[25].

[25]Il peut être injuste vis-à-vis d'Aristote de ne pas le citer parmi les penseurs ayant reconnu la contingence propre à la vie « sublunaire ». Il reste que ce n'est pas l'élément le plus important qu'il ait transmis ou que ses successeurs ont retenu. Il avait lui aussi bien compris que la poiesis (l'action technique et artistique), mais aussi la praxis (action morale) exigeaient la contingence pour être possibles et que celle-ci était une propriété nécessaire de la matière.

Chapitre VI

Qu'est-ce que la vie ?

Nous ne pouvons penser la vie sans projection du concept de finalité. Ce concept implique la conscience qui parait absente du vivant. Le vivant a donc des propriétés inconcevables qui permettent de porter des projections finalistes.

Nous avons compris que la vie ne peut ni exister ni évoluer sans processus aléatoire. Cet aléa fondamental s'enracine sur les propriétés de la matière. Cela nous conduit à revisiter ce que serait la vie. En quoi est-elle différente de la matière inanimée ?

Pour la plupart des biologistes il n'y a que deux hypothèses pour expliquer l'origine et l'évolution du vivant : le hasard ou Dieu[1]. Il y a aussi la nécessité – autre manière de parler des séries déterminées –, mais sur celle-ci l'accord se fait sans trop de difficulté. Le problème vient de notre incapacité à différencier la vie de la matière inanimée sans projection du concept de finalité.

Albert Jacquard voudrait trouver une solution technique éliminant la finalité : « *Mieux vaut qualifier de "vivants" les ensembles chimiques qui utilisent les pouvoirs de l'ADN* »[2]. En effet, seuls les êtres vivants contiennent de l'ADN ; il est le support de l'hérédité. Mais cette proposition ne peut pas tenir. Car nous avions, avant de connaitre l'ADN, une conception juste du vivant. Un enfant de sept ans sait s'il a affaire à un être vivant ou à un objet inanimé, et une machine, encore aujourd'hui,

---

[1]Richard Dawkins est un des scientifiques les plus incisifs sur cette problématique, il élimine Dieu et pose le hasard et la nécessité, conformément à la pensée épicurienne. On trouve le même positionnement chez Jacques Monod, François Gros, André Lwoff, Gerald Edelman... Teilhard de Chardin, Pierre-Paul Grasset ou John Eccles représentent l'autre version, celle des croyants en un Dieu créateur.

[2]Albert Jacquard, *Le compte à rebours a-t-il commencé ?*, Paris, Stock, 2009, p 75

ne le trompe pas[3]. Darwin ne connaissait ni la génétique ni l'ADN, cela ne l'a pas empêché de bâtir sa théorie de l'évolution. L'ADN ne nous aide pas pour définir ce qu'est la vie, même si la connaissance de la génétique, de l'ADN et de la biologie moléculaire ont permis de préciser la théorie darwinienne. Ceci signifie que notre concept de vie n'est pas modifié par la connaissance de l'ADN, et ne peut être modifié par aucune connaissance concernant le fonctionnement du vivant. Car il parait évident à *priori* qu'un être vivant est constitué de fonctionnements et de processus déterminés. Par contre, avec Épicure, on est en droit de s'attendre à trouver de l'indéterminisme, lequel, si la loi des grands nombres peut jouer, sera accessible à la modélisation mathématique. Les fonctionnements déterminés existent dans le vivant, il existe même de tels processus contra-aléatoires, ce sont les systèmes de rétroaction permettant de maintenir un système stable dans un environnement changeant. Cela permet-il de crier victoire contre l'indéterminisme ? Selon François Jacob : « *On n'interroge plus la vie aujourd'hui dans les laboratoires. [...] On s'efforce seulement d'analyser des systèmes vivants, leur structure, leur fonction, leur histoire.[...] c'est-à-dire qu'on ne peut plus faire de biologie sans se référer constamment au "projet" des organismes, [...] on ne peut plus dissocier la structure de sa signification, non seulement dans l'organisme, mais dans la suite des évènements qui ont conduit l'organisme à être ce qu'il est.* »[4]

Le Principe de raison suffisante, dans sa formulation originelle par Leibniz, stipule que « *jamais rien n'arrive sans qu'il y ait une cause ou au moins une raison déterminante, c'est-à-dire qui puisse servir à rendre raison à priori pourquoi cela est existant plutôt que non existant et pourquoi cela est ainsi plutôt que de toute autre façon* »[5]. Il est condensé dans l'expression latine *nihil est sine ratione* : rien n'est sans raison. Mais une raison n'est pas une cause. Si nous explicitons raison par motif, nous indiquons précisément, en langage moderne, que nous faisons référence à la conscience, et à sa capacité à générer du sens par la métaphore. C'est *a posteriori* que nous pouvons rendre raison de l'existence d'un être vivant, ce à quoi ne se privent guère les néodarwiniens[6]. Qu'il y ait une raison suffisante, mais non nécessaire, pour l'existence de chaque chose n'implique pas que nous puissions y avoir accès. Selon Leibniz, seul l'entendement divin peut connaitre les raisons suffisantes. Il existerait ainsi des vérités contingentes, c'est-à-dire

[3]Je dois à Francis Kaplan, l'auteur, en particulier, de *Le paradoxe de la vie*, la compréhension que notre reconnaissance de ce qu'est la vie est antérieure, en nous, à notre capacité de réflexion sur ce qu'est la vie.
[4]François Jacob, *La logique du vivant*, Paris, Gallimard, 1970, p 320-321.
[5]Leibniz, *Essais de théodicée*, I, 44.
[6]Cf, par exemple, Richard Dawkins ou Robert Wright.

non nécessaires, dont les raisons sont suffisantes. Cela veut-il dire qu'elles existent de manière aléatoire ? La réponse est oui pour le biologiste qui remplace la finalité par la combinaison du hasard et de la sélection, et l'existant par l'être vivant.

Selon les conceptions darwiniennes, la vie est apparue de manière contingente, elle évolue de manière contingente, et chaque être vivant nait de manière contingente, résultat d'une rencontre contingente entre ses parents, et d'une fécondation contingente. Si l'être vivant est là, c'est qu'il existerait, selon Leibniz, une raison suffisante à *priori* de sa venue. Le terme contingent pourrait signifier une finalité, puisque la finalité implique la contingence. Mais rien ne prouve que ce soit réciproque. La raison suffisante de Leibniz est une manière métaphorique de dire que l'être vivant qui est là est arrivé selon un processus. Certes, mais ce processus contient de l'aléatoire…

Les concepts d'autoorganisation et de complexité sont des formulations métaphoriques de la situation, non des explications. Soit la complexité est objective et, dans ce cas, on ne voit pas ce qu'elle apporte de nouveau pour définir le vivant, soit elle ne peut être accessible que par projection subjective et dans ce cas le concept de finalité est aussi projeté. Il en est de même de l'autoorganisation, ce qui n'empêche nullement son intérêt opérationnel.

Francis Kaplan montre que le problème est conceptuel. « *Les biologistes utilisent pour la comprendre [la vie], le concept de finalité ; or, ce concept implique la conscience et la conscience n'intervient pas dans le mécanisme de la vie. [...] Quand les biologistes utilisent le concept de finalité pour comprendre la vie, ils l'utilisent pour sa partie restante, indépendamment de la partie de ce concept qui fait appel à la conscience, de la même manière que quand nous utilisons des tenailles pour enfoncer un clou, nous l'utilisons indépendamment de son aspect "pince". [...] Nous savons donc ce qu'est la partie restante des tenailles si l'on élimine par la pensée son aspect "pince" et c'est son aspect "marteau". [...] Nous savons que c'est indépendamment de toute intervention de la conscience que la vie est, mais nous ne savons pas ce qu'elle est indépendamment de la conscience. Et puisque la finalité l'implique et qu'elle permet de comprendre la vie, il y a quelque chose, dans la réalité biologique, qui lui correspond d'une certaine manière que nous ignorons.* »[7]. Selon les termes de Francis Kaplan, la vie est un concept bricolé. Ceci rappelle les présentations de « bricolage du vivant » exposés par de nombreux biologistes, à propos de l'évolution (François

[7]Francis Kaplan, *Le paradoxe de la vie*, Paris, La découverte, 1994. Analyse reprise dans *L'irréalité du temps et de l'espace*, Paris, Cerf, 2004, p 81-121.

Gros, Stephen J. Gould, Richard Dawkins,...). Remarquons que les théories du bricolage commencent, depuis Schumpeter, aussi à être exposées dans l'économie. La métaphore du bricoleur s'impose.

Il est difficile d'admettre que nous sommes incapables de concevoir ce qu'est la vie alors que nous savons la reconnaitre dans un être vivant. Pourtant, ce n'est pas parce que c'est inconcevable, ou plus modestement que nous n'arrivons pas à le concevoir, que cela n'existe pas. Mais la question peut être transformée. Nous passerons du questionnement philosophique, qui reste sans réponse plus précise, au questionnement psychologique. Pourquoi voulons-nous savoir ce que la vie est ? L'essence a-t-elle un sens ? Ne serait-elle pas encore un concept bricolé nous indiquant la nécessité d'une autre manière de penser ? L'être ne serait-il pas « probabilité de présence », pour employer métaphoriquement les termes de la physique quantique ? La pensée essentialiste, fondement de l'ontologie, ne serait-elle pas dépassée par nos découvertes de la vie et du fondement de la matière ? La question devient de savoir si le hasard, quelle qu'en soit l'origine, est une réalité, et si c'était le cas ce serait une réalité métaphorique. Pour un biologiste, l'évolution est réelle, non pas dans le sens qu'elle a une existence physique, mais dans le sens où le concept d'évolution est celui qui coïncide avec ce qui est observé de la réalité de l'évolution des êtres vivants dans le temps. C'est dans ce sens que les biologistes parlent du « fait évolution ». Un tableau pointilliste est constitué de points colorés et chaque point a une existence que l'on qualifiera ici de réelle. Le tableau, comme constituant de l'ensemble des points dans un cadre, a une existence réelle de même nature. Pourtant, l'image du tableau, telle qu'elle apparait à celui qui le voit, a une existence dont la réalité émerge à un autre niveau. Ce n'est pas une juxtaposition de points, le tableau représente une réalité. Cette nature est de l'ordre de la réalité psychique, support de la métaphore. Mais le lien mathématique entre chaque point coloré ne peut être déterminé, il est construit par la représentation finale[8]. Le « fait évolution » est, métaphoriquement, de même nature. Des millions de faits associés permettent de se représenter l'évolution. L'évolution est un fait, dans le sens où nous pouvons nous la représenter à partir des faits, comme l'image d'un tableau pointilliste est un fait, dans le sens où nous voyons l'image et non un ensemble de points. Cette problématique n'est pas propre à la théorie de l'évolution, mais au positionnement de toute théorie et de toute représentation par rapport à

[8]La condensation d'une image numérique est pointilliste de fait. Si elle peut être traduite par un algorithme simple (par exemple une image fractale) elle est déterminée. Peu condensable, elle démontre son indéterminisme.

une réalité à laquelle nous n'accédons qu'en projetant la finalié, projection souvent inconsciente et parfois difficile à détecter.

Nous n'avons donc pas à choisir entre Dieu et hasard. Car le lieu du hasard est le lieu des projections subjectives. Pourquoi pas Dieu, ou n'importe quelle signification ? Nous venons de voir que la personnification de « La sélection naturelle » la transforme en une entité toute puissante capable de sanctionner les gènes et de favoriser ceux qui sont bons. Qu'il s'agisse de physique ou de biologie, Dieu joue aux dés – et ceci est une métaphore –. Un projet biologique, comme le dit François Jacob, n'est pas un projet, mais il permet d'y projeter la représentation du projet.

Nous manquons du surconcept permettant de différencier la finalité, celle qui permet de définir des projets, du hasard sélectionné qui y ressemble. Comme le remarque Edelman : « *On peut conjecturer qu'il n'existe que deux modes de pensée structurante : le sélectionnisme et la logique. Si on parvenait à en découvrir ou à en démontrer un troisième, ce serait un évènement dans l'histoire de la philosophie.* »[9] Cela sous-entend que selon ce point de vue, dans la philosophie occidentale, il y a d'un côté l'École Abdéritaine (les atomistes grecs et les sophistes) et ses successeurs, et de l'autre côté les autres philosophies. Or, nous pensons selon les modalités abdéritaines/épicuriennes/darwiniennes lorsque nous réfléchissons. C'est bien ce que dit E. Goblot[10], « *L'intelligence procède aussi par tâtonnements. Son travail n'est qu'une suite d'essais et d'éliminations. Mais, au lieu de tenter des actions qui n'aboutiront pas, [...] l'intelligence fait des essais en pensée et reconnait en pensée qu'ils échouent. Elle réduit à un petit nombre les entreprises effectives [...]. Les procédés de l'intelligence sont ceux de la sélection, mais d'une sélection qui tue des idées et des hypothèses au lieu de tuer des vivants...* ». Je soupçonne le procédé de pensée par sélection d'être analogue à la pensée transductive décrite par Gilbert Simondon. Mais cela dépasse le cadre de ce livre.

Dans une approche évolutionnaire, cela signifie qu'il existe des concepts fondamentaux auxquels nous n'avons pas accès ou pour le moins pas en totalité pour comprendre l'action selon un but. Francis Kaplan a nommé « concept bricolé » un tel concept que nous ne comprenons pas réellement : « *On ne peut analyser qu'avec des concepts ; on ne peut analyser des concepts qu'avec des concepts qui en permettent l'analyse et il n'existe pas de concepts capables d'analyser*

[9]Gerald M. Edelman, Giulio Tononi, *Comment la matière devient conscience*, trad. fr., Paris, Odile Jacob, 2000, p 255.
[10]cf Paul Foulquié et Raymond Saint-Jean, *Dictionnaire de la langue philosophique*, Paris, puf, 1969, p 372.

des concepts fondamentaux – c'est même ce qui définit ceux-ci »[11]. Or le concept de finalité consciente, ce que nous appelons ici intentionnalité, est un concept fondamental. Kaplan en conclut que l'esprit lui aussi procède par bricolage et bricole un concept pour un usage non prévu. Or, « *dans le cas de l'évolution, le caractère de bricolage s'efface par la perfection de la nouvelle adaptation : il ne subsiste rien de la mâchoire dans l'oreille, de la patte dans l'aile [...].*[12] Il s'avère que dans l'ordre des concepts, le caractère de bricolage est manifeste ; l'adaptation est moindre. Peut-être avons-nous besoin de temps.

Ceux qui s'opposent à l'action d'une divinité pour comprendre le vivant projettent sur la sélection des attributs divins. Le divin n'est pas en cause, seulement la représentation qu'ils en ont. Il est difficile de le leur reprocher. Ils prennent la définition qu'ils ont apprise[13]. Changeons notre définition de Dieu, admettons qu'il s'agit d'un inconcevable, d'une réalité inaccessible qui fonderait la contingence, d'une projection humaine vers un au-delà qui nous permet d'être humains. Chacun pourrait y projeter son propre imaginaire qu'il soit supposé individuel ou affirmé collectif et, dans la reconnaissance de cette projection, cela pourrait transformer cette interminable guerre métaphysique en une discussion plus profonde sur ce qui nous fait vivre. Ainsi que nous l'avons présenté plus haut, l'évolution, pour être décrite, ne peut être exposée que sous forme de métaphore ; la [14]plus adaptée serait celle grâce à laquelle : « *le caractère de bricolage s'efface par la perfection de la nouvelle adaptation* ». De nombreux biologistes se récrieront et diront que ce ne sont pas des métaphores mais des descriptions. Pourtant, depuis « *L'origine des espèces* », de nombreux livres ont été écrits par des biologistes pour exposer leur conception de la vie, du vivant, ou de la biologie. Aucun ne peut éviter des expressions métaphoriques. J'en ai fourni quelques-unes, mais on peut en trouver un bien plus grand nombre. Le « fait évolutif » ou la « sélection » sont des représentations, toujours métaphoriques. Elles ne sont ni des descriptions ni des raisonnements, elles sont signifiantes, et c'est bien pour cela qu'elles nous parlent. Le lien qui unit les points du tableau pointilliste pour en faire une image, comme le lien qui unit les vivants et les morts pour décrire l'évolution, est un lien que je qualifie de métaphorique.

Il peut être surprenant de constater que ce débat sur le vivant rejoint celui sur le langage. La linguistique dite objectiviste se prétend être la seule approche scientifique du langage, et de là rejette tout fondement

---

[11]Francis Kaplan, *Le Paradoxe de la vie*, Paris, La découverte, 1994, p 257.
[12]Idem, p 259.
[13]Richard Dawkins, *Pour en finir avec Dieu,* trad fr, Paris, librairie académique Perrin, 2009
[14]Kaplan, idem.

métaphorique à son émergence. En fait, elle se trompe d'époque et fait encore référence à une science objectiviste et déterministe. Une révolution équivalente à la physique quantique ou à la biologie darwinienne ne l'aurait-elle pas encore atteinte ? Et pour cause, cela contraint directement à accepter le fondement métaphorique de la pensée[15]. Nul doute que des théories métaphoriques sémantiques émergeront. Elles seront probabilistes. Déjà, la pensée phénoménologique nous ouvre la voie.

Nietzsche imagine une évolution de l'homme permettant l'accès à des concepts aujourd'hui inaccessibles : « *Toutes les créatures jusqu'ici ont créé quelque chose qui les portait au-dessus d'elles-mêmes, et vous voulez être le reflux de cette grande marée et retourner plutôt à la bête que de surmonter l'homme ? Qu'est-ce que le singe pour l'homme ? Un objet de risée ou de honte douloureuse. C'est cela que doit être l'homme pour le Surhomme : un objet de risée ou de honte douloureuse* »[16]. Son écrit fait directement référence à Héraclite via Platon – L'Hippias Majeur – avec une différence : une vision évolutionnaire. Nous découvrons une limite à notre capacité conceptuelle ; cette limite pourra-t-elle être franchie ?

---

[15]George Lakoff & Mark Johson, *Les métaphores dans la vie quotidienne*, trad. M. de Fornel, Minuit, Paris,1985.

[16]Friedrich Nietzsche, *Ainsi parlait Zarathoustra*, Prologue. Il existe plusieurs traductions françaises.

Chapitre VII

Le hasard et le sens

Le hasard, qu'il serait préférable de nommer « indétermination », nous fait entrer dans le champ métaphorique. Il est irréductible. Il peut être fondamental.

Le mot « hasard » vient d'un jeu de dés arabe, az-ahr, auquel, dit-on, les croisés apprirent à jouer en Palestine. On appelle « jeux de hasard » les jeux pour lesquels ni l'habileté ni l'intelligence ne peuvent faire la différence. Lorsqu'on suppose que quelque chose serait *dû au hasard* que veut-on dire ? Aucun évènement ne peut être considéré comme *le résultat du hasard*. Le hasard n'est pas une cause dans son sens classique ; c'est une cause métaphorique. Le hasard est, dans l'existence de l'évènement lui-même, inexplicable, imprévisible, non accessible à une forme de régularité ou de logique. Jetons cent fois un dé, et notons à chaque fois le résultat, entre un et six, nous obtenons une liste de cent chiffres. Nous n'arriverons pas à reproduire cette succession, en rejouant aux dés, même en décidant d'y passer toute notre vie, car il y a indépendance entre chaque jeté de dés. Le hasard, c'est aussi le mot utilisé en sciences pour parler de données qui varient sans cause ou loi imaginable. Pourtant le hasard obéit à des lois particulières, celles de l'imprévisibilité, qui fondent la statistique, car cette dernière s'appuie sur le concept de probabilité. Une conséquence du hasard est de provoquer des symétries, des lois, à une échelle supérieure.

En sciences, on parle de hasard quand la loi des grands nombres peut être utilisée, ou encore quand on mesure une variation quantitative d'un phénomène qui se répète. La taille d'une personne adulte, à partir de celle qu'il a à la naissance, n'est pas prévisible au centimètre près. Par contre, il est possible de prédire la répartition des probabilités pour sa taille à l'âge adulte, et le diagramme de répartition d'une population suivra une courbe dite de Gauss, semblable à la répartition réelle d'un millier de sujets mesurés et ayant la même taille à la naissance. On connait des exemples médiatiquement célèbres : fumer est un facteur de risque du cancer, mais la survenue d'un cancer chez un fumeur n'a rien de certain, sa probabilité est seulement accrue. Andreï Kolmogorov, mathématicien russe, a, en 1933, présenté une axiomatique du calcul des probabilités qui fait référence aujourd'hui. La complexité de Kolmogorov, ou complexité aléatoire, est un ensemble de fonctions permettant d'évaluer la complexité de calcul d'un nombre ou d'une suite. Or cette complexité n'est pas calculable[1]. Le hasard n'est pas que la mesure de notre ignorance comme l'affirmait Spinoza. Aujourd'hui, nous devons reconnaitre, en dépit des idéologues déterministes, que le hasard est une donnée de la nature et qu'il a sa source dans la profondeur incommensurable du support des choses, dans ce monde de l'infiniment petit que sondent les physiciens. Dans la matière, plus prosaïquement.

La difficulté, concernant le hasard, vient qu'il recouvre des représentations différentes. On l'associe souvent à la question de la contingence. Un évènement contingent est un phénomène non nécessaire, mais, contrairement au hasard, il ne peut pas être soumis aux grands nombres. « *On ne se baigne pas deux fois dans un même fleuve* » disait Héraclite. Il aurait également dit que « *le soleil est sans cesse nouveau continument* », que « *le même est et n'est pas* »[2]. Pourquoi pas, et dans ce cas-là tout devient contingent et l'apparent déterminisme est une question d'approximation. La différence entre hasard et contingence devient un problème pratique de mise en œuvre et non plus un problème conceptuel. Soit c'est calculable selon des approches probabilistes et on parlera de hasard, soit c'est non calculable, car sans possibilité de répétition, et l'on parlera de contingence. Selon la population considérée, on peut postuler que les individus de la population sont des représentants à la fois semblables et pourtant variables. On peut classer la répartition des différentes couleurs de cheveux chez les êtres humains, ou le nombre de grains par épis de blé, le nombre de quartiers dans le fruit du coquelicot, la production de lait des différences races de vaches laitières, etc[3].

Le hasard a le même sens que l'aléa. La parole de César « alea jacta est » signifie mot à mot « les dés sont jetés ». Hasard et aléa ont la même source : le jeu de dés. Les adjectifs « aléatoires » et « fortuits » sont

[1]On retrouve, avec le concept de « profondeur logique » de Charles de Benett, une approche voisine de la complexité, qui, sans être calculable, peut être évaluée, et permet de faire le pont avec la théorie de l'évolution. Cf Jean-Paul Delahaye, *Qu'est-ce qu'un objet complexe ?*, Pour La Science N°427, Mai 2013,p. 78-83.

[2]*Les présocratiques*, Paris, Gallimard, la Pléiade, 1988, pp 127-187.

[3]Daniel Schwartz, *Le jeu de la science et du hasard – La statistique et le vivant*, Paris, Flammarion, 1999.

synonymes de hasardeux, à des nuances littéraires près. « Hasardeux » relève davantage de la contingence qu'« aléatoire » dont la froideur provient de son utilisation en mathématiques ; « fortuit » donne une impression de surprise, il semble non saisissable par les probabilités. Les mathématiciens ont inventé le terme de « stochastique » pour définir une fonction qui combine des relations déterminées et des relations aléatoires. Notons ici que ce terme, emprunté au grec ancien, στοχαστικός *stokhastikos* (« qui vise bien »), de στόχος *stokhos* (but ou cible), fait référence explicitement à l'isomorphie entre un processus intentionnel et un processus aléatoire sélectionné. Le terme de hasard peut être utilisé quand on ne perçoit pas la cause d'un phénomène, ce qui ne signifie pas que cette cause n'existe pas. Il peut être utilisé comme déni de responsabilité – la « faute à pas-de-chance ». Ce que nous définissons ici par hasard, ou contingence, correspond à la représentation soit de l'absence de nécessité de l'évènement, soit de l'indépendance de l'évènement par rapport à celui qui l'observe ou le subit.

Ainsi, hasard ou contingence, cela signifie qu'il s'agit d'indétermination, c'est-à-dire qu'il est impossible de définir une cause, dans le sens philosophique de la cause efficiente d'Aristote, celle de la science. Le terme déterminisme, qui est utilisé pour affirmer l'absence de hasard, a deux sens. Il y a le déterminisme de méthode, celui que pose un scientifique qui étudie un phénomène dont il recherche la cause. Quand il cherche à prouver une hypothèse, il définit l'expérience qui l'infirmera[4]. Puis, il y a le déterminisme philosophique qui pose que le hasard n'existe pas : tout est le résultat de causes ou d'enchainements de cause à effet. Ce déterminisme-là est remis en cause par les découvertes, en physique et en biologie, qui ont fini par imposer l'idée que l'indéterminisme est, de principe, dans la nature. Admettre ce principe d'un hasard fondamental, appartenant à la nature des choses, est une sorte de révolution philosophique. Pourtant, elle n'est pas récente, nous l'avons dit, elle a été exprimée dès les présocratiques, en particulier par Héraclite. Puis par Épicure, qui doit la disparition de la plupart de ses écrits, durant l'ère chrétienne, à cette conception irrévérencieuse vis-à-vis de la grâce divine et de l'immortalité de l'âme. Pourtant il avait proposé ce que les spiritualistes auraient pu adopter avec enthousiasme. Pourquoi ils ne l'ont pas fait est une autre histoire ; elle demanderait des recherches qui pourraient aussi s'appuyer sur le fait que Darwin a provoqué les mêmes réactions. Il se pourrait que le primat du concept de substance en soit la raison.

---

[4]Ce n'est évidemment pas si simple ; on confronte une théorie à ce qui est dit être la description d'une expérimentation. Autrement dit deux représentations dont l'une provient de la théorie et l'autre de la description de ce qui est attendu.

Toute connaissance représentative et verbalisable, ou écrite sous forme codifiée, que nous avons de ce qui nous entoure, s'enracine dans la conscience que nous en avons et dans la volonté de questionner la nature qui nous résiste. Pour agir sur le monde, il faut une capacité d'agir, indépendante de ce sur quoi nous agissons. S'il n'y avait pas d'indépendance entre la pelle et moi-même, ni d'indépendance entre la neige et moi, je ne pourrais pas prendre la pelle et dégager la neige. La possibilité de concevoir, créer et utiliser des outils, à chaque étape, exige l'indépendance. Personne n'imagine que les outils qu'il a chez lui n'ont pas l'indépendance minimale qui lui a permis de les acheter, de les amener chez lui, et de les utiliser quand il en a besoin. Par contre, il est plus difficile de concevoir que l'intention d'utiliser ces outils indépendants a aussi une part d'indépendance. Il y a un indéterminisme fondamental de l'action intentionnelle, ce qu'avait bien compris Épicure, si mal reconnu depuis vingt-quatre siècles par les penseurs de toute autre lignée philosophique. La grande différence, aujourd'hui, c'est qu'Épicure n'est plus seul. Il est soutenu, plus ou moins consciemment, par la communauté scientifique planétaire. Je dis « plus ou moins consciemment », car il n'est pas sûr que les scientifiques aient tiré les conséquences de leurs découvertes. Ils raisonnent philosophiquement en des termes anciens sur des conceptions scientifiques nouvelles, ce qui n'arrange rien. On ne peut pas se dégager de la pensée platonicienne puis aristotélicienne sans effort.

Pour un scientifique, admettre le hasard comme donnée fondamentale est extrêmement désagréable. Les physiciens découvreurs de la physique quantique l'ont vécu au point de passer plus de trente ans à essayer de trouver une preuve qu'il n'existait pas grâce à la supposition de variables cachées. L'expérience d'Alain Aspect (1980-1982) a définitivement clos le débat[5]. Et ne parlons pas des philosophes… Donner au hasard, dans son sens le plus large, une réalité, peut en rendre certains agressifs. Il y a de quoi. Reconnaitre au hasard une réalité, c'est abdiquer pour toujours l'idéal de possibilité d'une connaissance complète. On croyait que Dieu pensait le monde, non, « *il le joue aux dés* »[6]. Pouvons-nous préférer « jouer à » plutôt que réfléchir ou penser ? C'est pourquoi la pensée d'Épicure est décrite dans les manuels de philosophie, toujours pas à jour, comme inintelligible, alors qu'elle ne fait que reconnaitre un inconcevable. Rendons grâce aux biologistes et aux physiciens qui nous ont permis de prendre conscience que, même si ce n'est pas concevable,

[5]D'autres expériences ont été réalisées pour répondre à d'autres « expériences de pensée » d'Einstein. Elles lui donnent également tort.

[6]Einstein a refusé la physique quantique sous l'argument : « Dieu ne joue pas aux dés ». Niels Bohr lui aurait répondu en substance de cesser de prétendre savoir comment Dieu fait fonctionner le monde.

c'est tout à fait opératoire. Autrement dit, même si nous n'arrivons pas à le concevoir, nous pouvons le réaliser[7]. Cet inconcevable s'impose à partir de la méthode même – la scientifique – qui eut préféré l'éliminer à jamais. Pourtant, quelle ouverture ! Car si l'indéterminé est nécessaire pour qu'une action intentionnelle soit possible, ce qu'Épicure avait compris, l'action intentionnelle elle-même est génératrice de hasard. Dans ce cas précis, il est plus convenable d'appeler ce dernier contingence, au moins par considération pour tous ceux qui agissent intentionnellement et dont les actions ont quelque chose d'unique[8].

Vous avez l'intention de répondre positivement à une invitation, et vous faites la rencontre qui transforme votre vie... Vous êtes chercheur et vous faites une découverte qui va résoudre les problèmes de millions de gens... Vous innovez dans un produit ou dans un service qui améliore le sort de milliers de personnes... Vous décidez de créer une entreprise et vous modifiez l'environnement social... La moindre décision modifie ce sur quoi elle agit. Quand une élaboration intérieure nous conduit à l'action, nous générons de la contingence. Toute action intentionnelle est transformatrice, elle ne peut être prédite. Mais nul n'est obligé d'être intentionnel ou créatif sans cesse, c'est fatigant. La pensée strictement déterministe est devenue une pensée facile. En 1994, Jean-Pierre Séris publie un livre sur la technique ; étonnante étude critique quasi exhaustive de toutes les approches énoncées sur la technique et son histoire, des origines jusqu'en 1994. Séris reproche leur paresse aux philosophes campés soit dans la technophobie soit dans la technophilie, mais il ne dit pas la source de cette paresse : reconnaitre l'indéterminé, s'affronter au réel qui ne correspondra jamais complètement à nos catégories figées, c'est fatigant et difficile[9]. Il faut sortir de son bureau… Ce qu'il ne dit pas : « […] *ils devraient accepter que la signification de ce qui importe à chacun, de ce dont ils sont chacun les porte-paroles, soit reconnue comme à priori indéterminée*[…] »[10].

La loi du hasard, celle des grands nombres et de l'analyse statistique, dévoile l'indéterminé. Néanmoins, elle devient muette devant l'apparition d'évènements si rares, uniques, qu'ils sont le plus souvent considérés impossibles[11]. C'est pourquoi on les dit contingents. Je dirai, ici, qu'une intention, c'est en premier lieu la capacité de définir, ou

[7]L'histoire de l'humanité montre que l'homme a le plus souvent su réaliser avant de concevoir, et ce même si la pensée sur ce qui arrive, ou sur les actions, a un effet.
[8]Émile Boutroux, *De la contingence des lois de la nature*, Paris, 1874 (reprint, Paris, puf, 1905).
[9]Jean-Pierre Séris, *La technique*, puf, dernière réédition, col. Quadrige, 2013. Gilbert Simondon écrit aussi que l'humanisme technophobe est un humanisme facile… Certes, pas en soi, mais dans le contexte actuel.
[10]C'est Isabelle Stengers qui l'écrit dans *Une autre science est possible !*, La découverte, Paris, 2013.
[11]Nassim Nicholas Taleb reprend l'approche de Mandelbrot en parlant de « hasard sauvage » ; cf *Le cygne noir*, Les belles lettres, Paris, 2007.

d'imaginer, la réalisation de quelque chose qui n'existe pas, que ce but soit atteignable ou pas[12]. Nous sommes tous, les êtres humains, dotés de cette capacité inconcevable et pourtant reconnue immédiatement. De plus, pour la plupart d'entre nous, nous sommes aussi capables de réaliser des actions à partir d'une telle intention. Par son indépendance fondamentale, quelles que soient les influences, cette capacité – contingente elle-même – est génératrice de contingence, laquelle peut répondre, dans certains cas, aux calculs probabilistes sur le hasard, car nous sommes très nombreux et réalisons des actions tous les jours.

Il apparait une isomorphie entre la structure des évènements aléatoires sélectionnés et celle des évènements produits intentionnellement. Quand il s'agit d'évènements relativement rares, c'est-à-dire dont la probabilité d'apparition est de l'ordre de 1% ou moins, on sait que la répartition obéit à la loi dite de Poisson, du nom du mathématicien français qui l'a trouvée. C'est, par exemple, la structure du classement des conflits qui ont marqué le monde depuis plus d'un siècle, si on les classe par ordre de magnitude, en fonction du logarithme du nombre de morts. En revanche, le classement selon le nombre de pages de la production annuelle des brevets du monde donnera certainement une répartition obéissant à la loi de Gauss, ou plusieurs groupes répartis selon cette loi. La loi de Zipf[13] montre que si l'on classe les mots d'un texte suffisamment long par fréquence décroissante, la fréquence d'un mot en $n^{\text{ième}}$ position est statistiquement proportionnelle à log(n). Cette loi s'applique à des domaines multiples, dont la géologie, l'astrophysique, la taxonomie, etc. Devons-nous être scandalisés que les effets de l'action intentionnelle soient similaires à ceux d'une action réalisée au hasard ? Certes non. Car si l'action intentionnelle ne répondait pas aux lois du hasard, c'est qu'elle serait déterminée.

Que se passe-t-il lorsqu'il nous arrive un évènement fortuit – ou aléatoire ou contingent – ? Si c'est un évènement désagréable, par exemple la tuile qui nous tombe dessus, cela parait soit révoltant soit de l'ordre de la fatalité. Si c'est révoltant, c'est que nous estimons que ce n'est pas juste, nous ne le méritons pas. Admettre que c'est aléatoire est difficile : il faut que quelqu'un ou quelque chose nous en veuille. Une force démoniaque est à l'œuvre. Si, par contre c'est un évènement heureux, cela nous comble. La chance est avec nous. On connait le dicton : la chance sourit aux audacieux. Si l'évènement est très heureux,

[12]Franz Clemens Brentano (1838, 1917) est, semble-t-il, le premier à avoir introduit le concept d'intentionnalité dans la philosophie de la psychologie. Il semble que son influence ait été considérable dans le développement de la philosophie à partir de l'Europe centrale (Vienne) et concerne autant la philosophie analytique, l'épistémologie et la phénoménologie que la psychanalyse.

[13]Qu'il aurait fallu appeler la loi d'Estoup, celui qui, le premier, la découvrit en 1916.

nous avons du mal à reconnaitre que cela fût un hasard. Cela a un sens... L'heureux gagnant croit alors « être aimé des dieux ».

Nous ne réagissons pas ainsi pour des évènements dont la succession des causes et des effets est connue. Quand nous identifions un mécanisme, qualifié du terme « automatique », nous n'imaginons pas qu'il puisse y avoir un sens. Je mets en marche la machine à laver le linge et le programme se déroule. Aucun sens possible, sinon celui du départ : je veux laver du linge. Si la machine tombe en panne et que j'ai absolument besoin de linge propre, voilà que je commence à supposer un vilain démon qui m'en veut. Si le réparateur m'explique que la pièce qu'il change a quinze ans, que c'est normal, me voilà rassuré. Une bonne explication déterministe rassure. Mais sur l'indéterminisme, nos projections mentales sont possibles. Réciproquement, il n'y a pas de métaphore possible heureuse, pas de représentation signifiante sur ce qui est déterminé, seulement l'enfer. C'est l'une des causes du désespoir de certains élèves qui résistent à l'apprentissage mécanique des sciences. Pas de métaphore, pas de récit, donc pas de sens, donc pas d'intérêt... Heureusement pour eux, les choses commencent à changer.

Voilà une bonne indication de notre représentation des êtres et des choses. Si devant une problématique sociale, psychique, philosophique, nous éprouvons le besoin d'une métaphore, d'une image, d'un schéma, nul doute que nous nous représentons la chose comme indéterminée. Si nous nous contentons de tableaux de chiffres, voire d'équations, il y a de fortes chances que nous la supposons déterminée. Mais, diront certains, on peut avoir des phénomènes qui sont surtout déterminés et un peu indéterminés. Pourquoi vouloir trancher entre le noir et le blanc ? Acceptons le gris… L'aspect métaphorique de l'argument conduit à dire à la fois une chose et son contraire. Certes, il existe des articulations entre déterminisme et indéterminisme, mais celles-ci rendent l'ensemble de ce qui est concerné indéterminé. L'indétermination conditionne la possibilité de choix et la détermination le déroulement du choix. Leur articulation devient la condition de la liberté humaine. Par exemple, nous savons bien que, si nous voulons saisir un objet, les mécanismes qui vont du cerveau à la main qui prend l'objet sont déterminés. Mais si l'intention d'origine ne l'est pas, c'est le geste qui devient indéterminé. Le déterminisme nécessaire à l'action intentionnelle ne fait que déplacer l'indétermination au niveau de la source de l'action. Toute *action* intentionnelle n'est donc possible que grâce à des séries déterminées, mais cela n'empêche pas que celle-ci, dans sa globalité, soit indéterminée. Finalement, le déterminé est un cas particulier de l'indéterminé, voire une sorte d'idéalisation en ce qui concerne la représentation que nous en avons. L'univers est une mer d'indétermination dans laquelle flottent une multitude d'ilots de processus déterminés plus ou moins reliés entre eux, et ceci est une métaphore. Il est intéressant de constater que l'approche « Big Data », pourtant opérationnelle, se moque de la causalité.

La projection, sur ce que nous ressentons indéterminé, nous appartient et nul ne peut nous en faire le reproche. Sauf, bien sûr, si cela conduit à l'imposer à d'autres, ou si la découverte d'une causalité élimine notre supposition d'indétermination. Mais comme nous projetons sans cesse du sens sur l'indéterminé, dès notre venue au monde, nous serions bien malvenus de le reprocher aux autres.

Ainsi, toute métaphore signifie que ce dont elle parle est indéterminé ou supposé tel. Réciproquement, un évènement indéterminé permet la métaphore. La preuve du déterminisme d'un évènement tue la possibilité de métaphore. Pourtant sur des machines complexes comme des ordinateurs, nous avons tendance à projeter des métaphores. Est-ce à dire qu'ils sont indéterminés ? On oublie trop vite que ces machines sont construites par des êtres humains, même s'il faut désormais des ordinateurs pour en créer de nouveaux, et que chaque fois que de nouvelles fonctions sont ajoutées, ceux qui le font, incapables de connaitre tous les fonctionnements initiaux de cet ordinateur, ajoutent ces fonctions *indépendamment* de la structure d'origine… Le tour est joué, l'indéterminisme entre dans la structure des ordinateurs. Les utilisateurs en savent quelque chose…

Concluons à partir d'une question. Est-il possible qu'un évènement, dont la probabilité calculable avant son apparition est équivalente à zéro, puisse avoir lieu ? La réponse est oui ; un exemple permet de le concevoir. Soit la construction d'une suite de 300 signes, puisés successivement et aléatoirement dans un ensemble de 20 signes différents en très grand nombre et représentés chacun à raison de 5% du pool. En somme un texte de 300 caractères, construit à partir de 20 lettres tirées aléatoirement. Combien peut-on construire de telles suites ? La réponse est : de l'ordre de 10^{400}. Chaque séquence possible, si l'on suit la loi de Borel, a une probabilité nulle d'apparaitre (10^{-400}). Pourtant il est facile d'en produire rapidement une centaine. Il en est ainsi d'une succession de caractères, de mots, de paires de bases sur l'ADN, ou de la séquence d'une protéine. Ces séquences sont improbables *ex ante*, mais certaines sont prouvées *ex post*. Dans cette configuration, toute prévision est impossible sauf de dire qu'un évènement aura lieu, parmi un nombre immense de possibilités et qu'il peut être unique et source de changements. Si cet évènement s'intègre dans un champ métastable capable de réagir différemment selon la séquence produite, on voit là l'émergence d'un improbable (10^{400} possibilités est un nombre insaisissable de principe par rapport à la taille de l'univers) qui pourrait produire des transformations insoupçonnées. Le cygne noir de Nassim Nicholas Taleb entre dans ce cadre. On pourrait prédire, par exemple, qu'il y a au moins un évènement parmi 10^{400} qui aura lieu chaque jour, sans savoir si son effet sera noyé dans les systèmes régulateurs existants, ou au contraire s'il entrainera une transformation profonde, rapide ou progressive.

Ainsi en est-il du nouveau paradigme qui, posant un déterminisme de méthode, reconnait l'immensité des évènements improbables, néanmoins possibles, dont les effets ne peuvent être prédits que de manière floue et asymétrique. L'improbable est inclus dans le possible.

Chapitre VIII

L'apparition de l'homme

L'homme moderne est issu d'une succession d'accidents, d'évènements contingents, favorisant les espèces d'hominidés les plus opportunistes jusqu'à Homo sapiens, l'homme actuel. Ces évènements ont été, au moins en partie, sélectionnés comme conséquence des activités humaines, créant pour la première fois une sélection artificielle.

Avant de réfléchir au sens de son devenir, l'histoire de son émergence peut nous permettre de nous représenter la façon dont l'évolution s'y est prise pour le produire (cette expression étant métaphorique). Il y a moins de 8 millions d'années, selon la biologie moléculaire, vivait l'ancêtre de l'homme, du chimpanzé et du bonobo. Cet aïeul nous précède d'environ 500 000 générations. Cet ancêtre ressemblait davantage au chimpanzé qu'à l'homme pour la raison que le chimpanzé ressemble plus au gorille et à l'orang-outang et que nous avons avec ces derniers des ancêtres encore plus lointains. Notre lignée a davantage divergé, en ce qui concerne l'apparence, que celle qui mène au chimpanzé et au bonobo. Néanmoins, cet ancêtre pouvait peut-être se tenir à l'occasion plus facilement debout que le chimpanzé[1]. Pourquoi ? Parce que nous avons des indices à partir de l'homme d'Orrorin (*Orrorin Tugenesis*), trouvé au Kenya et de l'homme de Toumaï (*Sahelanthropus Tchadensis),* trouvé au Tchad, d'une possible bipédie à peu près à l'époque où vivait cet ancêtre. La bipédie est bien ce qui a créé la divergence.

Il est reconnu aujourd'hui que des hominidés bipèdes vivaient il y a entre 3,9 et 4,4 millions d'années. Leur bipédie, encore moyennement adaptée, donnait une démarche chaloupée. Aux différentes époques qui se succèdent, à partir du moment où le genre *Homo* apparait, il est

[1]Encore que le chimpanzé et le bonobo sont capables de se tenir debout quand ils sont petits. La posture verticale apparait longtemps avant de s'imposer à l'âge adulte, dans la lignée des hominidés

représenté sur le continent africain par différents hominidés ; différentes espèces, disent les biologistes. Même lors de l'apparition de l'homme moderne, il existait encore au moins une espèce concurrente vivante, l'homme de Neandertal. Un australopithèque (dont Lucy est un des représentants) peut prétendre au titre d'ancêtre du genre H*omo* ; il s'appelle *Australopithecus afarensis,* une espèce dite gracile. Nous en avons de nombreux fossiles, surtout en Éthiopie, Tanzanie et Afrique du Sud. Cet hominidé n'avait pas un cerveau plus gros que celui du chimpanzé. Comme il vivait près de forêts, il est fort probable qu'il passait encore une part de son temps dans les arbres, entre autres pour dormir. Il y était peut-être moins à l'aise que les grands singes. Il a été suggéré que l'un des intérêts de la position verticale est une meilleure résistance à la chaleur : moins d'exposition au soleil et dissipation plus facile de la chaleur absorbée[2]. Il s'agit, en langage évolutionnaire, d'une exaptation, c'est-à-dire que la posture verticale, apparue en forêt, confère un avantage en savane postérieurement, ce qui explique la sortie de la forêt (cf la métaphore de l'ivrogne)... Cette posture ainsi que le rapport surface/volume du corps suppose une alimentation plus riche que celle d'un grand singe, et, par boucle rétroactive, une activité plus intense. En comparaison aux autres primates, les australopithèques montrent d'un côté un dimorphisme sexuel fort, suggérant la polygynie, et des dimensions analogues des canines pour les deux sexes, suggérant l'opposé (phénomène de couple), comme si tout restait possible, sexuellement parlant.

C'est la bipédie, c'est-à-dire la station debout à l'âge adulte, qui sépare la lignée menant à l'homme de celle du chimpanzé et du bonobo, Bien que certains affirment actuellement : « *Nous étions préparés à tout admettre sauf d'avoir commencé par les pieds* »[3], Darwin et ses successeurs le pensaient, il y a plus de cent-vingt ans, avant que nous en ayons la preuve. Les capacités cognitives des premiers hominidés verticaux n'étaient pas supérieures à celle des grands singes. Cependant la bipédie entraine des conséquences spécifiques chez un primate. Par exemple : la difficulté accrue de la mise au monde a pu conduire à une coopération entre les femelles ; la stratégie de recherche de nourriture devient plus variée, les longs déplacements plus faciles ; les mains étant disponibles, un cerveau plus important devient utile. On peut aussi le penser dans l'autre sens : un besoin de libération des mains, dans un contexte particulier, a conduit à la sélection de la verticalisation. Car les

---

[2]Joseph Reichholf, *L'émergence de l'homme,* trad. fr., Paris, Flammarion, 1991.

[3]Pascal Picq et Yves Coppens, *Aux origines de l'humanité, tome 2, Le propre de l'homme*, Paris, Fayard, 2001.

petits bonobos et chimpanzés ont une posture verticale initiale, qu'ils perdent vite.

Il semble qu'il existait plusieurs espèces bipèdes, témoignant par là que l'arbre généalogique ressemble davantage à un buisson. Des rameaux se sont éteints, comme on peut l'observer de manière générale dans toute lignée vivante.

Homo habilis apparait il y a entre 1,8 et 2,5 millions d'années, premier hominidé à fabriquer des outils de pierre. Cela demande une habileté manuelle développée et des capacités cognitives au-delà de celles d'un chimpanzé. Doté d'une capacité crânienne (750 cm^3) supérieure à celle du chimpanzé, autrement dit à n'importe quel autre grand singe, il témoigne, pour la première fois, d'une asymétrie entre les deux moitiés du cerveau. Il semblerait qu'il vivait en communauté. On a pu constater qu'*Homo habilis* allait chercher ses pierres pour les amener sur son site, là où il en avait besoin. Peu chasseur, il savait profiter des restes des chasses des fauves.

Homo ergaster, défini à partir de fossiles datés de 1,4 à 1,9 million d'années est doté d'une capacité crânienne de 850 cm^3, dont l'asymétrie s'accentue, il est presque à mi-chemin entre l'australopithèque et l'homme moderne. La croissance du cerveau est approximativement symétrique, cependant toute croissance du volume global libère la moitié supplémentaire qui peut se différencier de manière spécifique, libre pour des fonctions nouvelles. Par exemple le cerveau gauche contrôle les activités manuelles techniques suggérant que l'utilité de la fabrication d'outils devient un facteur sélectif ; le cerveau droit, à chaque croissance globale, peut être utilisé pour d'autres processus psychiques. C'est à partir de cette espèce que les proportions globales de cet ancêtre deviennent proches de celles de l'homme moderne. Il est physiquement adapté à la vie dans la savane ouverte. Son régime alimentaire est davantage carné. C'est durant son existence qu'on trouve pour la première fois des indices d'utilisation du feu, vers -1,5 millions d'années. On écrit encore qu'il ne s'agissait pas de domestication, mais d'une limitation de la peur que le feu provoque chez tous les mammifères. Une publication récente suggère au contraire que *Homo erectus*, il y a environ 1,9 million d'années, cuisait probablement ses aliments et en tout cas les processait, ce qui conduisit à une sélection de la régression de sa dentition et de son système digestif, favorisant la croissance du crâne[4].

---

[4]Chris Organa, Charles L. Numb, Zarin Machandab et Richard W. Wranghamb, *Phylogenetic rate shifts in feeding time during the evolution of Homo*, Proceedings of national academy of sciences, 30 Août, 2011, vol. 108, no. 35, p 14555-14559.

Nous sommes loin des conceptions du XVIIIe siècle, où l'on imaginait qu'un jour l'homme avait quitté l'état de Nature. Timothy Taylor émet une hypothèse suggestive. La capacité technique des préhumains leur aurait permis de réaliser un porte-bébé fabriqué à partir de peau ou de viscère, ce qui diminue la pression de sélection pour un développement rapide des bébés, puisque la mère peut porter son enfant en gardant ses deux mains libres, et favorise la croissance cérébrale. Même si nous ne disposons que de très peu d'archives archéologiques sur les produits organiques dégradables, et qu'ainsi les inventions des hominidés utilisant les produits issus de plantes ou d'animaux sont, à ce jour, encore inaccessibles, il parait évident que la majorité des inventions techniques d'*Homo habilis, ergaster ou erectus* étaient de cette nature. Tailler des pierres est autrement plus difficile. L'invention de la cuisine pourrait être autant une condition de l'émergence d'*Homo erectus* que sa conséquence...

Conformément aux normes actuelles, nous nommerons homininés (et non pas hominidés), toutes les espèces du genre *Homo*. Par la technique, les homininés ont pu diminuer la pression de sélection de l'environnement sur les contraintes empêchant le cerveau de croitre et en même temps obtenir une alimentation plus riche et plus digeste, conditions favorisant à la fois la diminution du système digestif, celle de la dentition et de l'importance musculaire des muscles maxillaires. En conséquence, le cerveau était libre de se développer[5]. Les *Homo ergaster*, *erectus,* et les suivants, ont pu créer des conditions techniques nouvelles qui continuaient à orienter l'évolution biologique vers un cerveau plus important. La lignée des homininés évolue comme conséquence de sa capacité technologique qui à la fois la fragilise et la renforce. Les lignées préhumaines sont déjà filles de la technique.

L'évolution vers l'homme, puis de l'homme, procède par sélection artificielle et non naturelle. L'homme et son évolution possible ne peuvent être compris hors de la technique qui le sélectionne et qu'il développe en retour. Cela transforme les analyses sur la relation nature-culture ou nature-artifice, puisque que l'espèce humaine, comme population construite par le social et protégée par la technique ou comme

[5]Timothy Taylor, *The artificial ape, How technology changed the course of human evolution*, Palgrave Macmillan, 2010. Son argumentation est focalisée sur une invention spécifique ; plus généralement, c'est la technicité qui a favorisé la néoténisation humaine, même si cette dernière a eu un effet positif en retour (rétroaction positive). Ceci s'oppose à la conception défendue par Dany-Robert Dufour (*Il était une fois le dernier homme,* Denoël, 2012*)* qui prétend que c'est la néoténie de l'espèce humaine qui la conduit à développer des outils. Même s'il y a eu coévolution, il est manifeste que le processus de néoténisation qui apparait d'*Homo erectus* jusqu'à *Homo sapiens* n'a été possible que grâce à la protection due à l'environnement sociotechnique antérieur. C'est seulement à partir d'*Homo sapiens* que le rythme de l'évolution technique s'accélère et dépasse largement l'évolution biologique, quasi indétectable.

espèce biologique animale, est elle-même une production artificielle émergeant durant une longue lignée technicienne et socialisée[6].

Cette approche remet en cause les visions pessimistes exposées par de nombreux philosophes, pourfendeurs du progrès technique, qui sont issus de la culture littéraire classique[7]. Les technophiles viennent généralement du monde scientifique et technique. Cette opposition illustre la théorie du clivage moderne des deux cultures, de Charles Percy Snow. Il constatait et regrettait le divorce croissant entre la culture scientifique et la culture littéraire[8]. Il espérait une troisième culture capable de relier les deux. Elle existe, et nous le verrons ci-après, même si le lien qu'elle établit est encore ténu. Il s'agit des sciences humaines, nouvelles sciences économiques incluses. Gilbert Simondon a été un des premiers philosophes à étudier de près ce qu'est l'objet technique et à exposer ce qui pourrait être un humanisme technologique[9]. Son concept de concrétisation de l'objet technique, c'est-à-dire l'évolution d'un objet technique vers une intégration des parties pensées abstraitement à l'origine, évoque l'obtention d'un système autocorrélé multifonctionnel semblable au vivant. Cette évolution vers l'individuation ne peut être saisie que métaphoriquement. Peut-on penser la relation entre l'homme et la technique sans une approche évolutionnaire fondée sur les sciences biologiques et humaines ? Et peut-on évacuer l'émergence de techniques de la communication (graphie, écriture, inventions du parchemin, du papier, du codex, imprimerie, etc.) rendant possibles débats philosophiques ou recherches scientifiques ? La critique littéraire et philosophique de la technique, comme le remarque Gilbert Simondon, est un humanisme facile sans investissement dans la connaissance encyclopédique et scientifique ; entrer dans l'analyse précise de la relation entre homme et technique est plus difficile tant l'intrication de l'homme et de la technique est profonde, antérieure à l'homme actuel. On peut en dire autant de la domestication, le chien étant le premier animal

---

[6]Cela fournit une compréhension nouvelle de l'essai de Bernadette Bensaude-Vincent (*Éloge du mixte. Matériaux nouveaux et philosophie ancienne, Hachette, Paris, 1998)* qui montre que le partage nature-artifice est mouvant dans le temps et pourtant toujours semblable.

[7]Les plus connus sont Karl Marx, Oswald Spengler, Martin Heidegger, Gabriel Marcel, Yvan Illich, Jacques Ellul.

[8]Charles Percy Snow, *Les deux cultures*, trad. fr., J.J.Pauvert, 1968. Avec Internet et le « Big Data » le fossé se creuse encore. René Kaës, dans son dernier ouvrage, *Le mal-être*, Dunod, 2012, le confirme largement.

[9]La philosophie de Gilbert Simondon fait très peu allusion à l'aléatoire, alors qu'il est manifeste que Simondon connaissait très bien la théorie de l'évolution ; ceci est probablement dû à sa volonté de réformer l'ontologie ; mais Baptiste Morizot (in *Cahiers Simondon 4*,dir. J.-H. Barthélémy, L'Harmattan, p. 9-31) montre que la théorie de l'individuation simondonienne ne pose pas la question de la singularité de chaque individu ; le point aveugle de sa critique du schème hylémorphique est l'absence de référence à l'aléatoire. Mais comme Simondon reconnait l'absence de finalité du processus, son concept de transduction est donc bien un concept évolutionnaire qui associe à la fois aléatoire, dépendance du chemin (ou structuralisme morphologique en biologie) et sélection, ce que Baptiste Morizot nomme « *aléatoire contraint* ». Cet ajout met la pensée de Simondon en accord avec la théorie de l'évolution.

domestiqué, à partir du loup; l'homme l'a transformé autant qu'il s'est transformé par la technique des centaines de milliers d'années auparavant[10].

Lewis Wolpert de son côté montre que la capacité à croire est aussi enracinée très profondément dans les sources de l'humain, et qu'il faut croire en des causes, même erronées, pour innover en technologie. Il faut croire qu'il y a des causes pour chercher une solution, et sinon s'en inventer, car cela rassure aussi. Il conclut que si la croyance est le fondement des religions, c'est aussi elle qui a permis le développement technique puis scientifique[11]. Les préhumains avaient certainement des croyances puisqu'ils développaient des outils[12]. Comme la compréhension du vivant doit inclure l'Homme, et que celle du vivant ne peut évacuer l'humain, nous avons besoin d'une recherche approfondie sur la croyance, même si c'est, apparemment, une spécificité humaine.

Entre *Homo ergaster* et *Homo sapiens* s'écoulent plus d'un million d'années. Différents noms d'espèces ont été donnés aux fossiles retrouvés. D'abord *Homo erectus* que l'on trouve jusqu'au-delà d'un million d'années. Puis les divisions en espèces deviennent de plus en plus discutées : *H. heidelbergensis*, *H. rhodegiensis*, *H. antecessor*, signes d'une véritable radiation évolutive, plusieurs espèces différentes vivant à la même époque. Les volumes cérébraux peuvent atteindre 1100 à 1200 cm^3. Le comportement migrateur humain apparait, conséquence du désir de toujours repousser les limites, puisqu'on retrouve ces espèces en Afrique, en Europe, en Asie Mineure, jusqu'en Asie extrême-orientale. Durant cette longue durée, à l'échelle de l'histoire moderne, le climat a souvent changé, modifiant les températures, la sècheresse des différentes régions et le niveau des océans. La végétation se déplaçait, certaines voies de communication s'ouvraient ou se fermaient. Les populations ont pu être séparées ou remises en contact après 10 000 ans de séparation, ce qui favorise des évolutions rapides. Il n'a pas existé d'environnement ancestral stable, référent de notre biologie. Ce sont la culture et la technique qui ont orienté l'évolution humaine en la rendant indépendante de l'environnement climatique ; c'est cette pression continue qui a trompé certains qui y voyaient « le doigt de Dieu ».

Jusqu'à récemment, les premières traces d'un feu domestiqué et entretenu dataient d'au moins 400 000 ans, tant en Europe qu'en Chine

---

[10]On sait aujourd'hui que le début de la domestication du chien date de bien plus que 30 000 ans, certaines données moléculaires suggérant environ 100 000 ans.

[11]Lewis Wolpert, *Six impossible things before breakfast - the evolutionnary origins of belief*, Chatham, Faber and Faber, 2006.

[12]Gérald Bronner dans *L'empire des croyances* (puf, 2010), montre que la croyance est profondément enracinée dans les processus cognitifs humains, au point de provoquer des biais cognitifs.

et, de manière encore discutée, il y a 790 000 ans au Moyen-Orient (le site acheuléen de Gesher Benot Ya'aqov, en Israël). Aujourd'hui (cf. article cité), on peut remonter au-delà d'un million d'années et s'approcher de l'origine d'*Homo erectus*. Mais un feu ambulant sera difficilement détectable par les paléontologues. L'existence de feu stable et entretenu suggère une vie sociale stabilisée, une cuisson des aliments, son utilisation pour durcir les outils de bois, et même pour fabriquer des éclats de pierre plus affutés, un imaginaire séparant la vie domestique et la vie extérieure. Le feu, autour duquel le groupe se rassemble, la nuit, est porteur, comme nous l'a bien montré Bachelard, d'un imaginaire prodigieux[13]. Ces conditions sont apparues longtemps avant l'émergence de l'homme moderne, longtemps avant une localisation stabilisée du feu. On dit qu'il faut un million d'années pour créer une nouvelle espèce par la sélection naturelle. Les homininés ont subi une sélection artificielle systématique, par la protection venue du groupe et de la technique, durant plus de deux-millions d'années. On peut faire l'hypothèse que l'utilisation du feu était aussi générale que celle de la taille des pierres (techniquement très difficile), depuis un million et demi d'années, mais que seule cette dernière, non dégradable, est l'indicateur certain de sites archéopaléontologiques. Attendons la mise au point d'outils de détection plus sensibles.

Il y a au moins 500 000 ans, on trouve de manière certaine les conditions anatomiques de la base du crâne suggérant que l'espèce correspondante possédait l'équipement neurologique nécessaire à la production de la parole. Pour parler, il faut un contrôle du souffle, volontaire ou semi-volontaire. Or le maintien d'un feu demande un souffle contrôlé. Il suffit de regarder de jeunes enfants soufflant sur un feu, ou de se souvenir de sa tendre enfance, pour voir que c'est quasi spontané. Les hommes de cette époque soufflaient-ils sur le feu avec des cannes creuses, ou des bois creusés ? Si le feu est utilisé un million d'années avant que la parole apparaisse, on peut imaginer que l'aptitude à souffler sur un feu ait été un avantage sélectionné.

La parole, permise par la maitrise du souffle, peut avoir été une exaptation, comme cela a été décrit pour la bipédie. L'aptitude au souffle volontaire peut avoir d'autres effets, comme l'accès au rythme et à des états modifiés de conscience[14]. On peut supposer que cela crée les conditions de la sélection du contrôle de la glotte (qui sépare le conduit respiratoire du conduit alimentaire) et permet d'utiliser les articulations que lèvres mobiles, langue et autres muscles de la bouche et de la gorge

[13]Gaston Bachelard, *Psychanalyse du feu,* Paris, Gallimard, 1949.
[14]Leonard Orr, Sondra Ray, *Rebirthing*, trad. fr., Guy Saint Jean, 1982

rendent possibles. Le contrôle de la glotte, obtenue par ce qu'on appelle la descente de la glotte, permet d'émettre des sons.

Le feu domestiqué est un lieu de rassemblement protecteur, surtout en période de froid ou la nuit ; les besoins de communiquer ont dû s'accroitre, créant des conditions de sélection favorisant l'émergence d'un langage articulé. Peut-être que le chant modulé est d'abord apparu, puis le chant articulé, émis la nuit autour du feu, faisant fuir les prédateurs. Ainsi, un protolangage[15] a pu se bâtir longtemps avant que la parole pût se développer pleinement, la grammaire se construisant à partir d'un langage des mains, par exemple, pratiqué longtemps avant le langage parlé. Toute variation dans la descente de la glotte, améliorant la production de son, a ainsi été sélectionnée par les conditions sociales et la capacité à maintenir un feu, malgré ses inconvénients pour la déglutition et la respiration. On voit ici que l'argument de la descente de la glotte chez le dugong et le lion de mer, ou chez le cerf, n'implique pas une adaptation semblable. Ce sont des convergences. Davantage que pour d'autres phénomènes biologiques, l'apparition du langage pourrait être une succession d'exaptations, à cause même de sa complexité. Les avantages du langage sont si nombreux et variés qu'il pourrait exister plusieurs chemins menant à son apparition. On sait que nommer ses peurs et angoisses permet de diminuer ses phobies ; peut-on affirmer pour autant que le langage est apparu par sélection de cette qualité ?

Pouvoir s'étouffer en mangeant n'apparait pas comme un avantage biologique. Mais l'avantage social et technique de la maitrise du souffle est tel que les inconvénients biologiques directs deviennent négligeables en comparaison. Le relationnel social, lequel protège de la fragilité biologique, fait plus que compenser la déficience biologique. La maitrise du souffle, qui conduit à des expériences de modification de la conscience, pourrait être à l'origine des religions chamanistes qui étaient dominantes longtemps avant la rupture du VIe siècle av. J.-C. On constate que ceux qui parlent avec la langue des signes mobilisent le cerveau gauche et le cerveau droit. On se demande même si le cerveau droit ne serait pas impliqué dans les métaphores, les aspects figuratifs du langage, les intonations...

Si ces hypothèses se confirmaient, la phylogenèse du langage commencerait à apparaitre. D'abord, le développement des outils et l'habileté manuelle qu'il faut savoir transmettre, ce qui crée des conditions nouvelles de développement du cerveau par une meilleure protection de l'enfance. En interaction avec ce développement, une vie sociale enrichie et un langage avec les mains. La domestication du feu

---

[15]Cf D. Bickerton, *Language and Human Behaviour*. London : UCL Press, 1995.

conduit à une sélection sur la maitrise du souffle, rendue possible par le développement cérébral, sélectionné dans le contexte d'une alimentation plus riche et d'un renforcement de la protection. Grâce à, et avec, cette maitrise du souffle, par sélection du recul de la glotte, le chant devient possible, accompagnant le développement du sacré, du métaphorique, du signifiant, puis, l'aptitude au langage, peut-être d'abord chanté, riche de ce qui décrivent les expériences intérieures, la magie du souffle, l'utilisation d'outils, etc. Que le langage vienne après et dans le chant justifie une émergence rapide. Il est plus difficile de bien articuler en chantant, la pression de sélection peut donc être plus forte. Dès l'origine, le langage, développé durant la nuit autour du feu et des chants, aurait été métaphorique[16]. Nous serions les enfants du feu.

Ainsi, bien que notre ignorance sur les modalités d'émergence de l'homme reste encore très grande, il apparait, depuis un demi-siècle, des données et des théories qui bouleversent les anciennes conceptions. Encore très spéculatives, elles sont issues de faisceaux d'analyses convergentes et des données paléoarchéologiques. La bipédie serait la cause de la séparation de la lignée des hominidés. Cette posture verticale trouvée en forêt, peut-être grâce à la pression d'un avantage à transporter des objets, a été ensuite améliorée durant la vie dans la savane. Elle a peut-être favorisé la perte de fourrure, et l'aptitude à la marche prolongée, pour des raisons thermiques. Cette posture a dû entrainer des changements dans les relations (dont sexuelles), favorisant les échanges, la relation affective, la coopération et l'affrontement. Libérant les mains pour un usage permanent, elle a permis un développement technique qui a créé chez les groupes préhumains un environnement favorable à l'augmentation du volume du cerveau, à la perte de fourrure et à la survie en tant qu'espèce.

La fabrication d'outils a commencé dès le début du développement des capacités cognitives, ce qui a maintenu une sélection réciproque entre amélioration technique et développement cognitif. Si une lignée bipède a mené à l'homme, c'est qu'elle a créé les conditions sociales et technologiques orientant l'évolution, donnant cette impression de projet qui en a troublé tant. Ce ne sont pas seulement les innovateurs de

[16]Le langage est fondamentalement métaphorique et nous l'oublions tant sont lointaines les origines des mots, mais il suffit de voir comment apparaissent les nouveaux mots et concepts, même en science. Cf Georges Lakoff et Mak Johnson, *les métaphores dans la vie quotidienne*. Douglas Hofstadter et Emmanuel Sander ont montré (*L'analogie : cœur de la pensée*, O. Jacobs, Paris 2013) que sans analogie (qui pour eux est proche ce que je nomme métaphore, car il s'agit d'analogies signifiantes) il n'est de concept, et sans concept, il n'est de pensée. Les épistémologues qui vitupèrent la métaphore le font selon des expressions métaphoriques dont ils sont inconscients. Cela *saute aux yeux*. Que dire d'une pensée *claire et distincte* ? De *l'enchainement* d'un raisonnement ? Bachelard écrit : Une science *qui accepte les images* est [...] *victime* des métaphores. Aussi l'esprit scientifique doit-il sans cesse *lutter contre les images* [...]. (Hofstadter et Sander, p 32)

techniques qui sont sélectionnés et ont plus de descendances, ce sont les produits de leurs innovations qui créent des conditions favorisant le développement cérébral et l'interaction sociale, et, en conséquence, la poursuite des innovations techniques et culturelles. Nous savons aujourd'hui que la fabrication et l'usage d'objets techniques exigent une pensée symbolique ; il faut à la fois être mobilisé sur la fin et sur les moyens, ou sur le sens et les raisons, et pouvoir transmettre[17]. En langage évolutionnaire, on dirait que les conditions de sélection d'une pensée symbolique se sont mises en place, sélection sociotechnique, donc groupale, mais sans explication du processus lui-même.

L'utilisation puis la domestication du feu ont accentué la vie sociale et constitué les conditions de contrôle du souffle et du besoin d'échanges, par gestes et sons peu articulés, probablement des chants, favorisant l'expansion des capacités cognitives. Le traitement et la cuisson des aliments ont sélectionné une dentition et un système digestif réduits et une libération des pressions contre la croissance du cerveau (raccourcissement des muscles maxillaires). La vie sociale a sélectionné un allongement de l'évolution postnatale et l'émergence progressive de la parole, laquelle aurait pu, au début, être un mélange complexe de gestes et de sons. La vie sociale, une technique complexe, une communication précise et une forme de conscience, peut-être par l'expérience paroxystique liée à l'expérience du contrôle du souffle et l'expansion de l'imaginaire lié au feu, avaient probablement émergé avant la parole.

Il peut paraitre paradoxal que l'évolution technique, que nous vivons aujourd'hui comme incommensurablement plus rapide que l'évolution biologique, l'ait permise. La solution probable : la technique développée conformément à l'état neurobiologique et social des ancêtres préhumains a suffisamment protégé les groupes préhumains qui la possédaient pour qu'un développement cérébral ne fût pas contre-sélectionné, selon la métaphore de l'ivrogne ; la protection maternelle, qui n'est pas propre à l'homme, pourrait avoir suffi. À la suite de quoi, la coévolution homme technique a pu devenir neuroculturelle. Quand le potentiel cérébral offre des capacités évolutives qui dépassent l'évolution strictement biologique, jusqu'à produire un cerveau au « câblage » modifiable par la relation, alors émerge une coévolution culture-technique quasi indépendante de l'évolution génétique sous-jacente à l'évolution neuronale même si elle l'influence dans la longue durée.

L'émergence finale de l'homme se construit ainsi dans une interaction collective entre le biologique, le psychique, le technique et le social,

[17]Reprise par François Sigaut, dans *Comment Homo devint faber*, CNRS Éditions, coll. Biblis, 2012, l'analyse avait été effectuée en premier par Maurice Pradines dans son *Traité de psychologie générale*, puf, 1946.

conduisant à une espèce beaucoup plus apte à s'adapter aux changements qu'ils soient climatiques ou biogéographiques. Quand l'homme moderne apparait (*Homo sapiens*), doté de langues probablement plus complexes que les langues récentes, et peut-être davantage chantées que parlées, les fondements de la société humaine, même peu différenciés, sont déjà anciens. La société et la technique se sont développées avec le cerveau devenu humain dans l'interaction et la relation. Les aptitudes techniques de la nouvelle espèce dépassent ce que les autres homininés savent réaliser. Le cerveau qui émerge a un potentiel évolutif extrabiologique, par l'apprentissage et la transmission, qui va se manifester durant les millénaires suivants. C'est ainsi qu'à partir de ce moment, il devient difficile d'évaluer l'influence de la technique, évoluant trop vite, sur l'évolution proprement biologique du genre humain.

L'homme moderne n'est pas créé selon le mythe biblique, homme et femme, *ex nihilo*. Il apparait dans une structure sociale complexe, technique, utilisatrice du feu, capable de transmettre de génération en génération un imaginaire collectif qui comprend les représentations et croyances supports de la vie collective. L'être humain est né de la relation, laquelle a commencé avant qu'il ne devienne pleinement humain, grâce à la technique. Cette naissance s'est co-construite, avec et par la relation, dans sa dimension proprement humaine[18].

De l'ordre d'environ cent-quatre-vingts-mille ans après son émergence, soit au maximum en dix-mille générations, l'espèce humaine moderne s'est étendue sur tous les continents et a supprimé ou circonscrit ses principaux concurrents. Les innovations techniques et sociétales se sont succédé ; l'agriculture commence, et dix-mille ans plus tard, malgré des soubresauts, des guerres internes incessantes, des séparations linguistiques et culturelles, des épidémies, des famines, l'espèce humaine, aussi fragmentée culturellement et socialement soit-elle, impose sa domination à toute la biosphère dont elle dépend. La question de sa relation à son environnement, qui avait pu être mise entre parenthèse, pendant des dizaines de millénaires, grâce à cette aptitude unique à fabriquer l'environnement immédiat qui lui est nécessaire et la protège, devient cruciale quand le poids de l'humanité commence à dépasser les capacités de l'environnement à répondre à ses besoins.

Il parait difficile de penser notre interaction actuelle avec la biosphère, sans avoir intégré que notre espèce, en tant que telle, est issue d'un processus d'autonomisation vis-à-vis de son environnement, ce

---

[18]Comme l'a écrit maintes fois Gilbert Simondon, la relation « a rang d'être ». Il a pu aussi le conclure de la physique quantique qui montre que l'interaction entre particules est aussi une particule. Cette affirmation rejette définitivement les fondements de la logique aristotélicienne.

processus étant technique, social, culturel, et seulement en conséquence biologique. Fille de la technique et du feu, l'humanité n'a pas une relation à son environnement semblable à celle des autres espèces vivantes, elle construit son environnement, biologique et sociétal, elle ne reviendra jamais à une vie naturelle[19]. Toute vitupération contre la technique est infondée, car ce serait un discours contre l'Homme et les fondements de son émergence. Par contre, pourrait se construire une éthique qui distinguerait la bonne technique de la mauvaise, en fonction de son impact sur l'environnement dont il dépend néanmoins. Ceci est un vaste chantier…

[19]Jakob von Uexküll a le premier montré la différence fondamentale entre un monde animal et le monde humain. Cf *Mondes animaux et monde humain,* trad. fr. Ed. Denoël, 1965.

Chapitre IX

La spécificité humaine

Animal, certes l'Homme l'est. Mais c'est un animal bien particulier dont les capacités le rendent en partie extérieur à la nature.

L'Homme est un animal, il est donc hétérotrophe, c'est-à-dire qu'il vit du vivant. Il ne peut satisfaire ses besoins de base qu'en consommant du vivant. Il fait partie de l'embranchement des vertébrés, des chordés disent les scientifiques, séparé des autres embranchements quand les animaux étaient encore dans les eaux. Il appartient à la classe des mammifères ; à l'origine, des petits animaux terrestres à sang chaud qui vécurent, durant soixante-quinze-millions d'années, à l'ombre des reptiles avant leur radiation rapide après l'extinction des dinosaures. Puis se différenciera le premier primate, dont proviendront récemment, il y a une quinzaine de millions d'années, les grands singes, ceux qui donneront aujourd'hui l'orang-outang, le gorille, le chimpanzé, le bonobo et l'Homme, seuls rescapés de cette ancienne grande famille. Nos caractéristiques viennent d'une évolution sur un temps très long. Plus la caractéristique est d'origine lointaine et plus le nombre d'êtres vivants avec lesquels nous la partageons est élevé.

Les ancêtres grands-singes de l'homme étaient surtout herbivores et frugivores, même s'ils ne dédaignaient pas manger de temps à autre des petits animaux. Parallèlement au changement de posture, l'Homme a élargi son alimentation. Il a acquis un comportement de prédateur devenant concurrent autant des plus grands carnassiers que des petits, sans perdre ses capacités végétariennes. Il fait partie des relativement rares animaux omnivores. Beaucoup plus actif que n'importe quel animal terrestre, ses exigences alimentaires très faibles en ce qui concerne l'espèce consommée sont néanmoins fortes en termes de nutriments. Il a besoin d'une nourriture variée et riche. Cette variété, il l'obtient par la technique : chasse, cueillette, préparation et cuisson de sa nourriture, sélection puis domestication des plantes et des animaux.

À condition de respecter des rapports pondéreux approximatifs entre les différents aliments et d'éviter des poisons spécifiques, se cuire certains aliments, il peut consommer presque tout ce qui vit et s'y emploie. Son mode de vie, son système digestif, sa dentition réduite, sa faible mâchoire, jusqu'à sa structure familiale et sociale ainsi que sa maitrise de la technique et du feu, le mettent dans une situation de carnassier et de végétarien non spécialisé.

C'est l'unique prédateur ne possédant aucun attribut biologique de la prédation : ni griffe, ni mâchoire puissante, ni dentition, ni d'autres moyens agressifs de mise à mort, ce que Pline l'ancien avait déjà remarqué. Pourtant, c'est le plus grand prédateur de l'histoire du vivant, à cause d'une évolution fondée sur l'interaction sociotechnique. Il est le seul vertébré vertical, capable de marcher et de courir debout, quoiqu'on dise sur les manchots, les kangourous, les suricates, etc.

Ce ne sont pourtant pas seulement ses caractéristiques biologiques qui le séparent le plus de ses ancêtres et des autres êtres vivants. Les facultés humaines sortent du cadre de la famille d'espèces à laquelle il appartient. Elles ne s'inscrivent pas uniquement dans une poursuite de dispositions antérieurement présentes dans la lignée même s'il est possible de déceler des prémices dans les lignées préhumaines ou animales : utilisation d'outils, moyens de communication, sens du beau, morale, socialisation, relations entre parents et enfants, sexualité. De nouveaux traits apparaissent, les anciens s'approfondissent.

Ces traits concernent l'émergence d'une conscience psychologique, d'une conscience morale, d'une conscience de la mort, la recherche du sens de la vie et de ce qui s'ensuit, sans qu'il soit possible de le déduire. Il est probable que certaines fonctions soient apparues de manière autonome, mais en interaction, comme : la pensée symbolique et réflexive ; le langage et la parole ; l'aptitude musicale ; le besoin de croire et l'importance des valeurs ; le besoin de découvrir ; la capacité à utiliser des outils variés ; l'aptitude à l'art qu'il soit visuel, auditif, gustatif, ou représentatif ; le sens social et politique ; la capacité d'innovation ; ainsi que des aptitudes cognitives et d'apprentissage qui n'ont aucune commune mesure avec les animaux qui lui sont les plus proches.

L'augmentation si rapide du volume cérébral durant les lignées d'homininés peut avoir provoqué une forme d'indépendance des fonctions et donc d'indéterminisme, contrainte par la vie sociale. La vie humaine est faite d'une immense variété de significations sociales et culturelles, souvent ambigües. Au point que l'univers social et culturel dans lequel il vit devient « le monde ». Depuis qu'il est Homme, l'Homme ne vit pas en inclusion dans la nature comme les autres espèces. Il en a souvent peur, mais il lutte contre elle et souvent la défie, il en est partiellement extérieur : il construit son environnement. Sa conscience ouverte sur ce qui l'entoure l'éblouit et l'angoisse.

Le comportement humain se décrit selon une gamme inconnue du monde vivant, d'un extrême à l'autre, allant de la prédation et de la destructivité jusqu'à l'altruisme et l'abnégation, de l'amour pour les siens et pour ceux qu'il ne connait pas à la haine destructrice aussi bien des siens que de ceux qu'il veut ignorer. La culture, entre autres technique, est devenue le nouveau moteur, quasi autonome, de l'évolution de l'espèce humaine depuis plus de cent-mille ans. Elle s'enracine, bien sûr, dans un fondement biologique, mais celui-ci a évolué depuis le début des lignées des homininés sous des contraintes techniques artificielles. Pour pouvoir vivre, l'homme a besoin d'un référent qui le dépasse, selon l'antique expression « plutôt mourir que... ». Le système de valeurs, qui peut se décrire comme une préférence collective, est aussi un déterminant de l'action individuelle. Selon le modèle de Shalom H. Schwartz, il semble que les valeurs soient structurées de manière quasi universelle, c'est-à-dire générale à l'espèce humaine[1], selon un continuum, ce qui rejoint les problématiques quantiques. Les valeurs sont des croyances ayant trait à la façon dont il faut agir afin d'atteindre les buts que l'on juge importants, et comme la croyance est un des fondements de la spécificité humaine (cf. chapitre précédent), on peut s'attendre à ce que leurs relations répondent à une structure identifiable indépendamment des cultures. « *Le concept de valeur, plus que tout autre, devrait occuper une position centrale [...] capable d'unifier les centres d'intérêt apparemment divers de toutes les sciences concernant le comportement humain* », a écrit Milton Rokeach en 1973[2].

Quelques auteurs reconnaissent cette rupture humaine par rapport au monde animal, même proche. Certains affirment que le bébé humain nait humain[3]. De son côté, Ian Tattersall, biologiste évolutionnaire, voit dans l'Homme le résultat d'un processus d'émergence, produisant un être unique, fruit imprévu d'adaptations contingentes[4]. Alain Prochiantz, neuroscientifique, suggère que l'homme, grâce à quelques mutations et l'aventure évolutive de son cortex, est comme sorti de la nature, il est anaturel, ce qui le différencie radicalement des autres espèces, et ce

[1]Monique Wach et Béatrice Hammer, *La structure des valeurs est-elle universelle ? – Genèse et validation du modèle compréhensif de Schwartz*, Paris, L'Harmattan, col. Logiques sociales, 2003.

[2]Milton Rokeach, *The nature of Human Values*, Free press, New York, 1973, P 3. Trad. de l'auteur.

[3]Steven Pinker, L'*instinct du langage*, trad. fr., Paris, O.Jacob, 2008 ; Jacques Mehler, Emmanuel Dupoux, *Naître humain*, Paris, O.Jacob, 1995

[4]Ian Tattersall, *L'émergence de l'homme*, trad. fr., Paris, Gallimard, 1999.

même s'il est constitué des mêmes soubassements biochimiques[5]. Bien qu'issu du monde vivant, il en est devenu comme extérieur. Vercors ne nous décrivait-il pas comme des « *animaux dénaturés* »?[6] Même si la connaissance des animaux nous apprend quelque chose sur la nature de notre pensée et l'origine de nos cultures, c'est nous qui écrivons sur eux, qui les découvrons, comprenons notre commune origine et en cherchons le commencement. Rousseau dans son *Discours sur l'origine de l'inégalité parmi les hommes* définit le propre de l'homme par la faculté de se perfectionner tout au long de sa vie, il admet donc que l'indéterminisme est en l'homme, fondamentalement, dans sa capacité évolutive propre, et pas uniquement dans les processus qui permettent au vivant d'évoluer[7]. Nous pourrions dire que l'homme est au vivant ce que le vivant est à la matière inanimée ; en lui a involué ce qui différencie le vivant de la matière inanimée, ce qui définirait l'état conscient. Cette involution est le résultat d'une sélection, issue de la technique, et donc de la relation et de la culture, qui lui a permis de sortir de la sélection naturelle en s'orientant vers une sélection du « toujours plus humain ». L'individuation humaine devient transindividuelle.

Bien que nous décryptions les lois de l'univers et de la vie, nous peinons encore à reconnaitre notre propre subjectivité, expérience intérieure que nous qualifions de consciente. Le développement d'une conscience, évolutive et réflexive, est fondé sur les caractéristiques du cerveau. Dire que la conscience n'est que le processus de neurones synchronisés par la réentrance de fibres neuronales est d'abord un indicateur de notre difficulté à saisir, à partir des concepts anciens issus de notre histoire évolutive, ce qu'est la subjectivité, c'est-à-dire ce que nous sommes[8].

Dire que le « processus de la conscience » a surgi parce qu'il a un avantage sélectif relève du paradoxe ; ce qui confère un avantage sélectif, c'est la capacité à mettre en œuvre des options, l'aptitude à tester des possibilités cérébralement avant leur mise en œuvre. On ne voit pas en quoi cela définit la conscience. Les neurologues se sont approprié le concept d'intentionnalité sans comprendre qu'il ne peut être déduit de l'observation. Nous ne pourrons pas objectiver le fonctionnement de la conscience, nous ne pourrons pas naturaliser la capacité intentionnelle,

---

[5]Alain Prochiantz, *Machine-esprit*, Paris, O.Jacob, 2001.

[6]Vercors, *Les animaux dénaturés*, Paris, Lgf, 2001 (nlle édition)

[7]Gilbert Simondon dans, *Deux leçons sur l'animal et l'homme*, (Ellipses, 2004), balaie l'histoire des conceptions de la relation entre homme et animal, et montre que depuis qu'il y a des écrits sur le sujet, l'hypothèse de la séparation Homme-Animal est sujette à des discussions transcendant les doctrines philosophiques.

[8]Gérald Edelman, *Plus vaste que le ciel*, trad. fr., Paris, O.Jacob, 2004.

contrairement à ce que croient certains philosophes[9]. Car, c'est à partir de cette étonnante capacité que nous réinterprétons les données et tentons de les naturaliser. Plusieurs philosophes du courant analytique – à propos duquel on croit souvent que domine la volonté de naturaliser tout ce qui serait humain – ont même ridiculisé la prétention à vouloir naturaliser la morale ou la logique[10].

Daniel Dennett pose le concept d'*intentional stance* traduisible par *point de vue intentionnel*. Il montre que pour comprendre le vivant, nous devons projeter notre capacité intentionnelle sur les fonctionnements du vivant. À partir de notre point de vue intentionnel, nous pouvons comprendre les processus du vivant, c'est-à-dire que nous découvrons des analogies avec les opérations qui sont associées pour nous à l'ordre de l'intentionnalité. Dennett parlera d'esprit à propos de fonctionnements sur lequel cette projection est facile, et il sera possible d'en montrer la diversité chez les êtres vivants[11]. C'est une manière de reprendre l'ancienne téléologie philosophique, à propos du vivant, en inversant le propos. L'intentionnalité se dévoile de manière croissante dans le monde vivant, pour s'épanouir chez l'homme. La finalité en biologie est heuristique (c'est-à-dire utile pour la recherche), mais parler d'esprit c'est positionner la métaphore à un niveau qui transcende l'approche déterministe ; est-ce un point de vue matérialiste ? Certes non. La conscience est première, de principe, mais non chronologiquement ; elle permet les observations et leur description ; comme le fait Dennett qui décrit comme esprit ce sur quoi nous pouvons projeter cette représentation, du comportement bactérien au comportement humain. C'est grâce à cette évidence que les corrélats neurologiques peuvent être établis. Nous connaitrons de mieux en mieux les fonctionnements neurologiques sous-jacents à l'expérience consciente. Pourtant, la transmutation de fonctionnements objectifs en représentations subjectives, lesquelles pourraient agir en retour, est une alchimie hors de portée de nos capacités mentales actuelles, à moins d'user de métaphores[12]. Notre capacité métaphorique serait-elle justement cette capacité intellectuelle souhaitée, capable de dépasser notre approche explicative déterministe ? En inventant une diversité des esprits, comme le fait Dennett, c'est-à-dire en prétendant naturaliser l'intention, nous sommes dans la métaphore.

---

[9] Pierre Jacob, *L'intentionnalité,* Paris, O.Jacob, 2004.

[10] Hans-Johann Glock, *Qu'est-ce que la philosophie analytique ?* Trad. Fr. Frédéric Nef, Paris, Gallimard, col Essais, 2011, p261-271. Francis Kaplan, dans *Des singes et des hommes* (Paris, Fayard, 2001), suggère que la parole pourrait être à l'origine de la morale, ce qui dénaturalise son apparition.

[11] Daniel Dennett, *La diversité des esprits*, traf. fr, Paris, Hachette, 1998.

[12] Cette inconcevabilité ne nous empêchera pas d'agir sur le fonctionnement neuronal. Concevoir et réaliser sont partiellement indépendants.

Nous savons que les éléments de l'univers nous résistent, et, pour reprendre une remarque d'Alain, la contemplation d'un glacier nous fait ressentir l'existence de la nécessité. Sans déterminisme, l'action intentionnelle serait impossible ; on ne pourrait compter sur rien. L'indéterminisme n'est pas « la liberté », il en est seulement la condition nécessaire. Car démontrer la liberté est un oxymore. La liberté ne se démontre pas. Inconcevable, elle se vit. Tel est notre destin : ce à partir de quoi nous pouvons penser n'est pensable que grâce à notre capacité représentative ; cercle vicieux indépassable… Aucune origine à un fondement ne peut être pensée à partir de ce qui permet de le définir, car il perd alors le statut de fondement.

Deuxième Partie

L’émergence de l’esprit post-scientifique

Chapitre X

Les principales étapes récentes de l'évolution humaine

Depuis 12 000 ans l'humanité a traversé deux grandes ruptures. La première concerne une transformation dans l'usage de la nature pour ses besoins. La deuxième est une révolution conceptuelle. Nous entrons dans la troisième rupture.

De l'émergence de l'homme à l'invention de l'art et à l'expression religieuse

L'espèce humaine dite anatomiquement moderne, appelée *Homo sapiens*, apparait après une rupture identifiable qui coïnciderait avec la possibilité du langage représentatif doublement articulé, capacité qui nous différencie probablement des autres espèces d'homininés[1]. Rien sur ce sujet n'est jamais certain, et on peut imaginer que cette capacité langagière est apparue en plusieurs étapes avant l'émergence d'*Homo sapiens,* ou au contraire après. Comme les plus anciens fossiles de notre espèce se situent en Afrique, l'hypothèse « out of Africa » semble confirmée.

La variabilité génétique humaine est faible. Les sept milliards d'humains en fin 2011 se répartissent selon une variabilité génétique plus faible que les deux-cent-cinquante-mille chimpanzés encore survivants. Cela signifie que le groupe humain dont nous provenons tous, il y a au maximum – semble-t-il – 200 000 ans, était tout petit, suggérant une quasi-extinction, à cette époque, ou après. Avant même d'émerger comme espèce en expansion, il a failli disparaitre. Nous savons que, entre –195 000 ans (date attestée de crânes humains modernes en Éthiopie) et -125 000 ans, une période très froide et très sèche aurait mis l'humanité en

[1]A. Martinet, *Éléments de linguistique générale*, Paris, Armand Colin, 2001

perdition. Curtis Marean a émis l'hypothèse qu'un petit groupe a trouvé refuge sur la côte sud de l'Afrique. Il a trouvé un site habité il y a 164 000 ans par une population qui taillait des pierres après leur avoir fait subir un traitement thermique, compétences que l'on ne croyait acquises qu'à l'époque solutréenne (-30 000 ans). Est-ce le groupe de nos ancêtres ? Difficile de savoir, pourtant la traversée de cette grande glaciation a demandé des compétences certaines, et un petit nombre de groupes survécu[2t.] Robert Walter, quelques années auparavant, avait montré que des groupes humains fabriquant des outils avaient vécu sur la côte de la Mer Rouge il y a 125 000 ans[3]. Cela suggère de possibles influences ou sélections liées à un environnement côtier... « *Homme libre, toujours tu chériras la mer !* » écrivit Baudelaire ; cette relation serait-elle plus ancienne et fondatrice que nous le croyons ?

Comme il grandissait, ce groupe initial a éclaté en sous-groupes. L'être humain ayant une propension indéniable à la migration, chaque communauté a commencé à s'éloigner. D'après les calculs issus de la variabilité génétique de l'espèce, lors de la sortie d'Afrique, le nombre d'êtres humains devait être de l'ordre de dix à trente-mille individus, guère plus. On peut imaginer ainsi, à cette époque supposée originelle, qu'une trentaine de groupes a commencé à irradier à partir d'un lieu situé entre le nord des Grands Lacs et la côte sud-est. L'Afrique est complètement fermée, sauf à l'extrême nord-est entre la mer Rouge et la Méditerranée. Un des groupes, en suivant le Nil, a fini par sortir du continent. Les autres sont allés dans toutes les directions et étant donné les caractéristiques du continent, ils ont rencontré des conditions de vie extrêmement variées. Ce scénario permettrait de comprendre pourquoi 97% de la variabilité génétique humaine se trouve en Afrique et pourquoi la diversité linguistique y est si grande. Apprendre une langue du sud-ouest de la Côte d'Ivoire aide moins à apprendre une autre du nord-est qu'apprendre l'Italien aide à apprendre le Russe, et cela est vrai de bon nombre de pays africains. La même conclusion vient en termes ethnologiques, anthropologiques, systèmes de croyances, etc. Un mariage entre un Wolof et une Bantoue est au moins autant un métissage qu'entre un Wolof et une Scandinave. Des populations d'origines africaines sont aujourd'hui présentes sur les autres continents. Un nouveau métissage commence, autant culturel que biologique.

Avant les deux grandes innovations de rupture que nous allons analyser en détail, ci-après, il est possible que, dans son évolution,

[2]Curtis Marean, *Quand la mer sauva l'humanité*, Pour la Science, N°336, octobre 2010, p 22-31.
[3]Robert C. Walter et al, *Early human occupation of the Red Sea coast of Eritrea during the last interglacial*, Nature, 405 : 65-9, May 4, 2000.

l'espèce humaine ait connu d'autres ruptures, dont le langage doublement articulé, l'émergence de la pensée religieuse, attestée par des rituels comme l'enterrement des morts accompagné d'une cérémonie, ou l'apparition d'activité artistique que les arts rupestres montrent avec éclat, ou encore la construction des structures familiales, ou même la domestication du loup qui se situe entre -35 000 ans et -100 000 ans et qui a changé la relation de l'homme à la nature, sorte de prélude au Néolithique.

L'absence de traces, dite invisibilité archéologique, peut provenir de l'absence d'outils d'évaluation ou de mesure. Nous nous focaliserons donc sur les deux dernières grandes ruptures identifiables et présentées ci-après, ce qui ne veut pas dire que des ruptures antérieures, fondamentales, n'aient pas eu lieu. Il reste que, dans le cadre des données actuelles, on peut considérer que le Néolithique est, de fait, une innovation de rupture depuis qu'Homo est devenu sapiens, même si ce n'est peut-être pas un changement aussi fondamental que l'est la conscience de la mort. Cette innovation change le statut de fait de l'espèce humaine dans la biosphère.

La première innovation de rupture identifiable : le néolithique – l'agriculture

La première grande rupture identifiable, depuis l'apparition de l'espèce humaine actuelle, correspond à un changement profond de la relation de l'homme avec son environnement. Sans cesser d'être chasseur-cueilleur, il devient sédentaire, puis éleveur et cultivateur. Cette révolution, celle du néolithique, commence en Asie du Sud-Ouest, vers 8500 ans av. J.-C. Elle a lieu indépendamment en Chine, en Nouvelle-Guinée, en Asie du Sud-Est, et peut-être de manière non indépendante dans le Sahel, la vallée de l'Indus, et en Égypte. Au moins deux foyers indépendants apparaitront sur le continent américain. Les raisons d'un décalage supposé dépendent de conditions géographiques, des temps de migration, de l'isolement, de l'existence d'espèces domesticables, mais aussi de l'investissement en recherche[4]. De manière générale, les nouvelles découvertes font toujours remonter dans le passé une origine et le Moyen-Orient a été, de loin, le plus étudié. Les dates convergent manifestement vers 8500 av. J.-C. Le fait que chacun de ces foyers fût indépendant indique l'existence d'un processus évolutif convergent. Les hypothèses sur les raisons de ces innovations et sur les manières à partir desquelles elles se sont mises en place restent nombreuses. Entre autres, elles sont apparues, en chaque lieu, comme la mégafaune sauvage

[4]Jared Diamond, ouvrage cité.

commençait à disparaitre et que le climat changeait, dans un contexte géographique favorable. Le nombre de sujets parlant la même langue et vivant sur le même territoire s'est accru et a permis une diversification des activités. La rupture néolithique, qui coïncide avec le début de l'Holocène, a entrainé en quelques millénaires un changement profond des relations de l'homme avec son environnement, un accroissement démographique, la création des premières civilisations, dites agraires (Mésopotamie, Égypte, Perse, vallée de l'Indus, Chine, les Mayas, les Aztèques, les Toltèques, les Incas) et des villes de taille importante. Pourtant, même à la fin du XXe siècle, il reste encore des petits peuples chasseurs-cueilleurs isolés.

Il est peu probable que le néolithique fût, au commencement, un changement technique important, car aucun outil ne semble propre au néolithique, hormis le gout du polissage, probable épiphénomène de cette nouvelle situation. C'est, semble-t-il, une rupture psychosociotechnique. Les mêmes outils sont utilisés dans d'autres buts.

Les âges dits du bronze puis du fer peuvent aussi être considérés comme des étapes techniques importantes certes, mais non d'un niveau de rupture équivalent. Ce sont des conséquences de la sédentarisation et de la spécialisation technique de populations qui maitrisent le feu depuis bien longtemps et apprennent peu à peu à augmenter la température d'un four. C'est aussi dans les foyers maitrisant l'agriculture depuis quelques millénaires qu'est apparue l'écriture. Cette révolution, souvent présentée comme une ligne de rupture fondamentale, peut être conçue comme la continuation du processus civilisationnel fondé sur l'agriculture et la sédentarisation, puisque les civilisations agraires avaient leur écriture, acquise indépendamment, bien avant le VIe siècle av. J.-C., même en Amérique. Le but de l'écriture fut, semble-t-il, de tenir une comptabilité des productions et de conserver des contrats d'échange[5]. Il fallait mettre en place un mode de mémorisation de données qualitatives et quantitatives. On peut dire qu'étant données les caractéristiques du langage et celles de la révolution du néolithique, l'apparition de l'écriture était déterminée, même si ses modalités ne l'étaient pas, et, de fait, chaque lieu d'invention d'écriture a pris des choix différents. De même, la croissance des villes est une production déterminée de la révolution néolithique : l'apparition de paysans conduit à la spécialisation de ceux qui gèrent les échanges et protègent les populations des agressions nomades, à l'augmentation des populations, et à l'émergence des villes.

---

[5]Louis-Miruel Calvet, *Histoire de l'écriture*, Paris, Hachette, 1996 ; James Germain Février, *Histoire de l'écriture*, Paris, Payot, 1995. Il semble qu'en Chine l'écriture soit apparue pour d'autres raisons, divinatoires… La raison apparente de l'innovation n'est peut-être pas si importante. Mais elle influence la technique d'écriture.

Cette situation favorise l'émergence du droit et de son écriture ; mais le sens de la justice remonte beaucoup plus loin, avant *Homo habilis*... Le plus ancien texte de loi connu, le code d'Ur-Namu, est rédigé vers 2100 av. J.-C. Le code d'Hammourabi, plus récent, nous est parvenu quasi intact. L'invention du droit semble être un processus continu depuis l'origine des civilisations, même si des condensations historiques en ont marqué le cours, comme le droit romain, le droit canon ou le Code civil.

La technique d'écriture entraine une transformation dans les relations de l'Homme au monde et à la nature, la révolution identifiée ci-après n'aurait pas eu lieu sans l'écriture.

La deuxième innovation de rupture : la pensée sur l'homme et le monde, VIe siècle av. J.-C.

La deuxième grande rupture apparait après l'expansion des grandes civilisations agraires et la création de véritables empires, autour du VIe siècle av. J.-C. Elle est avant tout conceptuelle et spirituelle. Elle s'enracine dans un terreau plus ancien, fait de traditions initiatiques orales et de sacrifices, que l'on peut qualifier de chamaniques. Cela fait probablement plus de 170 000 ans que les êtres humains parlent et qu'ils partagent des croyances sur eux-mêmes et sur leur origine, plus de 50 000 ans qu'ils sont accompagnés de chiens, au moins 35 000 ans qu'ils sculptent, peignent et pratiquent des rites religieux, au moins 7 000 ans qu'une part rapidement dominante d'entre eux élèvent des animaux, qu'ils cultivent des plantes, vivant dans des communautés suffisamment grandes pour que chaque individu ne puisse plus connaitre chaque personne et près de 2 000 ans que l'écriture est utilisée.

Après ces changements, la rupture est d'une ampleur nouvelle, aux conséquences immenses, car elle pose pour la première fois, de manière construite et enseignée sur la base de textes, les relations des humains entre eux dans le cadre de la société, l'affirmation de l'autonomie spirituelle et intellectuelle de chacun, l'invention de nouveaux modes de pensée et de dialogue avec la nature. On peut considérer ces innovations comme la réponse des hommes à la transformation opérée par la révolution néolithique : quel est le sens de cette nouvelle vie et comment vivre ensemble ? Cette mutation a été partiellement identifiée par Karl Jaspers comme « Achsenzeit », traduit par l'expression de « âge axial », ou « âge pivot », durant lequel cinq prophètes ont été en vie simultanément en Europe, Moyen-Orient, Inde, Chine[6]. Arnold Toynbee a repris l'idée, et, comme Jaspers, se focalise sur l'aspect religieux[7]. Ce

[6] Karl Jaspers, *Origine et sens de l'histoire*, trad. fr., Paris, Plon, 1954.
[7] Arnold Toynbee, *La grande aventure de l'humanité*, Paris-Bruxelles, Elsevier, 1977.

faisant, il finit par considérer une époque charnière de 1200 ans, jusqu'à l'émergence de l'Islam, et il hésite à élargir encore cette période vers un plus lointain passé. Pourquoi ne pas remonter à Akhenaton, au XIVe siècle av. J.-C., le premier Pharaon qui aurait tenté d'imposer le monothéisme, mais sans filiation ?

Pourtant les prémices d'une innovation de rupture, ou ses conséquences, ne peuvent être reconnus et appréhendés que par référence généalogique à l'innovation de rupture en question, après coup. Dans une approche évolutionnaire, ni le christianisme, ni l'islam, ni la réforme protestante ne peuvent être considérés comme des ruptures fondamentales, ce sont des rameaux du monothéisme. Akhenaton, huit siècles avant, préfigure le monothéisme, mais non son émergence, car il n'a pas de suite et n'a pas laissé un référentiel[8]. Ce n'est pas le contenu ni l'expansion de la doctrine en question qui définissent l'importance de la rupture, c'est son rapport de filiation. Le christianisme est une rupture par rapport au judaïsme, dans le cadre du monothéisme. Le christianisme, dans une vision évolutionnaire, est la première branche issue du monothéisme qui a réussi en universalisant sa doctrine par l'incorporation du formalisme grec. L'islam, dont la filiation judéo-chrétienne est connue et prouvée maintenant par la recherche, est la deuxième branche qui, elle aussi, a réussi selon un processus d'universalisation très différent[9]. On peut aussi remarquer que la démocratie est bien inventée au VIe siècle av. J.-C. et pratiquée à une large échelle. Pourtant, les conditions de son universalisation apparaissent tout juste au XVIe siècle, dans une logique de filiation. Sa véritable expansion ne se manifeste qu'au XVIIIe siècle, pour ne commencer à devenir un référent universel qu'au début du XXIe siècle[10].

Selon notre approche, le VIe siècle av. J.-C. est une époque de construction de fondements qui ne concerne pas que la religion. Une nouvelle humanité se prépare à émerger. Il ne s'agit pas de cinq prophètes, mais de plus d'une dizaine dont certains ne seront peut-être jamais connus, par absence d'écrits référents accessibles. Nous analysons ci-après le sens de ces fondements.

Ce siècle est la création des religions monothéistes ; il y a une différence essentielle entre concevoir le dieu de sa communauté dans un

---

[8]C'est bien sûr discutable puisqu'il y a des analogies troublantes entre des croyances et rituels juifs et ceux des anciens Égyptiens. Mais le corps de doctrine juif est autrement plus construit que l'agglomérat des mythes égyptiens.

[9]Joseph Bertuel, *L'islam, ses véritables origines* (3 tomes), Paris, Nel, 1983 ; Edouard-Marie Gallez, *Le messie et son prophète – Aux origines de l'Islam* (2 tomes), Versailles, Éd. de Paris, 2005.

[10]L'ébranlement causé par l'exigence démocratique exige un certain niveau d'instruction des populations ; aussi voit-on partout un décalage entre l'émergence de son expression et le moment de sa mise en œuvre effective.

contexte polythéiste et croire en un dieu unique transcendant la culture de la communauté croyante. Zoroastre, parfois appelé Zarathoustra, lequel aurait vécu au début du VIe siècle et les prophètes juifs, en particulier Jérémie et Ezéchiel, lors de l'exil à Babylone (597-538) fondent le monothéisme. Isaïe serait plus ancien encore, mais son livre a été écrit à peu près à la même époque. C'est au VIe siècle av J.-C. que les fondements construits sont écrits. Dans le cas de la pensée juive, une catastrophe est le contexte de l'innovation : la déportation à Babylone et le risque de la disparition des élites du peuple.

Zoroastre est généralement considéré comme un personnage historique, bien que les dates à son sujet restent discutées. La version la plus courante considère qu'il a vécu après l'an 600 av. J.-C. et serait né en Bactriane, située au nord de l'Afghanistan actuel. Il serait issu d'une famille sacerdotale, sédentarisée, de nomades indo-européens culturellement proches des Perses. Il aurait eu une illumination vers l'âge de trente ans. Zoroastre enseigne une croyance en un seul Dieu qui domine le combat entre deux esprits : celui du bien et celui du mal. Sont déjà décrits des concepts voisins de ceux de paradis, purgatoire, enfer, jugement dernier, annonce d'un messie-rédempteur précédant la résurrection à la fin du monde. Il y a de nombreuses contradictions dans les données, car l'Avesta, livre des zoroastriens, est écrit dans un système phonétique original, à partir d'une langue elle-même bien plus ancienne que le VIe siècle av. J.-C[11]. Zoroastre aurait formé Hystaspès, père de Darius le grand, né en -550, après sa révélation du dieu unique. Le zoroastrisme s'est développé dans l'Empire perse à partir de cette époque.

Il est fort probable que Juifs et zoroastriens ont eu connaissance les uns des autres, surtout après la conquête de Cyrus et la libération de l'élite juive retenue à Babylone. Pour autant, la ressemblance ne permet pas de conclure à une filiation, ou à une influence. Je n'insisterai pas sur l'importance de la création hébraïque, tant elle est connue du monde occidental.

À la même époque, Mahâvîra, entre 599 et 467, Bouddha, entre 580 et 483, originaires du Nord-Est de l'Inde, et Lao-Tseu en Chine, entre 570 et 490, fondent des religions dont le but est de trouver l'éveil intérieur à l'ultime réalité[12]. Dans les cadres qu'ils définissent, différentes écoles se développeront, le bouddhisme ayant la destinée la plus internationale et le plus de ramifications. Ce n'est pas le lieu, ici, de préciser les différences entre ces trois maitres et leurs doctrines enracinées, comme

[11]Zoroastre, *Zend-Avesta*, trad. fr. par M. Anquetil du Perron en 1771.
[12]Savoir s'il s'agit de religion ou de sagesse n'a pas d'intérêt, ici.

pour celles de tous les prophètes, dans le terreau de leur culture originelle. Leur filiation est connue : djaïnisme, bouddhisme, taoïsme. Ils décrivent une ultime réalité impersonnelle dans laquelle s'évanouissent contradictions et souffrance. Ce que ces trois prophètes disent est bien différent des enseignements des prophètes du Dieu unique personnel. Ils sont non-violents, le djaïnisme semble être le plus intransigeant à cet égard. Ils montrent une sorte d'indifférence vis-à-vis de l'Histoire et des affaires politiques, même si dans la durée leurs rôles politiques furent importants. Ils professent l'existence d'une réalité ultime indifférenciée dont proviennent tous les dieux. Gandhi a été indéniablement influencé par la doctrine de non-violence (Ahimsa) du djaïnisme. Le bouddhisme et le djaïnisme coïncident avec un renouveau de l'hindouisme, lequel a été si important que, 1 500 ans après, le subcontinent indien est redevenu majoritairement hindou.

Le taoïsme apporte une spécificité qui semble devoir offrir une large postérité pour l'avenir : le concept de contradictoire complémentaire lui-même associé au concept de processus et cela dans une conception systémique avant l'heure. Plus orienté dans la compréhension de la nature que le djaïnisme et le bouddhisme, il propose la problématique du yin et du yang comme approche générale pour la compréhension des processus de transformation. L'opposition des contraires n'est pas absolue, elle relève d'une dynamique du changement. Une analyse de la ressemblance avec la dialectique hégélienne pourrait avoir un sens, de même qu'une comparaison avec la philosophie de Simondon. Cette approche va retrouver sa pertinence dans les révolutions scientifiques du XXe siècle et nombreux sont les physiciens qui y feront référence dans leur recherche d'une compréhension de leurs propres théories, dont Niels Bohr[13]. La complémentarité des contraires conduit à une analyse probabiliste présentée plus loin.

Pour ce qui concerne la pensée hindoue et en particulier la formulation écrite des six darshanas, les « points de vue » de la philosophie hindoue, les dates connues sont moins précises, cependant il semble que Mahâvîra et Bouddha sont deux représentants qui se sont autonomisés, à peu près à la même époque que les darshanas se constituaient, mais, dans ce dernier cas, sans renier la source védique[14]. Ils présentent des approches différentes d'une réalité posée une. Le nyaya

[13]Il le fera de manière spectaculaire, car, anobli par la couronne danoise, il mettra les signes enlacés du Yin et du Yan sur son nouveau blason. Cinquante ans plus tard, Fritjof Capra, en 1982, publiera *Le tao de la physique* en se référant explicitement à la pensée taoïste.

[14]Malgré de nombreuses critiques des orientalistes, l'ouvrage permettant d'accéder le plus directement aux philosophies hindoues reste le livre de René Guénon, *Introduction générale à l'étude des doctrines hindoues*, Paris, Véga, 1976.

concerne la logique, et se rapproche des méthodologies philosophiques et scientifiques fondées par Pythagore. Dans ce darshana est dit explicitement que Dieu est le créateur du monde, et en cela il est consonant avec les fondements monothéistes juifs et persans. Le vaisheshika s'intéresse à la connaissance des choses et coïncide avec ce que les Grecs appelaient la « physique », ou ce que nous appelons aujourd'hui la cosmologie. Le sankhya est le troisième darshana qui a des points communs avec l'approche scientifique ; son aspect énumération et calcul le rapproche encore de Pythagore, certains aspects rappellent Parménide et d'autres présocratiques – par exemple, les différents éléments fondamentaux : terre, eau, air et feu. Le sankhya est souvent considéré comme « athée » et montre des accents bouddhistes. Le yoga a pour objet et but l'union de l'homme avec l'universel. En ce sens, il rejoint aussi le bouddhisme et le taoïsme. Le mimansa est le darshana que nous traduirions probablement par métaphysique, théologie ou herméneutique. Le dernier, le vedanta est le point de vue le plus métaphysique, voire ontologique, qui prône l'unité de l'être, soit de manière mitigée, soit absolue. Il semble que le Sankhya était écrit du temps du Bouddha qui en avait connaissance. La Bhagavad Gita, incluse aujourd'hui dans le Mahabharata, aurait été écrite vers le Ve siècle av. J.-C ; elle associe au moins sankhya, yoga et vedanta. Patanjali, l'auteur des yogas soutras, les auraient compilés et mis en forme aussi vers le Ve siècle av. J.-C. Les soutras, les règles morales des yamas et niyamas, ont beaucoup de ressemblance avec les principes bouddhistes et il semble difficile de savoir qui a eu une influence sur qui, si influence. Les hindous faisant remonter les Védas à des dates extrêmement lointaines, selon une tradition orale, il parait raisonnable de considérer que la mise en forme des textes philosophiques et métaphysiques fondateurs de la culture hindoue actuelle, a bien eu lieu aux alentours du VIe siècle ou du début du Ve siècle. Indépendamment des Grecs (cf. ci-après), et différemment, on retrouve la métaphysique, la philosophie, la science.

Confucius – Kongzi ou Konfuzi selon l'écriture actuelle en lettres latines – en Chine, entre 551 et 479, Solon à Athènes, entre 592 et 507, puis les fondateurs de la République romaine à Rome, entre 520 et 449, définissent pour la première fois des lois susceptibles de permettre un fonctionnement social et politique juste, et dans ce sens, sont les fondateurs de l'éthique. Confucius brisa le monopole exercé sur l'éducation par la classe noble en ouvrant une école accueillant aussi bien les pauvres que les riches, selon le principe : « *en matière d'éducation, pas de discrimination sociale* ». L'école de Confucius était unique en son temps. Son enseignement eut une influence immense, dans le monde de la culture chinoise, en éducation, politique, économie, culture, éthique.

Solon d'Athènes est considéré comme le fondateur de la démocratie athénienne. Étant donné ce qu'est la démocratie, il ne l'a pas fondé seul. Il faisait partie des Sept Sages de la Grèce, lesquels étaient probablement plus de sept[15]. Il s'agissait d'hommes sages et vertueux, sans ambition personnelle politique, et animés de l'amour du bien public. Solon accepta des fonctions publiques. Il ne profita pas de sa position pour aspirer au pouvoir suprême. Il quitta Athènes dix ans après la création de sa première constitution. Les fondateurs romains animés du même esprit sont allés s'informer en Grèce avant d'établir leur constitution.

Par ailleurs, il semble que les fondements de la pensée historique pourraient également avoir été posés durant le VIe siècle av. J.-C. La pensée juive ne fait pas qu'initier une pensée monothéiste, elle fonde aussi ce qui deviendra la pensée de la filiation, la pensée historique généalogique, autrement dit une forme de pensée évolutionnaire. C'est, semble-t-il, nettement plus tardivement qu'émerge une pensée historique dans le cadre grec.

Thalès de Milet, entre 625 et 545, fit partie des Sept Sages de la Grèce. Il inaugure la pensée philosophique et scientifique en généralisant et conceptualisant des observations. Il est à l'origine des cinq premiers théorèmes de géométrie, de la première estimation précise de la durée d'une année – 365 jours et un quart – et de la découverte des planètes. Pythagore de Samos, 569 – 475, mathématicien, astronome et philosophe, reprit le flambeau. Il aurait participé à la 57e olympiade, à 17 ans, entre quatre ans et huit ans avant la mort de Thalès. Ils se rencontrèrent certainement, car l'ile de Samos se situe face à Milet et faisait partie de l'Ionie. Son influence est aujourd'hui indirecte, quoiqu'immense, car son école n'a pas survécu. Il serait le créateur du terme « philosophie », ce qui signifie « amour de la sagesse ». Il enseignait l'immortalité de l'âme et sa transmigration (de manière voisine des théories hindoues). Il est allé s'initier en Égypte et la légende prétend qu'il serait allé en Perse où il aurait rencontré Zoroastre. Il enseignait la pureté, la non-violence, un végétarisme sélectif. Son enseignement était initiatique. Il fonda une école qui lui survécut quelques siècles malgré un incendie criminel de la maison de Millon de Crotone où 38 pythagoriciens périrent dès le début de l'école. La fraternité philosophique de Pythagore prépare celle des francs-maçons, c'est-à-dire celle du Siècle des lumières. L'influence de Pythagore ressemble à la nature de son enseignement. Deux tendances sont

---

[15]C'est Diogène Laërce, trois siècles plus tard, qui en établit une liste dite officielle : Thalès de Milet, Solon d'Athènes, Chilon de Lacédémone, Pittacos de Mytilène, Bias de Priène, Cléobule de Lindos, Périandre de Corinthe. Ils vécurent entre 650 et 550 av. J.-C.

apparues après sa mort. D'un côté les pythagoristes, caricaturés en végétariens buveurs d'eau, chevelus et barbus, pieds nus, vêtus d'un simple manteau, un bâton à la main, faisant vœu de silence et ne se lavant pas. De l'autre côté, les Mathématiciens au sens de savants, insistent sur les démonstrations et privilégient la science. Pythagore est le prophète de la recherche scientifique, de la spéculation philosophique, voire de l'anarchisme, en tout cas de la liberté de penser. Pythagore inventa la démonstration géométrique, rationnelle, alors qu'elle restait visuelle chez Thalès ou pratique chez les Égyptiens et Babyloniens. Philolaos de Crotone, pythagoricien, le premier, aurait affirmé une théorie proche de l'héliocentrisme. La découverte de la rotation de la Terre sur elle-même reviendrait aussi à un pythagoricien : Hicétas de Syracuse. Fondateur des sciences politiques, Pythagore a eu une influence sur Platon qui rencontra le pythagoricien Archytas de Tarente. L'école platonicienne, et donc presque toute la philosophie, peut être considérée comme une ramification du pythagorisme.

Anaximandre (Milet, 610, 546), autre sage grec du VIe siècle, disciple de Thalès et contemporain de Pythagore, fut semble-t-il le premier à écrire un texte sur la nature. Il peut être considéré comme le précurseur de la vision évolutionnaire biologique et des théoriciens atomistes. Kanad, sage hindou qui a fondé l'école philosophique vaisheshika, vivait vers 600 av. J.-C. ; il serait né à Prabhas Kshetra dans le Gujarat en Inde. Dans les vaisheshika soutras, est décrite une théorie atomique, plus d'un siècle avant Démocrite, laissant penser que la conception atomiste est elle-même conçue durant le VIe siècle, en Inde et non en Grèce ; peut-être Démocrite en fut-il informé, à moins que la filiation avec Anaximandre l'emportât.

En dernier lieu, on pourrait considérer que, malgré l'absence d'écrit, la religion druidique celte a dû se constituer vers la fin du VIIe ou au début du VIe siècle et qu'un prophète celte – ou plusieurs – en a été l'origine. L'apogée de la culture celte a lieu vers la fin du VIe siècle, la religion druidique est installée. Peut-être n'en saurons-nous jamais rien d'autre par manque d'écrit.

Nous ne saurons peut-être rien de ce qui pourrait s'être passé en Afrique et en Amérique aux alentours de cette époque. Néanmoins, la civilisation Olmèque, celle des Mayas, était déjà florissante vers 300 av. J.-C., le fameux calendrier maya datant du premier siècle av. J.-C. Les civilisations andines se sont développées indépendamment, la grande période classique commençant, semble-t-il, vers le troisième siècle. Nous connaissons peu les textes fondateurs des conceptions de ces civilisations, détruits par les envahisseurs européens treize siècles plus tard.

Certains courants religieux antérieurs au VIe siècle se poursuivirent après. Typiquement, le culte de Mithra, dieu solaire d'origine iranienne, était largement antérieur à la révolution de Zoroastre et se développa au gré des conquêtes diverses, jusqu'à se répandre dans l'Empire romain. Il fut interdit en 391 dans l'Empire romain, avec les religions dites païennes, c'est-à-dire non issues de la Bible, et disparut sans descendance.

Il est important d'entrer dans ces pensées en tenant compte de la langue d'origine par lesquelles elles s'expriment : les langues indo-européennes (pensée grecque, indienne, perse) ; les langues sémitiques (pensée hébraïque, arabe), et enfin les langues chinoises (taoïsme, confucianisme). L'organisation de ces langues peut différer au point que l'impensé, à partir duquel le penser se construit et se transmet, diffère[16]. Ainsi, ce sont des parcours qui divergent, dès l'origine, et dont les rencontres, indéterminées, peuvent produire de nouvelles créations.

En un peu plus d'un siècle, a lieu une révolution intellectuelle et spirituelle qui pose les bases du monothéisme et de l'athéisme, du concept de réalité ultime, de l'idée de l'immortalité de l'âme et de la négation de cette immortalité et en conséquence de l'opposition entre dualisme et monisme, de la métaphysique et de l'ontologie, de la philosophie et de la science, de la politique, de la démocratie et de la liberté de penser, de l'éducation, de la morale et de l'éthique, de la relation à la nature, et finalement de la pensée historique. Tous ces prophètes ont probablement été contemporains, ils vivaient tous en Eurasie, et ils avaient pu être informés de ce qui se passait aux confins de leurs régions d'influence.

Après la deuxième innovation de rupture : une histoire tumultueuse.

Dans une approche historique généalogique, l'importance démographique compte moins que ce qui est transmis, sauf en cas d'extinction. Un commencement est toujours proche d'une extinction. L'humanité, au début de son existence, a probablement frôlé l'extinction, nous l'avons vu. Ce n'est pas parce que les monothéismes représentent aujourd'hui environ la moitié de l'humanité, qu'il faut automatiquement les considérer comme une branche essentielle d'évolution future. Certes, dans cette branche particulière, les zoroastriens persans et les parsis

[16]François Julien, *Entrer dans une pensée ou Des possibles de l'esprit*, Paris, Gallimard (NRF), 2012.

indiens n'atteignent pas cent-mille personnes. Le seul commentaire possible est que les représentants de cette communauté ont pris, durant le cours de sa longue histoire, des décisions qui ont eu comme conséquence de limiter leur expansion ; cela fut aussi un moyen de conserver leur identité. Écrasés et martyrisés par les musulmans, certains ont émigré en Inde, mais peu se sont dispersés ailleurs. Une transformation, contingente, reste encore possible. Par exemple, la filiation bahaï pourrait se rattacher à Zoroastre ; c'est une religion récente monothéiste qui cherche à réunir toutes les branches monothéistes dans leur diversité. Son prophète, Bahá'u'lláh (1819-1850) vient de Chiraz, en Perse, et celui qui fonde le mouvement est aussi un Persan (Mirzâ Husayn'Alî, 1817-1863). La référence à une prédiction de Zoroastre, qui aurait dit qu'un prophète viendrait annoncer le commencement de l'unité de l'humanité, mille-deux-cents années lunaires après la fondation de la religion des Arabes – soit vers 1843 – indique une volonté de filiation. En 2007, cette religion, fille du Zoroastrisme, affichait sept-millions de membres répartis dans plus de 180 pays. Son centre spirituel et administratif, qui devient un lieu de pèlerinage, est situé, comme conséquence d'une histoire originelle mouvementée, en Israël, à Haïfa.

L'émergence du christianisme suggère une analyse particulière. On peut concevoir que son émergence est le résultat de la rencontre entre Hellénisme et Judaïsme, c'est-à-dire la confrontation entre deux courants issus de la révolution du VIe siècle. D'un côté la démocratie, la philosophie et la science, de l'autre le monothéisme et la pensée généalogique. Par sa démographie, son universalisme, sa capacité de fécondation des multiples peuples qu'il rencontre, l'Hellénisme était en position de force. Le Judaïsme montrait aussi une identité forte et une démographie importante. À cette époque, le peuple juif rassemblait environ 10% de la population globale de l'Empire romain. Il apparait, par l'étude des textes anciens, que bon nombre de disciples directs de Jésus étaient fortement hellénisés, même s'ils étaient juifs. Ils vivaient probablement cette contradiction dans d'intenses tensions, et les affrontements dans l'église primitive entre les judéo-chrétiens et les disciples de Paul sont bien connus. Le christianisme est une invention extraordinaire fondée d'un côté sur une vision théocratique monothéiste intransigeante et de l'autre sur le formalisme philosophique de la pensée grecque et son ouverture démocratique, dans un syncrétisme fascinant. Son succès peut être compris comme un résultat de cette création, selon l'approche de la pensée évolutionnaire déjà présentée aux chapitres précédents, laquelle a demandé plus d'un siècle. Pendant plus de trois siècles, il a résisté à des crises et des persécutions, et, à partir des élaborations des successeurs directs, puis des pères de l'Église, a permis une synthèse intellectuelle qui s'est poursuivie jusqu'à nos jours. Constantin puis surtout Théodose ont consacré son universalité en l'instituant religion d'État ; ce n'était déjà plus la même religion que trois siècles auparavant.

On peut ainsi faire l'hypothèse que la confrontation de courants différents issus des révolutions du VIe siècle peut amener des innovations susceptibles de provoquer un changement de civilisation.

Dans cette approche, on peut considérer l'Islam comme le résultat d'une confrontation entre bras du même courant monothéiste, une sorte de réaction contre l'exubérance buissonnante des rameaux multiples provenant de l'innovation chrétienne[17]. On commence à connaitre l'origine judéo-chrétienne ébionite de l'islam. La posture fondatrice de l'islam se situerait à l'opposé de celle du christianisme. Pas de syncrétisme, mais une affirmation d'absolu, de transcendance inaccessible du Dieu unique. Non pas discussions et débats, issus du courant grec, mais exigence de soumission. Pas d'hybridation culturelle, mais au contraire séparation, purification.

Issues, par filiation, de la lignée monothéiste, ces deux religions représentent en quelque sorte les parangons de la réponse à la rencontre entre deux ou plusieurs lignées issues de la révolution de VIe siècle. Ce sont donc des modèles à analyser attentivement, car dans ce qui se passe, du XVIe au XXIe siècle, ces deux processus possibles sont à l'œuvre, et peuvent conduire aussi à une émergence, soit de quelque chose de nouveau, soit d'une sorte de spécialisation par purification.

En Extrême-Orient, une expérience voisine eut lieu lors de la diffusion du Bouddhisme. La transformation chinoise de la teneur philosophique du message bouddhiste viendrait de la différence entre le sanscrit, langue dotée de conjugaisons, déclinaisons, syntaxe complexe et écrite par phonèmes, adaptée au raisonnement logique (comme le grec), et le chinois qui n'a ni déclinaison ni conjugaison, une syntaxe quasi inexistante, dont l'écriture idéographique est plus appropriée à l'évocation[18]. Quand le Bouddhisme arrive en Chine, cela produit une confrontation avec le taoïsme et le confucianisme. Ainsi émerge le bouddhisme tchan, un enseignement par la méditation sans paroles, lequel passera au Japon (le Bouddhisme zen). La confrontation de deux pensées a produit là aussi du nouveau. Le lamaïsme tibétain vient-il lui aussi d'une confrontation culturelle ? Les Tibétains formaient un peuple guerrier avant la rencontre avec le bouddhisme tantrique.

---

[17] Laurent Lagartempe, *Origines de l'Islam*, Paris, éd. de Paris, 2009.

[18] François Julien, ouvrage cité.

De nombreuses autres tentatives religieuses de création à partir des courants du VIe siècle ont échoué, durant le temps qui va du Christianisme à l'Islam; par exemple, celles de Mani, ou Manès, le fondateur du manichéisme, né en Perse au IIIe siècle et mort martyr. Il semble qu'à partir de la lignée de la secte judéo-chrétienne des Elkasaïstes, Mani ait tenté, après une révélation, une synthèse entre zoroastrisme, christianisme et bouddhisme, par une religion nouvelle prônant la non-violence et la non-lutte. Le manichéisme disparait au XVe siècle, y compris la branche cathare du Sud-Ouest français. Comme pour le vivant, l'évolution des idées produit des branches qui échouent et il est difficile, voire impossible, de savoir pourquoi, sinon d'invoquer la contingence, l'inopportunité, ou une sorte de concurrence directe sur une même niche, qu'elle soit religieuse, philosophique ou politique. Car, comme pour l'évolution du vivant, si les extinctions et les développements sont toujours analysables après coup, personne n'aurait pu les prédire.

Qui aurait pu prédire qu'après une expansion rapide le bouddhisme serait quasi évincé en Inde, puis refoulé de Chine ? Que le christianisme reculerait au Moyen-Orient, son lieu d'origine, puis connaitrait un développement immense vers l'Ouest ? Que l'Islam se répandrait vers l'Orient jusqu'en Chine et en Indonésie ? Que la pensée démocratique, philosophique et scientifique connaitrait un sommeil de plus de mille ans avant de se répandre sur toute la planète ? Que ce qui est commun au bouddhisme, au taoïsme et à l'hindouisme – la recherche d'une réalité ultime – se répandrait dans toute l'Humanité vingt-six siècles plus tard ? Que différentes branches du bouddhisme et de l'hindouisme essaimeraient dans le monde monothéiste après vingt-cinq siècles de quasi non-relation ? Que la pensée technoscientifique occidentale se répandrait tardivement, mais sans difficulté, en Chine ? Que le lieu de l'expansion de l'hindouisme deviendrait en même temps celui de la « plus grande démocratie du monde » ?

Durant les vingt-six siècles qui suivirent les grandes innovations de rupture du VIe siècle, l'histoire s'est accélérée, chaque innovation a généré des filiations qui se sont plus ou moins ramifiées, plus ou moins spécialisées[19]. Cette logique de filiation a eu lieu malgré la traversée de violentes crises, de guerres, de conquêtes destructrices et d'effondrement d'empires, de famines, d'épidémies, de reculs civilisationnels, de génocides, d'affrontements idéologiques, de renouveaux. Mais

[19]Les Occidentaux connaissent bien les multiples hérésies des premiers siècles du monde chrétien, le schisme entre orthodoxes et catholiques romains, puis la réforme, et depuis les multiples communautés d'obédiences protestantes puis évangéliques. On trouve aussi des divergences par logique de filiation dans l'islam (sunnites, chiites, soufis …) ou le bouddhisme (mahayana, theravada, tantrisme, lamaïsme, tchan, zen …).

l'évolution rencontre aujourd'hui un phénomène inédit : la rencontre générale des différentes lignées dans un monde global qui s'unifie tout en se fragmentant.

Car ce qui est manifeste, c'est que malgré les affrontements, les guerres, les destructions, les famines et les épidémies, l'expansion humaine s'est poursuivie et, en vingt-six siècles, l'Humanité a pris dans la biosphère une position de transformatrice et régulatrice générale.

La troisième innovation de rupture : XXIe siècle — rencontre des lignées du VIe siècle et dépassement des acquis du néolithique

C'est notre hypothèse que la 3e innovation de rupture est aujourd'hui en cours d'émergence et qu'elle se produira durant ce siècle. Des évènements contingents exceptionnels ont lieu. Des séries causales indépendantes se rencontrent. Un bouleversement apparait dont nous allons décrire les contours.

Le Christianisme peut être pensé comme une innovation émergeant de la rencontre entre monothéisme – en l'occurrence juif – et le triptyque grec « démocratie-philosophie-science » ; mais en intégrant surtout le formalisme de ce dernier. Dès le douzième siècle, celui-ci se redéveloppe en Europe au point de devenir une force motrice. Car malgré des confrontations dures, la lignée d'origine grecque trouve une énergie nouvelle dans la lignée chrétienne elle-même qui valorisait cet apport déjà ancien. Au nom d'une religion universelle prêchant l'amour et la fraternité, comment refuser une pensée démocratique ? Au nom d'un Dieu transcendant, mais capable de se pencher vers l'humanité, comment refuser l'expérimentation sur la nature ? Comment refuser l'esprit critique ? On retrouve, transformés, des débats entre communautés chrétiennes primitives ; en particulier, sur les modes de gouvernance de ces mêmes communautés.

La Renaissance européenne a eu lieu après un effondrement démographique, mais aussi à une époque d'intenses relations avec l'Orient, et en particulier avec l'Empire ottoman, comme si, là encore, des rencontres entre cultures éloignées et ayant évolué indépendamment provoquaient des synthèses nouvelles et une prise de conscience identitaire[20]. Durant la situation apocalyptique du quatorzième siècle européen les innovations et les échanges se sont amplifiés. La Renaissance lui a succédé.

Les chercheurs en science exigent une reconnaissance de leur approche laquelle va devenir un objet d'étude philosophique, trois siècles

[20] Jerry Brotton, *Le bazar Renaissance*, trad. fr. F. et P. Chemla, Les Liens qui Libèrent, Paris, 2011.

plus tard, en conséquence de son succès. L'art de questionner la nature et d'en obtenir des réponses, initié par Pythagore, devient l'apanage d'un nouveau corps social à la fois ouvert et sélectif. L'approche scientifique moderne, datée aujourd'hui de la publication de Copernic, commence à produire des innovations technologiques, les moyens de production s'accroissent, l'imprimerie permet un transfert accéléré des savoirs. À partir de la deuxième moitié du XVIIIe siècle émerge la révolution industrielle et le monde dit moderne fondés sur une double séparation : d'une part celle du questionnement de la nature et de la gouvernance des hommes, et d'autre part celle de l'organisation des sociétés et de la croyance religieuse. Ces séparations, incomplètes, sont suffisantes pour créer une nouvelle civilisation à la puissance décuplée dont le développement sera fondé sur une expansion sans précédent d'hybrides entre nature et culture : les produits de la technique imprégnée de l'approche scientifique[21].

L'Europe acquiert une puissance nouvelle et part à la conquête du monde[22]. Deux-cent-cinquante ans plus tard apparait l'humanité planétaire, l'économie dite mondialisée, ce qui conduit à une nouvelle configuration : la confrontation directe des lignées issues des grands concepts fondateurs de la rupture précédente qui, durant vingt-quatre siècles se sont déployés et ont évolué plus ou moins indépendamment. Des concepts nouveaux émergent, d'abord en Europe, puis s'imposent partout durant le XXe siècle : la chimie, la biologie, l'évolution, l'histoire, l'économie, la sociologie, la psychologie, comme disciplines scientifiques ; l'indéterminisme comme découverte scientifique ; la prise de conscience de la conscience – y compris le subconscient, l'inconscient – auxquels on pourrait ajouter l'opposition identifiée entre culture et nature ; la société qui se montre productrice de l'individu social ; la civilisation. Les humains peuvent désormais contempler ce passé tumultueux qui les a produits tels qu'ils sont aujourd'hui, êtres aux multiples visages, imprégnés d'idéologies contradictoires, en proie aux divisions linguistiques et culturelles, aux oppositions identitaires, aux affrontements religieux, aux conflits d'intérêts à court terme, et se poser la question de leur place dans l'univers[23]. À peine avons-nous exploré en

---

[21]Bruno Latour, *Nous n'avons jamais été modernes ; essais d'anthropologie symétrique*, Paris, La découverte, 2005

[22]Il y a une étonnante analogie entre le monde grec du VIe au IIIe siècle av. J.-C., et le monde européen du XVIe au XIXe siècle, même si les échelles sont bien différentes. De multiples nations autonomes, à la culture commune et en guerres incessantes, finissent par acquérir une hégémonie intellectuelle, économique et militaire sur des régions beaucoup plus vastes ; l'une d'elles crée un immense Empire aussi éphémère que puissant.

[23]On peut considérer, après les œuvres de Thomas Huxley ou de Teilhard de Chardin sur *La place de l'homme dans la nature,* des livres tel celui de René Passet, *Les grandes représentations du monde et de l'économie à travers l'histoire,* Éd. LLL, Actes–Sud, Paris/Arles, 2010, ou même de Jeremy Rifkin, *Une nouvelle*

un rythme soutenu des espaces immenses de connaissances nouvelles – dont le tableau est brossé au premier chapitre – que nous apprenons qu'il existe une limite de principe aux connaissances possibles.

Cette limite a été démontrée dans le cadre de la discipline la plus formelle du domaine scientifique, sans prendre en compte la complexité du monde. Hilbert, grand mathématicien du début du XXe siècle, souhaitait donner un statut à l'axiomatique formelle, celle qui fonde un ensemble de nombres à partir desquels les mathématiques peuvent exister. Il posa trois questions. Premièrement, cette axiomatique peut-elle être complète ? Kurt Gödel démontra que la complétude ne peut être obtenue, ce qu'on pourrait traduire par : les mathématiques, aussi formalisées soient-elles, ont les caractéristiques d'un langage. Il faut un métalangage pour l'analyser, et ce, à l'infini. Deuxièmement, peut-elle être cohérente ? Kurt Gödel puis Paul Cohen démontrèrent que la cohérence ne peut être obtenue. On peut trouver deux axiomes contradictoires qui restent cohérents avec les axiomes de la théorie des ensembles. Cette indépendance suggère l'absence d'une vérité absolue dans la théorie des ensembles. Troisièmement, peut-elle être décidable, c'est-à-dire déterminée ? Alan Turing démontra que la décidabilité ne peut être obtenue. À partir de la fameuse « machine de Turing », il démontre qu'il existe toujours au moins un algorithme indécidable.

Ainsi, nous savons qu'aucune logique formelle, même dans les domaines les plus régis par la méthode logique dite identitaire ensembliste, c'est-à-dire les mathématiques, ne permet de construire une axiomatique qui soit complète, cohérente ou décidable. L'usage des résultats dits d'incomplétude, de non cohérence, et d'indécidabilité, dans tous les autres champs d'exploration humains, a été critiqué au nom de la non-transposabilité d'un résultat d'une discipline vers une autre. Or il ne s'agit pas d'une transposition, plutôt une transduction. S'il n'est pas possible, de principe, de construire une telle axiomatique, comment cela serait-il possible pour les autres disciplines scientifiques ou philosophiques qui doivent en plus s'affronter à la réalité des objets de leur discipline ? Qu'une telle ambition soit impossible en mathématiques implique son impossibilité dans les autres disciplines. Une telle transposition, métaphorique, nous dit que ce que le modèle de la pensée logicienne ne peut atteindre, aucune autre science ne le pourra non plus.

Nous avions touché une limite des connaissances possibles avec la physique quantique, une autre avec le vivant, puis une autre encore avec les mathématiques. Et comme si cela ne suffisait pas, les épistémologues,

---

conscience pour un monde en crise, LLL / Babel – Actes-Sud, Paris/Arles, 2012, comme des tentatives récentes de se construire une vision sur le devenir de l'Homme en référence à son histoire.

comme Bachelard, Kuhn, Feyerabend, ont montré que dans toute théorie scientifique le cœur de la théorie est indémontrable, c'est le « paradigme ». Aucun savoir complet ne nous est accessible, l'indéterminisme nous entoure, et cette découverte est aussi angoissante qu'elle est libératrice. Car elle n'empêche pas pour autant la poursuite accélérée des découvertes scientifiques et celle des innovations technologiques. Car l'incomplétude indique aussi qu'une évolution continue reste possible.

Le XXe siècle a connu les séries de transformations intellectuelles présentées dans l'introduction et le premier chapitre. Elles permettent, pour la première fois, des dialogues entre les grands courants issus du VIe siècle av. J.-C. qui tous, à l'échelle des temps de leur évolution, sont globalement en forte expansion et proches d'un maximum possible. Tout ce qui est antérieur au VIe siècle disparait ou se refonde. Quelque chose d'unique émerge. Les grandes civilisations se rencontrent sans hégémonie écrasante de l'une sur l'autre, même si le modèle occidental s'imprègne partout. Une véritable crise de la civilisation, dans son sens le plus profond, touche tout l'écoumène, c'est-à-dire la terre habitée[24].

Indépendamment de cette révolution conceptuelle apparait une contrainte nouvelle. Comme conséquence d'une croissance démographique et économique globale extrêmement rapide, les ressources naturelles qui semblaient illimitées sont en train d'acquérir le statut de rareté, tant les besoins des humains, très inégalitaires, deviennent gigantesques.

Le XXIe siècle sera celui d'une troisième rupture historique nécessaire. Elle est plus rude que celle du néolithique, car ce sont les conditions d'existence de l'humanité dans sa globalité qui sont en cause, comme conséquence d'une expansion inconnue jusqu'alors. Elle a cela de particulier que, durant le siècle où le monde devient limité pour le développement de l'espèce humaine, des conceptions nouvelles émergent qui pourraient offrir les moyens de répondre à cette limitation de son expansion matérielle. Une rupture intellectuelle et spirituelle de même importance que celle du VIe siècle se dessine, et en même temps une rupture technologique de même importance que celle du néolithique dont on peut deviner les composantes[25].

---

[24]Il ne s'agit pas ici de décrire *Le choc des civilisations* tel que le pose Samuel Huntington (trad. fr., O.Jacob, Paris, 2009), et que reprend d'une autre façon Jean-Michel Sallmann dans *Le grand désenclavement du monde*, Payot, Paris, 2011. Au contraire, nous posons ici que les concepts, outils et développements de chaque courant s'interpénètrent et se superposent, à partir de quoi du nouveau peut émerger.

[25]Lire sur ce sujet l'ouvrage de Ray Kurzweil, *The singularity is near,* Penguin book, London, 2005. On peut émettre des critiques sur l'étroitesse de sa vision. Néanmoins, il offre une approche saisissante de l'accroissement exponentiel propre à un système dont la complexité est régulée positivement.

Que pourra-t-il se passer ? Le propos soutenu ici est que la rupture intellectuelle et spirituelle — autant que la rupture technologique avec laquelle elle est en interaction –, peut être le moyen de traverser cette étape vitale. Pour dépasser l'opposition entre deux modes de pensée différents, il faut un saut qualitatif, une nouvelle synthèse qui revienne à l'origine même de l'humain et le refonde. Nous avons déjà cité le Christianisme, conçu ici comme émergence apparue dans la rencontre entre judaïsme et hellénisme. La vision développée ici est bien différente de celle d'Auguste Comte qui, en plus d'affirmer l'existence de trois grands modes de pensée, propose une loi d'évolution des connaissances humaines : celles-ci passent par trois états, de l'état théologique vers l'état métaphysique, puis vers l'état positif[26].

La vision développée ici s'appuie sur le fait que si l'émergence du nouveau peut être envisagée quand se rencontrent des courants indépendants, la nature de l'innovation est imprévisible. Et ce, même si l'émergence de nouveaux concepts n'est possible qu'après ce qui leur permet d'être pensés. Nous pensons à partir des concepts et des structures mentales qui nous ont été transmis[27]. Les caractéristiques de la situation actuelle font que la rupture concernera le processus d'innovation lui-même et son imprévisibilité. Il est bien différent de prédire qu'un nouveau mode de pensée va s'établir définitivement que de prédire que c'est bien ce genre d'approche qui ne pourra plus avoir lieu. Ce que nous chercherons à montrer ci-après, c'est que la rencontre et l'intrication des courants issus des révolutions du VIe siècle devraient consacrer le retour d'une pensée métaphorique rendue possible par la reconnaissance de l'indéterminisme et d'une pensée probabiliste. C'est à la fois la conception du monde, la position de l'homme dans la nature et le vivre ensemble qui vont être transformés, sans pour autant produire une nouvelle construction stable et unifiante telle que nous sommes aujourd'hui capables de croire pouvoir la concevoir.

---

[26]Jeremy Rifkin reprend la démarche d'Auguste Comte, en listant des pensées successives : mythologique, théologique, idéologique, psychologique, sur une seule filiation, celle de l'Occident.
[27] Michel Foucaut, *Les mots et les choses*, Gallimard, 1976.

Chapitre XI

La grande crise

La crise des limites des ressources naturelles, de l'énergie et du changement climatique nous met devant un mur apparemment infranchissable. Nous sommes face à une situation inédite. Parallèlement, de nombreuses autres menaces se profilent.

Depuis 2007, nous avons vécu la première grande crise économique mondiale avec le sentiment qu'elle ne se terminerait pas avant longtemps[1]. Celle-ci n'affecte pas tous les pays de manière identique. La redistribution des cartes donne l'impression d'un changement profond. Selon Matthieu Pigasse et Gilles Finchelstein, « *On a le sentiment de vivre la fin simultanée de quatre cycles historiques d'inégale durée.[...] Tout cela s'achève.* »[2] Ces quatre cycles emboités correspondent aux quatre siècles de domination occidentale, au siècle proprement américain, aux dernières trente années de triomphe libéral, et finalement, ces dernières années fondées sur l'endettement. En intégrant des temps plus profonds, on pourrait ajouter un cycle de 10 000 ans qui a vu l'expansion générale de l'Humanité dans le cadre d'une domination de l'environnement naturel, et peut-être, un cycle de 200 000 ans qui a vu l'expansion d'une espèce animale nouvelle, l'homme, apparaissant au sud-est de l'Afrique et migrant en un temps record sur tous les continents, balayant les espèces concurrentes ou gênantes, jusqu'à devenir l'espèce dominante de la biosphère terrestre[3]. Comme l'écrivent

[1]La crise de 1929 a eu aussi des répercussions planétaires. Mais celle de 2007 est à la fois plus mondiale à cause des intrications économiques plus intenses entre les pays du monde, mais elle indique quelque chose de nouveau : la butée contre les ressources.

[2]Matthieu Pigasse, Gilles Finchelstein, *Le monde d'après – Une crise sans précédent,* Paris, Plon, 2009, p 207.

[3]Jared Diamond, *Le troisième chimpanzé, Essai sur l'évolution et le devenir de l'animal humain*, trad. fr., Paris, Gallimard, 2000.

les deux auteurs sus-cités, tous ces cycles se terminent et il est temps de penser au monde d'après.

Cette représentation, qui a l'intérêt d'être simple et parodie les cycles de Braudel, a l'inconvénient d'empêcher de penser sur les possibles de l'avenir[4]. Les systèmes économiques et agraires restent divers et ne sont pas arrivés au même niveau de développement technologique et de production. Après cinq siècles durant lesquels la domination occidentale s'est établie, déjà la contestation gronde. Certes, la science et la technologie sont adoptées partout, mais les cultures se maintiennent et résistent. La multipolarité du monde devient une évidence en termes économiques. L'autorégulation prônée par l'économie libérale fonctionne mal pour une raison simple : l'opinion des acteurs financiers l'emporte sur les décisions politiques. L'économie fondée sur un crédit que devront payer les générations futures est en train de se fissurer. Nous n'avons pas de garantie que les pays riches, États-Unis en tête, seront capables de résoudre leur crise. La Chine est en train de devenir une puissance planétaire, l'Inde peut accéder à ce statut. Le Brésil cherchera aussi à entrer dans le monde des grands. L'Europe, si elle réalise son unité, restera dans le groupe des quatre unités politiques dominantes.

La crise qui commence en 2007, aux États-Unis, a commencé par être financière. Puis la notion de crise systémique a été employée. En 2009, il apparait que la crise n'a pas encore atteint son point d'inflexion. Elle devient générale et concerne l'industrie planétaire, les échanges mondiaux, la production agricole, l'endettement des États, voire des nations. Elle dépasse le cadre économique, car ce qu'on découvre c'est une gigantesque crise de confiance dans le mode de développement, les choix politiques, les acteurs financiers, les décideurs économiques. Les inquiétudes environnementales s'amplifient, les citoyens de tous les pays sentent qu'un changement fondamental est en train d'avoir lieu. Certains se révoltent, le modèle politique commence tout juste à être remis en cause. Données et « Big Data » prennent une importance vertigineuse. Vers quel changement ? Peut-on, en 2014, l'évaluer ?

En premier lieu, la crise géopolitique et géoéconomique a un sens saisissable. Vingt-quatre ans après le pôle soviétique, le pôle anglo-saxon du monde occidental se décompose. Le monde dans lequel nous rentrons est un monde multipolaire, et ce, même si le nouvel ordre mondial provient, selon un processus évolutionnaire, de l'ancien ordre dominé par les peuples européens. Ce monde d'après un cycle d'environ quatre siècles est difficile à imaginer, car il dépasse nos référents habituels. Un monde globalisé et multipolaire est un nouvel état et ses régulations

---

[4]Fernand Braudel, *Écrits sur l'histoire*, Paris, Flammarion, 1969.

restent à construire. En effet, un monde composé d'États-Nations[5] aux origines diverses et très inégaux au niveau économique, tout en se globalisant, génère des contradictions de gouvernance. Flux financiers non contrôlables, déséquilibres économiques, « failed States », accidents naturels, déplacements ou migrations de populations ; les régulations ne peuvent être anticipées et sont mises en place au coup par coup. La globalisation planétaire met en évidence les difficultés de fonctionnements d'un système international à qui manquent de nombreux processus de régulation. La théorisation d'un monde global et l'histoire de son apparition n'en sont qu'au balbutiement.

Si l'on suit Meadow *et al* et les études sur l'empreinte écologique humaine globale, nous avons dépassé les capacités de la biosphère à répondre à nos exigences collectives vers 1987[6,7]. Or c'est précisément le moment où l'économie de crédit forcené s'est mise en place. Un peu comme si les fêtards, sachant que leurs plaisirs vont se finir, empruntaient un maximum pour faire durer quelque temps la fête... Profitons du présent... Dansons sur le volcan qui va entrer en éruption, sur la plage dont on annonce qu'elle va être recouverte par un tsunami, dans les salles de bal de la ville qui va être détruite par un séisme...

La première limite qui a été atteinte est physique. Déplétion pétrolière, augmentation du prix du pétrole et risque de limite agricole sont prévisibles à moyen terme. La crise des subprimes vient de pauvres, conduits au surendettement par un rêve américain dévoyé, qui ne pouvaient plus payer leurs traites devant la hausse du prix du pétrole, ce qui a entrainé la crise immobilière américaine, et par effets d'enchainement, le crash final. Cela signifie que toute politique de relance classique n'a plus d'avenir, car à chaque fois une croissance inégalitaire va heurter un mur qui la détruira. Elle ne peut conduire, en quelques années, qu'à une crise encore plus forte. Le choix opposé d'austérité ne peut pas fonctionner non plus, car il ne génère pas les capacités financières nécessaires pour développer les nouvelles technologies nécessaires. Quant au concept de développement durable, n'est-il pas un oxymore ?

Si cette crise est la plus visible, ce n'est pas la seule. Jean Blamont dans son *Introduction au siècle des menaces* (Paris, Odile Jacob, 2004),

---

[5]Le concept d'État-Nation a été défini par le traité de Westphalie en 1648 ; il a fallu plus de deux siècles pour qu'il conduise à des unifications nationales. Malgré les carnages auxquels il a conduit, il finit par être le modèle de construction du monde dans la deuxième moitié du XXe siècle. On retrouve cette loi tenace que les prémices à des évolutions fonctionnelles et structurelles apparaissent longtemps avant leur manifestation évidente.

[6]*The limits of growth,* publié en 1973 (15 millions d'exemplaires, une trentaine de traductions), est épuisé, mais il est largement renouvelé par la publication de 2004, traduite récemment en Français.

[7]Aurélien Boutaud, Natacha Gondran, *L'empreinte écologique*, Paris, La découverte, 2009.

dresse une large liste des menaces qui se profilent à l'horizon proche. Elles peuvent se résumer à : de nouvelles technologies puissantes et délocalisables, une population très nombreuse de plus en plus formée, des limites énergétiques et matérielles, des affrontements économiques et idéologiques, une instabilité économique très forte, des évènements climatiques ou géologiques de plus en plus couteux. Nous sommes loin du *Choc des civilisations* de Samuel Huntington, il s'agit de problématiques plus profondes. Jacques Attali, dans l'esprit du temps, nous propose de nous préparer aux crises à venir (*Survivre aux crises*, Paris, Fayard, 2009).

La crise actuelle est globale, c'est le début d'un forçage humain des capacités planétaires. En réponse, les politiques de dérégulation sont fondées sur une illusion : il doit être possible de sortir des limites, de même que, dans les rêves, les contraintes gravitationnelles et spatiales disparaissent. Par la technologie, nous sortirions du bocal. Cela a pour conséquence d'atteindre encore plus vite les limites. Mais les Américains réitèrent ; ils ne changent rien et exploitent le gaz de schiste dans, semble-t-il, le but de maintenir une économie sous perfusion d'une énergie bon marché, le temps de pouvoir être en position de force devant la crise inéluctable du changement climatique et de la pénurie énergétique globale. Que les lieux de rupture semblent n'avoir aucun rapport avec l'atteinte des limites montre surtout la non-compréhension de ce qu'est une crise globale. Cela craque sur le maillon plus faible. On savait qu'une augmentation du prix du blé entrainerait une instabilité dans le pourtour Méditerranéen Sud et Est. On ne savait pas quelle allure cela prendrait. On le découvre. On savait que le changement climatique allait entrainer des problèmes dans les pays déjà secs et en manque d'argent : cela arrive. On sait que le modèle allemand est un non-modèle, puisqu'il demande pour réussir que les autres ne fassent pas comme lui. On ne savait pas qui paierait en premier. On le découvre, ce sont les Grecs, puis les Espagnols. On voit que le duo Chine – États-Unis évolue vers un changement qui risque d'être brutal, mais comment ? On va le découvrir. Le transfert en Chine des problèmes environnementaux occidentaux va entrainer une sombre histoire. Comment ? L'histoire nous le dira bientôt. Quant à la ruée récente sur l'Afrique, qu'augure-t-elle ?

Nous avons vu qu'une transformation anthropologique, psychosociale, est aussi en cours. Associée à celle des modes de penser, des « Big Data » et autres formes de globalisation, c'est bien un Nouveau Monde qui émerge. Que cela entraine du mal-être ne peut étonner.

Un développement nouveau est à inventer, dont les prémices sont juste perceptibles[8]. Lutte contre les inégalités ? Lutte contre la pauvreté ? Affectation éthique des ressources ? Utilisation plus efficace de l'énergie ? La population mondiale tend à poursuivre sa croissance, même si celle-ci ralentira pour s'arrêter par nécessité ; nous entrons dans une longue crise qui va nous conduire à réaliser une transformation matérielle au moins aussi importante que celle du néolithique, accompagnée d'un changement conceptuel aussi profond que celui du VIe siècle av. J.-C. Certains ont peur d'un effondrement démographique. L'espèce humaine, comme toute espèce vivante, tend à proliférer, et les systèmes de régulation des naissances, qui existent depuis l'origine de l'humanité, sont des construits. Le repli sur l'austérité et le refus de vivre ne feront qu'amplifier l'emprise des enragés de la vie dont l'excessive vitalité pourrait devenir un signe mortifère[9].

Depuis vingt-six siècles, à partir de la fondation de concepts nouveaux qui nous séparaient à jamais des autres êtres vivants, nous en avons oublié que nous faisions néanmoins encore partie du monde vivant. Depuis le Siècle des lumières, celui qui a vu émerger les premières confrontations de concepts créés et enrichis pendant vingt-quatre siècles, tous les efforts ont consisté à briser les contraintes qui empêchaient l'individu-citoyen de devenir lui-même. En le dégageant des contraintes locales, culturelles, corporatistes, religieuses, en l'obligeant à devenir un sujet, dans un monde dont le lien social devait se déliter, l'individu-citoyen avait à choisir entre le développement de soi-même dans le respect d'une éthique universelle institutionnalisée et la facilité de suivre ses envies, souvent enracinées dans l'archaïsme biologique. Rousseau lui-même, dont l'enseignement tendait vers l'universel, a eu, à titre personnel, à affronter son refus de toute responsabilité familiale.

Cette exigence supposée universelle conduisit une part croissante des populations des pays développés à suivre ses tendances immédiates : se battre pour sa survie, pour son expansion personnelle, pour l'accès à la propriété et la défense de sa progéniture envers et contre tout, et, en même temps, rechercher la construction d'un collectif limitant ce développement personnel. Les plus riches combattent pour le maintien de leur propriété, pour son transfert à leur descendance biologique, sans prélèvement par la collectivité dont ils ont pourtant besoin pour assoir leur domination. La vision darwinienne, qui se prétendait biologique, a été transformée et utilisée à des fins sociales. « *Le libéralisme*

---

[8]Edgar Morin, *La voie – Pour l'avenir de l'humanité*, Fayard, 2011.
[9]Raymond Ruyer, *Les cent prochains siècles*, Paris, Fayard, 1977.

économique [...] s'est développé en une véritable foi dans le salut de l'homme ici-bas grâce à un marché autorégulateur »[10].

Cahit Guven, chercheur en psychologie économique à l'Université de Victoria, en Australie, a montré que le niveau de bien-être subjectif, le « niveau de Bonheur », conduit à plus d'épargne et moins de dépenses, et des prises de décisions plus longues pour réaliser des dépenses[11]. L'état de satisfaction, de bonheur, serait le fondement d'une économie de non-croissance, voire de décroissance quantitative si l'innovation se poursuit ; la course à la croissance devient le résultat d'une forme d'insatisfaction. On sait, depuis Veblen, que les inégalités, productrices de consommation ostentatoire et d'envie, génèrent des frustrations qui conduisent au besoin de consommer pour des raisons qui sont anthropologiques et non liées à un comportement de rationalité économique[12].

En ce début du XXIe siècle, nous savons que les ressources naturelles sont finies. Comme nous les consommons allègrement sans prendre conscience que nous détruisons des capitaux peu remplaçables, notre richesse potentielle diminue plus vite que notre richesse actualisée ne croît, sans que nous nous en rendions compte. Les points de rupture peuvent avoir lieu là où nous ne les attendons pas. Nous savons que nous sommes trop nombreux par rapport à notre désir d'utiliser ces ressources à des fins individuelles de confort matériel, et les tendances individuelles décrites ci-dessus s'étalent au grand jour et se drapent de valeurs déclarées culturelles, sociales, voire théologiques. Au moment où le sociétal prend une ampleur jamais vue, rassemblant des centaines de millions de personnes, où les exigences d'institutionnalisation sont reconnues, l'individu perd ses repères collectifs et laisse s'exprimer des tendances individualistes, voire mortifères, extrêmes.

Parallèlement, l'entreprise scientifique, devenue mondiale, progresse à un rythme soutenu, l'économie de marché continue son déploiement sur la planète ; le politique suit difficilement cette unification planétaire des structures financières, commerciales, scientifiques et techniques. Une homogénéisation culturelle et technique se répand sur les peuples, pendant que les particularismes s'exacerbent selon un processus de repliement identitaire. C'est dans ce temps d'unification planétaire, de rencontre de tous les modes de pensée, que l'expansion humaine atteint des limites : bientôt atteintes, déjà atteintes, dépassées ? Le problème est que nous pouvons dépasser les limites, c'est-à-dire épuiser des stocks et provoquer des ruptures climatiques, et ne nous en rendre compte qu'après

---

[10]Karl Polanyi, *La grande transformation*, trad. fr., Paris, Gallimard, 1983 (éd originale 1944).

[11]Cahit Guven, *Reversing the question : does happiness affect consumption and savings behavior ?*, Journal of economic psychology, Vol 3, Issue 4, août 2011, p 701-717.

[12]Thorstein Veblen, *Théorie de la classe de loisir*, éd. originale 1899, dernière éd. française, Gallimard, 1979

coup, par des fractures apparaissant au niveau des maillons les plus faibles ; séismes aux prolongations imprévisibles.

Notre relation au monde sauvage s'est inversée depuis le VIe siècle. La civilisation n'est plus un ilot en combat contre le monde sauvage indifférencié et honni. Jadis, c'était la cité contre la forêt, la religion des citadins contre l'archaïsme des paysans, la vie raffinée du collectif sorti de l'environnement indifférencié contre la vie sauvage du milieu naturel[13]. Maintenant, c'est l'angoisse devant le triomphe de la ville et la nécessité de prendre en compte la régulation du monde naturel qui doit s'intégrer dans le monde civilisé : l'écologie conservatrice et restauratrice devient une nouvelle technologie. Ce triomphe est fondé sur l'utilisation de stocks du système global et non sur les flux qu'il génère ; il n'est pas durable. La planète devient notre maison, il n'existe plus de bordure à défendre. Nous sommes enfermés, en sortir parait hors de portée[14].

Un choc en retour va avoir lieu puisque, semble-t-il, nos ponctions sur la biosphère excédent ses capacités productrices et nos émissions transforment l'environnement atmosphérique et marin. L'ajustement sera-t-il décidé consciemment ou nous sera-t-il imposé par un système de régulation géophysique et climatique, de perturbations sociales, de sélection darwinienne, processus sur lesquels nous ne pourrons rien ?

Une transformation parait indispensable. « *Mais l'histoire n'avance jamais dans la direction qui semble probable.* »[15] On constate que la revisite de l'Histoire en fonction des nouvelles connaissances du temps présent a conduit le plus souvent à réinterpréter son sens. Autrement dit, toute nouvelle évolution conduit, du lieu de celle-ci, à réinterpréter le sens du passé, à partir de nouvelles métaphores, et cette dernière peut conduire à des recherches dont les conclusions provoquent des évolutions. Auguste Comte a ainsi envisagé une évolution de l'Humanité de l'état théologique à l'état métaphysique puis finalement positiviste. Les marxistes ont revu l'histoire sous un angle dialectique et paradoxalement ont conféré au monde ouvrier un rôle messianique. Jusqu'en 1942, il semblait que l'idéologie fasciste allait submerger le monde. Puis, au sortir de la Deuxième Guerre mondiale, que le communisme s'imposerait. Après 1989, Francis Fukuyama a supposé une sorte de fin de l'histoire. Samuel Huntington, en 1996, s'appuie sur le choc des civilisations. Ray Kurzweil et Jacques Blamont positionnent la force motrice au cœur de la mutation technologique photoélectronique …

---

[13]Robert Harrison, *Forêts – Essais sur l'imaginaire occidental*, trad. fr., Paris, Flammarion, 1992
[14]André Lebeau, *L'enfermement planétaire*, Paris, Gallimard, 2009.
[15]Amin Malouf, *Le dérèglement du monde*, Paris, Grasset, 2009, p 226

D'une certaine manière, qui devra être précisée, l'approche que je propose pourrait être qualifiée du terme simondonien d'*allagmatique*, puisqu'elle accepte le structuralisme morphologique, mais demande d'analyser concrètement l'opérationnel, indéterministe de fait et de principe[16]. Mon propos est de montrer, à partir des représentations que nous avons de l'évolution du vivant, qu'il semble présomptueux de croire décrypter aujourd'hui quelles sont les forces motrices de l'évolution et quelle direction elles vont nous faire prendre. Les processus sont stochastiques, sous dépendance du chemin accompli. Celles que l'on perçoit, de sa propre époque, sont celles qui sont dépassées ; dans un processus évolutionnaire, on ne voit que ce qui a eu lieu... Certes, des structures évolutives apparaissent, après coup, mais rien ne permettait de les prévoir. Comment pouvait-on prévoir le développement de l'agriculture et de l'élevage ? Qui aurait pu prédire la grande mutation du VIe siècle ? Qui aurait pu prédire, durant le XIVe siècle, la domination future d'un Occident malmené par des forces venues d'Asie Mineure et d'Asie Centrale ? Qui imaginait en 1970 que la Chine, exsangue, deviendrait en moins de quarante ans un acteur planétaire majeur ?[17] Qui avait imaginé, il y a soixante ans, que le monde arabe connaitrait une crise majeure conduisant des populations d'abord à la soumission, avec la complicité occidentale, puis au désespoir, à la révolte, à la fragmentation identitaire, jusqu'à la guerre civile et le terrorisme ? Qui aurait pu penser en 1950 que la générosité américaine permettant le redécollage économique européen et japonais s'arrêterait là (ou presque, car la Corée a aussi bénéficié d'une aide massive) et que ce peuple allait se comporter à l'envers de ses valeurs dans ses relations avec tant de pays, puis en interne, en augmentant les inégalités comme jamais durant son histoire ?

Nous entrons dans une grande crise planétaire aux multiples composantes : l'énergie, l'eau, les terres arables, la biodiversité, le climat, les ressources de la mer, les terres rares, les phosphates, ressources naturelles insuffisantes sur la durée d'une vie humaine ; heurts entre identités culturelles, des inégalités croissantes[18], des flux migratoires incontrôlables, des instabilités économiques et financières comme jamais auparavant ; une situation géopolitique nouvelle avec un changement rapide des rapports de force et la multipolarisation de la

---

[16]L'analogie simondonienne montre des points communs avec ce que nous qualifions de « métaphore » ; mais l'analyse de leur homologie éventuelle dépasse le cadre de ce texte. Disons seulement que la première porte sur des identités de rapports et la seconde projette (en plus) un sens. Mais quand Simondon voit une analogie entre l'enchainement de raisonnement décrit par Descartes et une chaine, faite de maillons, il compare une opération et une structure ; cette analogie est signifiante. C'est ce qu'ici j'appelle « métaphore ».

[17]Il est vrai que Alain Peyrefitte, dans *Quand la Chine s'éveillera* suggérait une possibilité, mais pas dans le sens qui a eu lieu, c'est-à-dire dans une étonnante copie de l'Occident libéral au niveau économique, mais autoritaire dans le sens politique.

[18]Branko Milanovic, *The haves and the have nots*, New York, Basic Books, 2011

communauté des nations ; la frustration collective d'un nombre croissant de peuples ; le besoin d'une gouvernance mondiale qui semble impossible à trouver ; un mal-être diffus qui mène à des reculs identitaires inquiétants.

Face à cette situation qui a fini par entrainer une grande crise économique, et au-delà des exercices de prospective, ne conviendrait-il pas de se pencher sur nos modes de pensée et d'action ? On ne voit pas, par exemple, comment un règlement international sur l'énergie et les gaz à effet de serre peut se mettre en place sans reconnaitre l'état des lieux effectif, c'est à dire qui consomme et produit le plus par habitant, et ce depuis quand ; qui profite et qui trinque ? Si le but est de ne produire, au niveau planétaire, guère plus de vingt-milliards de tonnes de ces gaz, cela signifie qu'il ne faut pas dépasser deux tonnes par habitant, qu'on soit Américain, Européen, Asiatique ou Africain... Au nom de quoi la richesse d'un pays peut-elle lui donner le droit de traités commerciaux inégaux, celui de puiser dans les ressources naturelles des pays pauvres sans en payer le prix et le droit de dégrader la biogéosphère qui appartient à tous ? Au nom d'une seule loi, la loi du plus fort, celle qui est prônée dans le cadre d'une pensée non démocratique[19]. Celle à laquelle se sont opposés tous les révolutionnaires du VIe siècle et ceux de l'époque moderne depuis l'indépendance de l'Amérique et la Révolution française. C'est la crédibilité des idéaux démocratiques et des droits de l'homme qui est remise en cause. Ne nous étonnons pas si tant de pays commencent à douter de la valeur de ces principes sans cesse bafoués par ceux qui prétendent les représenter, au nom de l'intérêt du plus fort, lequel s'affaiblit de jour en jour. Ne semble-t-il pas que le principe de non-ingérence pourrait être un jour remis en cause au nom du devoir des gouvernants d'un pays de servir leur peuple ? Mais les droits et devoirs d'un citoyen du monde sont-ils semblables à ceux d'un citoyen d'un État ? « *Mourir pour la Patrie c'est vivre* » lit-on à Cuba; belle métaphore déjà antique. Peut-elle animer un citoyen du monde ?

Nous pouvons nous représenter la grande crise qui se profile d'après une approche ponctuationniste, en référence à la théorie des équilibres ponctués[20]. Nous sommes dans une ponctuation à niveaux multiples. C'est ce que signifie l'image que j'ai utilisée en début de ce chapitre. Ces six cycles emboités correspondent à six niveaux. L'expression *Grande Crise* signifie que la ponctuation actuelle concerne la biosphère, l'humanité comme espèce, l'humanité comme multiples communautés, les civilisations, la géopolitique, l'autodétermination des peuples,

---

[19]Voir la fable L*e loup et l'agneau* d'Ésope, reprise par La Fontaine.
[20]Stephen Jay Gould, *ouvrage cité* pp 827 - 1435

l'histoire des idées, l'économie, les sociétés, la technique, la vie humaine dans sa relation à la nature, la vie sociale et psychique. Il ne s'agit pas d'un petit passage à traverser, mais d'un isthme correspondant à une macroévolution. Aucune compréhension de la situation actuelle ne pourra éviter l'appel à une pensée polymétaphorique.

Une hypothèse devrait être émise, même si elle heurte notre sens premier de l'éthique, du développement démocratique et humain. Elle consiste à reconnaitre que la rupture vers laquelle nous allons est déjà acceptée, voire voulue, cyniquement ou non, par ceux qui adhèrent à un idéal très profond de lutte contre la nature et de construction d'un espace qui ne devra tout qu'au génie humain. Si le genre humain a déjà réussi à traverser tant de crises terribles, pourquoi pas celle vers laquelle nous allons ? Une véritable crise climatique globale aura pour conséquence de laisser sur le chemin tous ceux qui ne pourront pas s'adapter. Selon cette hypothèse, au maximum un tiers de l'humanité a les moyens de traverser cette crise, même à grands frais. Le reste se répartira entre ceux qui la subiront dans des situations de destruction et de conflits généralisés, et ceux qui agoniront sans pouvoir réagir.

Comme l'ont expérimenté ceux qui ont vécu l'effondrement de l'Empire romain, c'est une sorte de fatalité, comme les épidémies et famines frappant les populations en Europe durant le XIIIe siècle. Cela permet de comprendre l'étonnante transformation sémantique du *génocide* des juifs durant la Seconde Guerre mondiale en *holocauste* par les Anglo-saxons, suggérant une sorte de sacrifice, puis finalement en *Shoah*, qui signifie « catastrophe ». À une action maléfique humaine, s'est substituée une idée de sacrifice, pour finalement accepter un terme neutre, naturalisé. D'un crime, le génocide des juifs est devenu une sorte de tsunami. Personne n'y est pour rien… Un bon milliard d'humains serait déjà en trop, tant pis, qu'y pouvons-nous ?

Tout conspire à présenter l'avenir comme un destin sur lequel nous n'avons pas de prise. S'il faut la coopération de quatre grandes civilisations, de cinquante États-Nations, et d'au moins cinq-milliards de personnes, autant reconnaitre que c'est impossible. Chaque fin d'Empire ou de climax civilisationnel s'est terminée par un effondrement, plus ou moins accentué. Tout se passe comme s'il était préférable de se préparer à une situation similaire, quoique bien différente ; c'est l'ensemble de la biosphère qui est concerné, avec une certaine dissymétrie, car les pays du Nord sont avantagés, quel que soit le critère d'analyse.

Autrement dit, il ne s'agirait plus d'éviter la rupture, mais de se préparer à la vivre.

Chapitre XII

Rupture avec le néolithique

De nombreuses indications d'une situation de rupture avec le néolithique suggèrent une mutation très profonde de l'humanité d'ampleur équivalente à cette lointaine révolution. Nous quittons le monde construit depuis.

La révolution néolithique, qui peut être identifiée à l'apparition de l'agriculture, a construit un monde nouveau séparant trois espaces : celui de la cité, celui de l'espace domestiqué, et celui de la vie sauvage. Cette séparation n'a pas été brutale, mais progressive. De même, l'expansion de la révolution néolithique ne s'est pas faite de manière continue, elle a connu des stases et des phases d'accélération, rappelant que l'évolution n'est pas uniforme, conformément à la théorie des équilibres ponctués de S.J. Gould. Cette révolution a été planétaire et outre le « croissant fertile », a concerné, de manière indépendante, au moins cinq autres régions du monde[1]. Au début, la cité n'était qu'un village, dans lequel se rassemblaient les premiers agriculteurs associés à quelques artisans et dotés de chefs organisateurs. La croissance de la population, la constitution d'États et le recul de la vie sauvage ont eu pour conséquence l'apparition d'une structuration de l'espace : l'espace rural opposé à l'espace urbain. Dans l'espace rural, se mêlent, selon des critères anthropologiques variés, les espaces cultivés et des habitations. C'est le recul de la vie sauvage dangereuse qui a conduit à la possibilité d'émergence d'un vaste monde rural, aussi protégé que le monde urbain, constitué de personnes ne vivant pas de l'agriculture.

[1]La Chine, la Nouvelle-Guinée, l'Amérique du Nord, l'Amérique du Sud, l'Asie du Sud-Est. Il semble que des lieux africains (Sahel) aient aussi réalisé cette révolution indépendamment. D'autres centres semblent secondaires, c'est-à-dire que la connaissance de plantes cultivées ou d'animaux domestiqués ailleurs aurait été le catalyseur d'un processus autonome (Indus, Égypte, Éthiopie ...).

L'espace de la vie sauvage s'évalue par les dangers qu'un être humain rencontre lorsqu'il s'y aventure. Avec l'émergence des civilisations, durant l'Antiquité, la forêt et le monde non cultivé sont dangereux, à cause de la géographie physique et de la présence de prédateurs dangereux (lions, ours, loups, lynx, sangliers ...). Les civilisations du pourtour méditerranéen ont créé une première situation originale avec le recul considérable de cet espace, et, dans un cadre encore restreint, la quasi-éradication de la vie sauvage dangereuse.

André Leroi-Gourhan et Teilhard de Chardin affirmaient déjà que nous sortions du néolithique. Ils n'avaient pourtant guère conscience de la rupture scientifico-technique qui allait submerger la planète. Comme pour le néolithique, cette rupture s'annonce donc avant la transformation du système sociotechnique, ce dernier devenant davantage un révélateur qu'un agent causal, ou encore : la rupture avec le néolithique est l'ultime condition permettant l'installation du nouveau système sociotechnique. Nous entrons dans une époque nouvelle d'une véritable appropriation des espaces sauvages qui deviennent délimités et constitués de zoo, de parcs, de réserves. Ils restent dangereux pour un être humain isolé, mais ils sont circonscrits et les populations sauvages de grands animaux sont répertoriées. S'il existe encore de rares cas spécifiques de cohabitations, ils sont en train de disparaitre, ou alors c'est qu'ils sont voulus et acceptés. Ainsi en est-il des quelques tigres existant encore au Bengale, des ours en Alaska qui vont jusqu'à faire les poubelles en cas de grand froid et des loups en France. De toute façon, l'espèce humaine dispose des moyens d'éradication complète de cette vie sauvage, et sa conservation devient un choix collectif, politique.

Le monde rural des pays les plus développés se transforme. Une population d'origine urbaine y revient sans pour autant devenir agricultrice. Après un exode rural qui a fini par conduire la majorité de la population dans les villes, le retour des habitants vers cet espace crée de nouvelles conditions. Même dans un relativement petit village, les agriculteurs deviennent minoritaires, le monde rural est désormais peuplé de citadins et les agriculteurs eux-mêmes peuvent avoir une culture citadine et vivre de deux activités. Non seulement le nombre d'agriculteurs baisse, mais le taux d'entre eux qui ne vivent que d'agriculture diminue.

Une longue transformation, résultant de révolutions techniques et agricoles[2], a progressivement permis de diminuer la part des agriculteurs

[2]On décrit cinq grandes révolutions agricoles, en comprenant celle du Néolithique, elles ont toutes eu pour conséquence de permettre une densité accrue de population et une baisse relative du nombre d'agriculteurs dans la population globale.

dans la population, au point qu'avant la fin du XIXe siècle, plusieurs pays européens voyaient la population urbaine dépasser la population rurale. La dernière révolution a conduit la proportion d'agriculteurs en dessous de taux inimaginables il y a seulement cinquante ans. Aujourd'hui, moins de 2% des actifs cultivent la terre dans presque tous les pays développés, même ceux dont la balance commerciale agricole est positive. Ce mouvement tend encore à se poursuivre, mais le retour des urbains dans la vie rurale et la transformation concomitante de celle-ci semble être aussi une tendance lourde.

Les séparations spatiales issues du néolithique deviennent floues, et ce phénomène est accentué par la volonté de rétablir une forme de vie pseudo-sauvage dans le monde rural et même dans le monde urbain. La nature, partiellement domestiquée et attirante, n'est plus angoissante. Le prédateur, autrefois inquiétant et dangereux, devient attachant et intéressant. Il se développe dans l'humanité elle-même[3]. Comment comprendre l'étonnant succès de films de pure fiction comme *Alien* ou *Predator* ? N'est-ce pas le désir de retrouver, hors de la biosphère, un prédateur encore plus puissant que l'homme et ainsi redéfinir une limite entre un monde humanisé et un monde violent et dangereux pour nous ?

Cela semble conduire à une nouvelle révolution agricole qui va inextricablement mêler l'agriculture à la vie globale des citoyens. On peut imaginer un monde dans lequel les limites entre paysan et citadin ne seront plus clairement représentables ; la ville à la campagne et l'agriculture dans les villes ne sont plus de la science-fiction. La vie sauvage revient, jusque dans les villes ; ce n'est plus la même que celle du néolithique, elle est semi-apprivoisée[4], elle dépend de l'environnement créé par l'Homme ; il est en train d'artificialiser tout son milieu au point que la contemplation d'un monde ressemblant à la nature sauvage ancienne ne sera plus accessible qu'à une très faible minorité. L'agriculture, toujours aussi intensive, aura domestiqué et incorporé jusqu'au monde qualifié de naturel. Elle sera plus proche de l'urbain ou du périurbain, elle incorporera en partie les processus de l'industrie alimentaire ; on peut imaginer qu'une part croissante des productions agricoles seront transformées sur place, dans le cadre de la simplification des matériels industriels de production et sous la pression du cout de l'énergie. Nos représentations se transforment, de nouvelles métaphores apparaissent.

---

[3]Sergio Dalla Bernardina, *Le retour du prédateur*, Rennes, Presses universitaires de Rennes, 2011.

[4]Certains parlent de féralisation ; mais le retour à l'état sauvage est différent d'une forme de pseudo-domestication, comme les renards en ville, ou les mouettes à l'intérieur des terres.

L'errance entrainée par le blocage localisé de la création des plantes transgéniques, coincée par un inventeur dominant ne misant que sur la rentabilité focalisée en priorité sur la résistance à un herbicide et ralentissant les autres formes de développement, va probablement bientôt se terminer[5]. La protection des eaux, des sols, des territoires, et, globalement parlant, de l'environnement, dans un contexte d'exigence sécuritaire et santé, va constituer le cadre de la révolution agricole en cours. Mais dans ce cadre, le retour d'une approche proprement agronomique va apporter une posture indéniablement probabiliste, transductive, intégrant les multiples niveaux de l'activité agricole. La transgénèse y trouvera probablement sa place comme un nouvel outil dans la domestication du monde, mais sans la vision uniformisante précédente. La relation entre monde rural et monde urbain peut en être radicalement modifiée. Au lieu d'une coupure nette, apparait une frontière floue, les classifications rigides n'en saisiront plus l'interpénétration ; la compréhension de la relation naturel-rural-urbain devient probabiliste. Une interprétation déterministe sera destructrice.

Au niveau planétaire, la population citadine a dépassé la population rurale durant la première décennie du XXIe siècle. Dans trente ans, elle représentera les deux tiers des populations. Mais, à ce moment-là, les frontières entre ces deux mondes seront probablement non délimitables. Dans les conurbations des pays pauvres, la production d'aliment est déjà devenue importante ; l'agriculture dans ces énormes agglomérations peut devenir un moyen d'alimentation à cout énergétique réduit, mais il faudra des technologies très modernes pour que cela s'accompagne d'une véritable sécurité alimentaire.

S'il fallait définir un Anthropocène selon des critères qui soient construits à partir de la relation entre monde rural et monde urbain, il faudrait le positionner vers la fin du XXe siècle davantage qu'au milieu du XVIIIe. Il est intéressant de constater une coïncidence entre le début de l'Holocène (ère géologique) et la révolution néolithique (humaine). Dans ce cadre, que signifient deux siècles d'écart entre l'Anthropocène géologique (XVIIIe siècle) et la rupture avec le néolithique (XXIe siècle) ? Peut-être que nous avons commencé à devenir les acteurs dominants de la biosphère avant de devoir nous transformer, comme réponse à une situation que nous avons créée. Et nous retrouvons, dans nos temps postmodernes, plus d'un million et demi d'années après, la situation évolutive d'autodomestication du singe artificiel de Timothy

---

[5]Ce n'est pas la première fois que l'innovation est bloquée par un innovateur. Watt a ralenti l'évolution des moteurs thermiques, à la fin du XVIIIe siècle et au début du XIXe siècle, par son brevet qu'il réussit à prolonger de plus de dix ans. L'innovation est repartie de plus belle à l'expiration de ses droits de propriété industrielle.

Taylor, mais selon un processus qui devra être beaucoup plus rapide, et à une échelle globale, planétaire.

Nous sommes en train d'artificialiser notre environnement global, au point que sa complexité nous le rend momentanément inaccessible et demande un nouveau paradigme interprétatif. Malgré l'écueil possible d'une utilisation de notre technologie mécanisant notre monde jusqu'à le rendre irrespirable – dans tous les sens du terme –, n'est-il pas concevable que cette artificialisation se passe comme celle de l'Homme, dès l'origine, c'est-à-dire selon un processus probabiliste non maitrisable, car fondé sur des lois du vivant, et ici, plus spécifiquement, sur des lois propres à un être vivant plus ou moins conscient interagissant à l'échelle de milliards d'individus ? Ou alors, l'Humanité, dans sa globalité, n'est-elle qu'un parasite qui tue son hôte après l'avoir consommé ?

Une autre transformation a lieu, comme conséquence du recul de la mort et de la fin de la transition démographique prévisible vers 2050. D'après les prévisions, les séniors, âgés de plus de 60 ans seront alors plus de deux-milliards et, presque tous, nés à partir du moment où la conscience des limites planétaire émergeait au niveau collectif. Au-delà de la problématique des retraites, ce sera une mutation supplémentaire dans l'histoire humaine. Cette population âgée sera-t-elle conservatrice, immobile, ou au contraire ouverte au devenir de l'Humanité ?

En fait, la rupture avec le néolithique ne sera complètement consommée que lorsqu'une gouvernance planétaire sera identifiable, quelles que soient ses modalités. Le néolithique est le début d'une domestication de la nature par l'Homme dont les caractéristiques le font émerger, en partie, hors du monde naturel. Ce fut le début des États et des grandes guerres. La fin de l'époque initiée par cette rupture est le début de la domestication planétaire par notre espèce, l'*Homo sapiens*, laquelle s'applique aussi au flux énergétique solaire, à la circulation de l'eau, à la qualité des sols, à la création d'une biodiversité vivable et au contrôle de notre démographie. Nous l'apprendrons selon une modalité très différente de la première époque, et c'est ce sur quoi nous insisterons dans les chapitres suivants.

Nous sommes seulement en train de larguer les amarres et de nous écarter du quai qui nous rattachait au néolithique. Nous n'avons pas encore quitté le port, la houle légère nous effraye déjà, alors que nous n'avons pas encore pris la haute mer…

Chapitre XIII

Le monde postmoderne

Les caractéristiques du monde postmoderne peuvent être interprétées de manière nouvelle en constatant le synchronisme de son développement avec celui de l'atteinte des limites matérielles planétaires.

Certains parlent de la société postmoderne, puis post-postmoderne, d'autres de temps hypermodernes[1]. La représentation que nous nous faisons du passé dépend des représentations que nous avons de notre temps, celles-là mêmes qui proviennent par filiation de celles du passé, selon un processus évolutionnaire contingent. Comme ce texte est sous la représentation que nous sommes à la fois dans la troisième grande mutation humaine identifiable et dans une des plus grandes mutations de l'histoire du vivant, puisque celui-ci se trouve embarqué dans un nouveau type de contrôle évolutif, je ne peux réduire les temps actuels à un qualificatif qui laisserait croire que l'état actuel est celui qui succède simplement aux trois siècles de développement du modernisme provoqués par quelques nations impérialistes.

La représentation défendue ici décrit ce que l'on qualifie de postmoderne, et ce quels qu'en soient les qualificatifs, comme des étapes générationnelles dans le cadre d'une époque de transition rapide multigénérationnelle. Il s'agit ici d'une sorte de transposition de la théorie des équilibres ponctués, dans le cadre de la théorie de l'évolution. Nous vivons une époque d'accélération évolutive, sorte de ponctuation, qui sera vue, une fois traversée, comme une étape transitoire, une révolution globale de durée relativement courte, dans le cours de l'évolution humaine, peut-être jusqu'à plus de cinq générations. Après ces générations de transformation rapide, nous atteindrons un nouvel état, singulier, porteur de caractéristiques inédites.

[1]Gilles Lipovetsky, avec Sébastien Charles, *Les Temps hypermodernes*, Paris, Grasset, 2004.

Ce point de vue est fondé sur une représentation l'évolution humaine dans le cadre le plus large possible et sur une représentation évolutionnaire des mutations intellectuelles qui nous secouent sans que nous en soyons toujours conscients. Cela conduit à un tri des informations, en admettant comme anecdotique ce qui peut paraitre aux contemporains caractéristique de leur temps, sinon fondamental. Si une mutation profonde a lieu en cinq générations, chaque génération pourrait avoir un qualificatif spécifique alors qu'il s'agit d'une phase de la transformation transgénérationnelle. La description précise de chaque génération, séparément, ne peut remplacer la compréhension de ce vers quoi tend cette transformation ou ce à quoi elle répond. Le temps postmoderne posé ici est celui d'après la transformation, dût-elle durer un siècle. Je mettrai entre guillemets ce terme quand il s'agit de décrire l'état actuel, transitoire et instable.

Les limites planétaires deviennent des contraintes globales qui pèsent sur tous les peuples d'une manière voisine de celles qui pesèrent sur les peuples qui amorcèrent la révolution néolithique[2]. La contrainte actuelle parait plus difficilement dépassable. De l'autre côté, nous avons connu durant le XXe siècle une immense mutation intellectuelle qui commence à devenir perceptible au-delà des cercles d'initiés et qui semble aussi importante que la révolution du VIe siècle. Parallèlement, une révolution technologique et industrielle se déroule ainsi qu'une révolution agricole, et cela dans le contexte d'une explosion démographique qui elle-même résulte de la révolution technologique associée au maintien, provisoire, de comportements anciens.

La société dite « postmoderne », telle que décrite dans maints livres, celle qui est à l'aube de la troisième transformation, et non celle qui en proviendra, est structurellement incertaine d'elle-même, même si ses tenants font encore preuve d'arrogance[3]. C'est un indicateur qu'elle peut se transformer. Elle est paralysée par ce qu'elle appelle l'arrogance chinoise, pourtant elle aussi « postmoderne » tant elle est pénétrée d'angoisse[4]. Serait-elle sure de ses acquis qu'elle les amplifierait, tel Icare, par la répétition sans questionnement. Tous les grands systèmes collectifs d'interprétation, issus de la révolution du VIe siècle av. J.-C., – religieux, scientifiques, philosophiques, politiques, économiques – sont en crise. Ils nous protégeaient contre ce que l'affrontement aux limites de

[2]Michel J.F. Dubois, *La transition énergétique*, Paris, Desclée de Brouwer, 2009. Il n'est d'ailleurs pas certain que le néolithique est apparu pour cause de manque. La sédentarisation, pour des raisons de commodité, peut en avoir été la cause. De plus, en Amérique du Sud, c'est le piment qui a été domestiqué en premier. Ce n'était donc pas une réponse à un manque alimentaire.

[3]Jean-François Lyotard, *La condition postmoderne – rapport sur le savoir*, Paris, éditions de Minuit, 1979.

[4]Erik Izraelewicz, *L'arrogance chinoise*, Paris, Grasset, 2011.

l'existence, l'épreuve d'un avenir ouvert, d'un espace et d'un temps discontinus, pouvait avoir d'angoissant. Aujourd'hui, ces protections ont disparu, même si nous n'en sommes pas tous conscients. Les individus se résignent, ou se complaisent, à fonctionner dans chacune de leurs vies – familiale, professionnelle, associative, religieuse – ou ils s'aventurent dans les frontières de l'existence habituelle et tentent d'émerger comme sujets. Ils affrontent alors la question du sens de leur existence et corrélativement celui de la vie et de l'humain. Les anciennes métaphores ne fonctionnent plus. Car l'expansion du monde scientifique et technique a produit du désenchantement. La désagrégation des repères culturels ou religieux et l'échec des utopies révolutionnaires ont détruit les représentations métaphoriques anciennes. Les grands récits anciens s'effondrent, de nouveaux apparaissent, issus du monde scientifique, qui expriment des projections humaines sur le cosmos et l'évolution du vivant et de l'homme.[5]

Certes, il a existé une brève utopie dite « postmoderne », durant les années 50-70 du XXe siècle, d'une société centrée sur l'individu et valorisant l'hédonisme libertaire. Ne serait-ce pas un passage nécessaire à la transformation : la création préalable de l'individu, donnée irréductible, pour qu'émerge le sujet ? Que découvre-t-il aujourd'hui ? De graves problèmes de dérégulations éthiques, sanitaires, économiques, sociales et environnementales qui mettent en cause la qualité des existences futures, ainsi que, devant lui, la question lancinante du sens. C'est anxiogène, mais sans angoisse devant l'avenir quel changement serait possible ?

Dans ce monde « postmoderne », les régulations autoréférentielles et automatiques, comme celles qui fonctionnent dans le cadre des marchés ou du développement technique, dont le mode d'opération est mesuré par leur propre taux de croissance exponentielle, remplaceraient la régulation ancienne des pratiques sociales et la reproduction des rapports sociaux. L'ordre commun synthétique ne conférerait plus un sens, les actes signifiants des individus s'en dissocieraient, l'efficacité remplacerait la légitimité et la gestion, le politique. La décision serait un traitement de l'information, complexe, mais quasi automatique, orienté selon l'intérêt calculé de celui qui décide. La « postmodernité » remplacerait le politico-institutionnel par la gestion et l'opérationnalité.

La société de marché, délivrant la modernité de ce qui la freinait encore, s'est présentée comme triomphante ; son succès ne sera-t-il pas éphémère ? La domination gestionnaire et financière s'est montrée sous

---

[5]Lire *Patience dans l'azur*, de Hubert Reeves. On oublie la frénésie actuelle et on découvre la majesté d'une macroévolution qui se déploie sur des milliards d'années.

un autre angle : une nouvelle idéologie dont la durée de vie pourrait être la plus brève. Ces évolutions se déroulent alors que les scientifiques comprennent que l'idéal scientifique normatif de réalité et de vérité est inaccessible, nous l'avons vu précédemment. Ce qui est accessible aux acteurs économiques, c'est la prévisibilité à très court terme des résultats de l'action instrumentale opérée sur le réel, ce qui conduit à privilégier la résolution de problèmes immédiats avant la réflexion sur le sens.

Si l'individu social vit la dissolution de la référence à la raison comme totalité transcendante des sociétés contemporaines occidentales, la plupart des acteurs scientifiques vivent une mutation intellectuelle qui leur enlève la capacité à penser globalement ce monde dont ils transforment les fondements par leurs travaux. L'idée de progrès perd son sens synthétique. L'identité devient flexible, elle se compartimente selon des attitudes diverses, voire opposées. Selon les moments de sa vie, l'individu ne se projette plus dans des modèles, mais joue de sa personne à travers plusieurs masques. « Je est un autre »[6] voire je est plusieurs autres, sa propre pensée lui échappe. Ce multiple clivage de l'individu répond à la fragmentation de la société en de multiples communautés en intrication. L'offre des entreprises et la publicité, ainsi que les théorisations des revues de marketing, montrent que les gens de marketing ont assimilé cette segmentation des marchés et ce polymorphisme du consommateur. Un même individu peut appartenir à plusieurs communautés à la fois selon les moments et le contexte dans lequel évolue son existence quotidienne. Ces fragmentations et recouvrements mettent à mal les modèles sociologiques anciens. Tous les modes de vie deviennent socialement légitimes, ce qui favorise la juxtaposition de modèles sociaux qui cohabitent et crée un sentiment d'incertitude sur les valeurs de référence. Cet état n'est-il pas transitoire ?[7] Nous disposons désormais d'outils pour suivre ces évolutions : la « technologie Big Data ».

Ce modèle de non-modèle s'étend même aux pays à identité présumée forte et homogène. Ce qui est nommé repli identitaire ne serait-il pas une réaction face à l'éclatement des identités ? Pour qu'une identité conduise à des actes terroristes suicidaires, il faut à la fois du désespoir individuel

---

[6]La formule est de Taine, qui décrit un moi morcelé en 1870, dans *De l'intelligence* ; reprise par Rimbaud dans une lettre à Georges Izambard, son ancien professeur de Français, en 1871, elle décrit le poète qui dans l'allégorie peut aller au-delà de lui-même ; c'est seulement lorsqu'elle échappe au moi conscient que la parole dirait quelque chose d'important et ici nous voyons poindre l'idée d'aléatoire et donc de devenir. « Je est un autre » renvoie à une approche évolutionnaire au sein même de l'individu. Selon Rimbaud lui-même, elle décrit le processus poétique, l'accès au champ métaphorique.

[7]Dans *Soi-même comme un autre* (Seuil, 1990), Paul Ricœur montre le « je » qui part à la recherche de l'invariant relationnel qui lui permettrait de justifier la réalité de son existence. Justifier le je par le relationnel, c'est ouvrir à un monde que la physique quantique, métaphoriquement, venait juste de décrire et que Simondon avait commencé à explorer.

et une espérance collective. Est-ce un sursaut ou une crispation prélude à une rupture ? On découvre des comportements « postmodernes » dans tous les pays d'Asie, d'Amérique latine, y compris dans les pays musulmans. L'analyse des taux de fécondité par pays le confirme[8]. Quant aux populations africaines subsahariennes qui ont été fortement en contact avec l'Occident, leur double identité culturelle est aussi identifiable[9]. L'influence du cinéma, de la télévision et des technologies numériques est indubitable sur tous les peuples. Les natifs du numérique montrent des caractéristiques comportementales et cognitives si différentes des générations antérieures que le « postmodernisme » classique, phase manifestement transitoire, risque d'apparaitre désuet[10].

On peut décrire plusieurs sources de transformation des relations sociales tant dans le cadre institutionnel, dans les entreprises, que dans la famille. D'un côté, le contrôle de la fécondité qui fait que, collectivement, chacun est venu à la vie comme conséquence du désir d'enfant. La naissance est devenue constitutive du lien familial et fait que, pour chaque individu, son existence conduit à des droits plus qu'à des devoirs. Ces droits et la culpabilité parentale correspondante se heurtent à la fluctuation du désir de vivre ensemble, à l'apparition des familles décomposées-recomposées, et génèrent le refus de la confiance à *priori*. Les technologies de l'information développent le virtuel, l'accès immédiat aux connaissances, les réseaux à multiples niveaux, l'immédiateté. Enfin, la dérégulation économique a conduit les dirigeants d'entreprise à détruire la relation de confiance que les nouveaux salariés leur renvoient désormais sans culpabilité. Ces trois sources opèrent aujourd'hui dans tous les pays.

Il semble douteux qu'il s'agisse d'un état évolutif comme un autre, qui succèderait aux précédents. Cela ressemble à une situation de passage vers une évolution imprévisible, un mélange de bouillonnement, fragmentation, fusion, potentiellement créateur d'une nouvelle situation difficilement concevable. On ne peut pas dire que c'est un état instable normal, par rapport à d'autres qui auraient été aussi instables puisqu'ils ont donné autre chose. En effet, depuis vingt-six siècles l'histoire montre des évolutions permanentes, même si des stases locales sont identifiables. Dans la situation actuelle, on constate l'inflation des possibles dans un

---

[8]Les pays arabo-musulmans, hormis les Palestiniens, voient leurs taux de fécondité baisser, et, dans certains cas, en dessous du seuil de renouvèlement des générations, preuve s'il en est de l'importance des femmes dans ces pays et de l'élévation de leur niveau culturel et intellectuel.

[9]Daté de 1973, L*'étrange destin de Wangrin*, d'Amadou Hampaté Ba, montre déjà l'apparition d'une identité mixte en Afrique.

[10]On les appelle désormais les « digital natives » tant est frappante leur originalité. La relation à la connaissance et à l'autorité ressemble à une amplification du postmodernisme, comme si la société « postmoderne » était une préadaptation à l'accueil des technologies numériques.

système apparemment homogénéiseur et contraint par la dépendance du chemin. Dans la société française « postmoderne », laïque et marquée par un combat contre la domination institutionnelle de l'Église catholique, toutes les formes de croyance religieuse existent désormais : chamaniste, animiste, polythéiste, monothéiste, déiste, panthéiste, gnostique, athée... Elles existent sous des formes individuelles ou collectivement structurées. Les diverses communautés sont soit définies institutionnellement, soit multiformes, mouvantes. Les appartenances multiples, imposées par la mobilité sociale, deviennent la règle. Chacun investit simultanément son énergie dans des mondes divers et vit l'expérience d'un temps fragmenté. C'est à la fois déstabilisant et porteur d'opportunités. L'étranger peut devenir le proche, et réciproquement. L'avenir de chacun perd de la prévisibilité. N'est-ce pas là l'indication d'une fenêtre d'opportunité ?

La crise « postmoderne » conduit à un refus de l'autorité. Que dire des prophètes du VIe siècle av. J.-C. ? Ils avaient rompu avec l'autorité du moment. Ils sont devenus fondateurs d'autorité, ils ont souvent enseigné aux puissants de leur temps. Il y a seulement cent-soixante ans, pensons aux affres de Darwin. Il attendit plus de dix ans avant de publier sa théorie. Il avait peur du jugement de ceux qui détenaient l'autorité scientifique et philosophique. Plus près de nous, la physique quantique a été créée par une poignée de jeunes scientifiques qui avaient conscience de produire une rupture fondamentale. S'autoriser à de tels exploits, c'est d'une certaine manière braver l'autorité. Wegener fit plus encore, car il ne chercha guère des alliés, ce que fit Darwin. La désagrégation de l'autorité, c'est la porte ouverte à la venue de créatifs, voire de prophètes...

On peut prétendre qu'un créatif n'a nul besoin d'autorisation. Si c'était vrai, comment se fait-il que la révolution néolithique ait eu lieu à un moment précis, comme l'homme était en train de détruire la mégafaune pendant que le climat changeait ; que la révolution du VIe siècle ait eu lieu sur une époque si courte, et que cette foison de prophètes se soit arrêtée après ? Mille autres exemples montrent que les conditions sont très importantes. Il existe des époques de floraison de génies, souvenons-nous du siècle de Périclès, du *quattrocento* italien, du siècle de Louis XIV, du siècle des lumières, de Paris ville des arts au XIXe siècle... En période créative, des innovations spécifiques apparaissent simultanément. Autrement dit, les conditions d'innovation dépendent de données structurelles originales qui se trouvent réunies en des lieux, géographiques ou culturels. Cela conduit au concept de *système d'innovation* défendu par certains chercheurs dont rien ne garantit que ce ne soit pas d'abord une métaphore.

Selon la métaphore du fardeau, lorsque le besoin apparait, le porteur du fardeau peut utiliser des moyens dont il ne savait que faire auparavant et qu'il trouve dans son sac... L'homme est apparu bien avant l'invention de l'écriture, du piano, de la bicyclette, du tennis, du football ou de l'informatique. Cela n'a pas empêché de trouver des surdoués dans l'usage de ces outils, surdoués qu'il aurait été impossible de distinguer auparavant. Chaque fois qu'une nouvelle discipline apparait, on trouve des personnes ayant des talents spécifiques dans cette discipline. Le film *Capitaine Conan* de Bertrand Tavernier montre avec acuité comment des personnes montrent un génie particulier dans des conditions particulières.

On lit souvent que nous ne sommes pas à une époque de prophétisme. Les prophètes actuels ne peuvent ressembler aux prophètes du VIe siècle qui, selon la métaphore d'Attila, ont modifié irréversiblement nos modes d'existence. Notre époque est trop complexe ; selon la dépendance du chemin, un prophète devra partir de ce qui existe. Les prophètes récents sont au contraire très nombreux. Certains ont cherché à faire se rejoindre des religions différentes, par exemple, Bahá'u'lláh, à l'origine de la religion bahaï dès le XIXe siècle, René Guénon, Henri Le Saux, dit Swami Abhishiktananda ; d'autres mixent les cultures comme François Cheng ou Amin Malouf ; d'autres encore cherchent des correspondances entre science et pensées orientales, ainsi Niels Bohr, Fritjof Capra ou Jean Bouchart d'Orval ; ou entre ethnologie et initiation, comme Carlos Castaneda ; plusieurs travaillent dans le transdisciplinaire, tels Stéphane Lupasco, Basarab Nicolescu, Cornelius Castoriadis, Edgar Morin ; certains scrutent l'avenir, à l'instar d'Alvin Toffler, Bertrand de Jouvenel, ou Jérémy Rifkin ; d'autres explorent l'impact du temps profond avec Arnold Toynbee ou Jared Diamond ; il y a ceux qui expérimentent des états de conscience modifiés, tels les chamanes anciens, ainsi de Stanislav Grof ou Léonar Orr ; d'autres proposent de nouveaux fondements à l'approche économique ou sociale comme Joseph Schumpeter, Karl Polanyi, René Passet, Amartya Sen, et nombreux sont ceux qui ont annoncé l'atteinte des limites, citons Rachel Carson, René Dumont, Dennis Meadows, sans oublier les prophètes politiques comme Nelson Mandela ou Aung San Suu Kyi, les penseurs des technologies et, plus nombreux encore, ceux qui conçoivent et agissent sans se faire connaitre à grande échelle dans le tumulte moderne[11].

Les prophètes actuels sont une multitude, anonymes pour employer ce terme révélateur des médias. Comme tout prophète, ils marquent profondément leur époque, pour l'avenir ; ils laissent la trace de leur chemin, ouvrent des fenêtres, même s'ils sont peu écoutés par les peuples, les dirigeants, les instances dominantes, de leur moment. « *Je suis une voix qui crie dans le désert. Aplanissez le chemin du Seigneur* » comme l'a dit Isaïe, prophète du VIe siècle[12]. Oui, notre époque est celle d'un prophétisme général, diffus, et multipolaire, qui semble parler dans le désert, mais qui cherche à faciliter notre chemin vers l'avenir. Nul ne sait ceux qui seront retenus dans les siècles qui suivront.

La société « postmoderne » se manifeste aussi par ses outils. Elle favorise certaines innovations et non d'autres. Elle a permis le développement d'outils de création de mondes virtuels, les réseaux, les technologies portables. L'effet réciproque provoque une boucle de rétroaction positive dont on connait l'effet explosif. Cela conduit à une nouvelle conscience, pour le meilleur ou pour le pire.

La problématique « postmoderne » n'est pas l'asservissement à une autorité castratrice aisément identifiable, parce que, potentiellement, chacun pourrait s'autoriser à être qui il est. Dans la multiplicité des voix, chaque voix devient inaudible, et le chœur des voix dominant a tendance à étouffer les voix individuelles, selon un processus déjà décrit par Tocqueville, ce qui conduit à croire à une époque sans prophète, alors qu'au contraire, chacun peut le devenir et où nombreux sont ceux qui s'y autorisent. Dans un monde où chacun expérimente des situations nouvelles, des identités variées, où chacun entend tout et accède à de multiples points de vue, s'immisce l'incertitude. Cela entraine une crise de confiance dans le système, puisqu'il ne renvoie plus de références globales signifiantes.

Face à l'angoisse intérieure de l'incertitude, certains perdent l'autorisation de chercher leur propre chemin, d'autres s'obligent à comprendre ce qui les empêche de le chercher, nombreux sont ceux qui cherchent dans les cultures autres ou anciennes. Le domaine du possible s'élargit. Ainsi voit-on, différemment de ce que Schopenhauer attendait, les approches spirituelles d'origines indiennes, chinoises ou d'Asie centrale, se répandre en Occident, comme une réponse à l'occidentalisation du monde. La fenêtre d'opportunité, qui n'était qu'une

---

[11]Mis à part la culture hébraïque et sa filiation, aucune culture n'a défini le « prophète ». Qualifier ainsi ces fondateurs de courants de pensée venus jusqu'à nous est un élargissement transductif dû à la reconnaissance d'acteurs semblables dans d'autres cultures. C'est déjà un signe de rencontre.

[12]Repris par Jean, évangile, 1, 23.

fente il y a quarante ans, devient un espace multiple qui s'élargit. Car le changement dépendra des conditions imposées, entre autres par la limitation des ressources, et des réponses, imprévisibles, qui seront apportées, aux niveaux individuel, local, régional, national, planétaire, dans le cadre d'institutions ou d'entreprises. Les capacités latentes, rendues possibles dans une société déstructurée, s'exprimeront alors, comme un changement de casting peut transformer la qualité d'une représentation.

Saurons-nous identifier parmi les possibles, l'improbable souhaitable ? La capacité à identifier et reconnaitre un phénomène nouveau, qui parait marginal, comme point de départ d'une solution à une problématique transdisciplinaire, acquiert aujourd'hui un statut nouveau : c'est un enjeu... Par exemple, le concept d'économie solidaire est un phénomène de cette nature, même s'il prétend décrire quelque chose d'ancien ?[13]

La situation « postmoderne » est transitoire même si elle provoque une sorte de sidération sur ceux-là qui la perçoivent. Prenons comme exemple des ouvrages actuels qui y font référence de manières très différentes : *La voie* d'Edgard Morin, *La petite Poucette* de Michel Serre, *Indignez-vous !* de Stéphane Hessel, *L'âme du monde* de Frédéric Lenoir, *Une nouvelle conscience pour un monde en crise* de Jeremy Rifkin. Ces ouvrages, pourtant extraordinairement différents, ont comme point commun d'être davantage dans la logique de la liste que dans l'élaboration conceptuelle. Le lecteur, qui tente de comprendre, ne perçoit que des caléidoscopes insaisissables. Oui, le monde se transforme, oui nous sommes face à une complexité nouvelle, oui l'équité et la justice sont malmenées, mais non, nous ne savons pas quoi en faire, non la réforme volontariste et systématique ne peut mener à des solutions viables, non l'indignation ne peut compenser la vacuité d'élaboration intellectuelle nouvelle, non la reprise litanique des sagesses anciennes bien connues ne peut répondre à la situation, non la présentation des contradictions intellectuelles et sociales ne peut servir de guide pour l'action.

Quel est l'appui conceptuel qui nous permettra de vivre et d'agir en intégrant ce qui parait contradictoire à multiples niveaux ?

---

[13]Jean-Louis Laville, Antonio David Cattini, *Dictionnaire de l'autre économie*, Paris, Gallimard, 2006.

Chapitre XIV

Le nouveau paradigme, le probable et la métaphore

Le nouveau paradigme est déjà présent. Il se devine dans de nombreuses conceptions nouvelles. Il ne peut être compris à partir de l'ancien. Il est quantitativement « probabiliste » et support de la métaphore.

Un paradigme est une représentation, un modèle cohérent de vision du monde, plus ou moins formalisé, plus ou moins conscient, une manière de voir les choses dont le fondement est quasi impossible à préciser, car il est ce à partir de quoi il est possible de définir et non ce que l'on définit. Depuis Thomas Kuhn, le terme de paradigme et l'expression *rupture paradigmatique* sont souvent utilisés, parfois de manière excessive[1]. Aussi, devant une butée réelle ou supposée, la recherche du nouveau paradigme devient un objectif affiché, suggérant qu'une révolution scientifique ou philosophique doit avoir lieu. Mais a-t-on jamais vu réussir une révolution consciente et programmée ?

Depuis la théorie de Thomas Kuhn, l'existence de faits qui ne sont pas expliqués par l'approche conceptuelle du moment est une aubaine pour ceux qui souhaitent participer à la critique de la façon d'aborder un problème : il s'agit de proposer un nouveau paradigme. L'histoire suggère que les ruptures paradigmatiques anciennes ont eu lieu sans qu'il y ait eu une réflexion ou une conceptualisation du changement qui avait lieu. Même au XVIIIe siècle, il n'y avait pas de réflexivité sur la nature du changement en cours, il s'agissait d'abord de défendre des idées, certes révolutionnaires, mais qui n'entraient pas dans un cadre théorique

[1] L'ouvrage fondateur de l'usage de ce terme en épistémologie vient de Thomas Kuhn, *La structure des révolutions scientifiques*, trad. fr., Paris, Flammarion, 1983. Kuhn lui-même emploie ce terme dans une large gamme de sens, montrant la difficulté d'une définition dense et précise.

évolutif les contextualisant. Les penseurs défendaient des idées nouvelles et non la nécessité de penser autrement. Cela signifie que la conscience du changement de paradigme collectif n'a pas été nécessaire pour la réussite des deux grandes ruptures précédentes.

L'agriculture et l'élevage ont été inventés progressivement sur des durées de quelques dizaines de générations, sans la conscience de créer une transformation radicale dans le genre de vie humain et cela malgré l'évidence d'une sorte de nécessité (au moins cinq révolutions indépendantes). En revanche, la rupture conceptuelle du VIe siècle av. J.-C a été faite par des contemporains. Cette rupture conceptuelle, par sa nature et sa rapidité, a dû marquer les esprits, sans pour autant qu'une théorie de la rupture intellectuelle ait pu être construite. L'installation de l'Empire romain puis son effondrement ont conduit à la conscience d'un changement important chez les contemporains, jusqu'à créer une nostalgie des valeurs anciennes. Certains estiment que le stoïcisme et l'épicurisme sont des constructions intellectuelles permettant de s'adapter à la décomposition perçue de l'époque. La philosophie des lumières, prélude au monde postmoderne, s'est mise en place en produisant la conscience qu'une transformation avait lieu, mais sans possibilité de la réfléchir. Tocqueville lui-même éprouvait une sorte de terreur mystique devant la poussée inexorable de la demande démocratique.

Nous avons de bonnes raisons de penser que la troisième rupture aura lieu avec et par la conscience des acteurs d'être dans la rupture. Elle est, et sera, à la fois conceptuelle et matérielle, et, dans son aspect conceptuel, elle intègrera la prise de conscience de ce que signifie être conscient. Le livre de Thomas Kuhn a influencé de nombreux chercheurs et penseurs qui désormais sont à l'écoute des signes avant-coureurs d'une rupture dans leur domaine. La convergence inéluctable des approches socioéconomiques, psychologiques cliniciennes, neurologiques, systémiques et biologiques, dans leur sens le plus large, produit un nouvel état des connaissances intriquant le subjectif et l'objectif.

Dépassant les débats classiques sur la différence entre l'esprit et la matière, cette transformation conceptuelle pourrait offrir de nouveaux champs de recherche tenant compte des interactions entre champs du savoir aujourd'hui cloisonnés. Fondée sur des innovations conceptuelles et technologiques – par exemple le Big Data –, elle conduira les acteurs du changement à s'appuyer sur une nouvelle conception de l'homme et des conséquences de ses actions dans la durée. Elle deviendra fortement réflexive. Cette réflexivité, par le fait même de penser système, s'auto-informera. En conséquence, nous sommes en droit de supposer que ce qui va émerger pourra être accompagné de la conscience du sens de la rupture. Cette conscience, nommée et agissante sur les processus identifiés, est active et génère de l'indétermination. Elle peut accélérer ou au contraire ralentir le processus.

Le problème du changement de paradigme, c'est qu'il n'est pas possible de penser un nouveau paradigme à partir de l'ancien, même dans la conscience de ce basculement. Les acteurs de la révolution quantique ont été dépassés par leurs découvertes, reconnaissant qu'elles étaient difficiles à penser[2]. Souvenons-nous que pour les antiques, les chrétiens étaient des athées. Porphyre les décrit comme des sectaires, ce que Tertullien ne nie pas. C'est une problématique générale. Comme le remarquait François Jacob : « *Il ne suffit pas de "voir" un objet jusque-là invisible pour le transformer en objet d'analyse. Il faut encore qu'une théorie soit prête à l'accueillir.* »[3] Dans la même veine, Cuvier affirmait qu'un bon observateur devait d'abord être un bon théoricien.

La reconnaissance du principe du changement de paradigme fait dire à ceux qui s'opposent au nouveau paradigme qu'il en faut un nouveau, même s'il est déjà là. Car ils ne peuvent penser le nouveau que dans les termes de l'ancien. Alors qu'un paradigme est ce à partir de quoi on peut penser et non ce qu'on cherche. Aussi, paradoxalement, plus la rupture est forte et déjà présente, et plus la recherche du nouveau paradigme s'amplifie chez ceux qui n'en sont pas. On l'a bien vu en biologie et physique où les adeptes du ou des anciens paradigmes ont généré une pression pour en bâtir un nouveau, semblable à l'ancien, alors que celui qui émergeait était pourtant là. Nous pourrions souhaiter comprendre le nouveau paradigme que ses porteurs initiaux pensent eux aussi en termes anciens, pour lui faire dire ce qu'il dit et non pour le faire parler dans une langue ancienne. Mais le basculement d'un paradigme à l'autre est difficilement saisissable, sauf pour ceux qui y sont préparés. Pour prendre le vocabulaire de Simondon, il correspondrait à une prise de forme transductive à partir d'un germe initial, facteur limitant du déclenchement, dans un champ métastable, c'est-à-dire à forte tension énergétique.

Lorsque Maxwell bâtit les fondements de l'électromagnétisme, il s'était servi d'une approche visuelle mécanistique, laquelle a disparu depuis. C'est le concept de champ qui s'est imposé en physique pour finalement être utilisé même en sciences humaines et les équations de Maxwell perdurent. Max Planck inventa le concept de quantum en croyant faire un artifice mathématique. Ce concept est devenu central. De

---

[2]Les deux principaux livres de Werner Heisenberg, *Physique et philosophie — La science moderne en révolution*, et *La partie et le tout – Le monde de la physique atomique*, traduisent cet effort d'interprétation *ex post*.

[3]In *La logique du vivant.*

même, le fonctionnement de l'entreprise était adapté à une société au sortir du féodalisme. Le patron remplaçait le seigneur et les ouvriers, ceux qui lui appartenaient. Après sept ou huit générations, les mœurs démocratiques transforment les relations. Pourtant les responsables n'en tiennent pas toujours compte, car la majorité des patrons se pense comme maitre, souvent au-dessus des lois, selon un mode de pensée datant de plus de trois siècles. Cela entraine des distorsions au point qu'un patron d'entreprise peut parfois ressembler davantage à un escroc irresponsable, dans le nouveau concept, qu'à un seigneur plus ou moins paternaliste dans l'ancien contexte. Le communisme a voulu court-circuiter les étapes et a projeté une image ancienne inversée, tandis que le capitalisme classique s'use avec les générations, car l'optimum de son fonctionnement a lieu dans le cadre de populations qui ne sont pas issues du développement de la société capitaliste marchande et qui restent soumises selon d'anciens rapports sociaux. Cette culture qui a permis l'émergence des marchés est en cours de disparition. Son propre développement transforme les populations selon la métaphore d'Attila. Après le passage du capitalisme marchand, sa re-création n'est plus possible. C'est une autre manière de comprendre pourquoi le capitalisme s'est développé si vite en Asie, sur la base d'importation de concepts déjà érodés ailleurs, mais pas encore chez ces cultures éprises du mythe industriel. On peut s'attendre à ce que l'usure soit d'autant plus rapide.

La thèse de cet ouvrage est que la rupture conceptuelle a déjà commencé. Nous nous en rendons peu compte, tant elle est profonde. En quoi consiste-t-elle ?

En premier lieu, le discours sur l'homme a changé. Montaigne, déjà, disait qu'il ne savait pas ce qu'était l'homme. Ce discours anti-essentialiste était peu compris à cette époque. Chacun était capable de différencier un être humain de n'importe quelle espèce animale, et ce, malgré des idéologies racistes fondées sur des désirs de domination. En ce début du XXIe siècle, après le développement de l'anthropologie, de l'ethnologie, des sciences humaines de manière générale, ce qu'est l'homme devient insaisissable en soi, sauf par l'expérience existentielle[4], alors qu'en même temps le développement de son étude sous l'angle des sciences biologiques tend à le réduire et à l'intégrer dans sa filiation animale. Le comprendre comme un objet biologique est le plus facile. Le comprendre, comme produit artificiel d'un autodéveloppement et dans sa complexité subjective, est plus difficile. Un autre langage est nécessaire,

---

[4]Dans ce sens, l'existentialisme est bien une approche philosophique qui ouvre vers l'indéterminisme du nouveau paradigme. L'essence de l'homme ne peut plus être pensée à *priori* : l'existence précède l'essence. Cf Jean-Paul Sartre, *L'existentialisme est un humanisme.* Le terme d'expérientialisme semblerait aujourd'hui plus adapté; cf l'ouvrage cité de Georges Lakoff et Mark Johnson.

rarement accessible à ceux qui se réfèrent au modèle épistémologique de la biologie classique. Dire que nous ne savons pas ce qu'est l'homme, c'est parler selon l'ancien paradigme. Dans le cadre du nouveau, on peut définir l'homme selon son potentiel perçu de devenir. C'est donc une définition en évolution constante, projective et non essentialiste. C'est ainsi que je comprends cette réflexion de Julia Kristeva : « *Pour ma part, avec d'autres, mais différemment, je tente ici un pas de côté : ni intoxication sublimatoire ni appropriation maitrisante. Une connaissance émotionnelle, expérimentale et partageable, de l'expérience intérieure est possible : elle est discursive, s'appuie sur le transfert psychanalytique, et prend la forme d'une hypothèse théorique par définition évolutive et inachevée* »[5].

Un animal – mais cela semble être général au vivant – est un être qui a avec la Nature des relations régies par les caractères de l'espèce à laquelle il appartient. Cette adaptation n'est pas individuelle. On trouve chez les chimpanzés des adaptations de groupe, à la marge. Or chaque société humaine, historiquement, avait une réponse adaptative et sociotechnique spécifique à la Nature. De nos jours, dans une même société, des groupes sociaux proposent des réponses différentes. Un individu peut, seul ou presque seul, proposer une réponse adaptative particulière.

Le discours sur la vie a aussi changé. Pourtant, comprendre la vie reste un défi. Qu'elle soit une lutte contre le Deuxième Principe de la Thermodynamique est devenu une sorte d'évidence pour les biologistes. Mais le principe physique fondamental à partir duquel cette lutte est possible est rarement, sinon jamais, exposé. La raison en est que les principes d'identité, d'homogénéité, de tiers exclu, qui sont les fondements de la pensée triomphante des cinq derniers siècles permettent des méthodes simples et systématiques. Il est difficile de sortir d'une pensée, fût-elle simplifiante et mutilante, quand elle permet une efficacité immédiate. La compréhension plus profonde du vivant exige désormais une approche probabiliste opérationnelle. Et, pour sortir d'une pensée fondée sur l'identité, il faut incorporer le contradictoire dans le fondement et non uniquement dans la méthode, ce qui revient à conférer à l'aléatoire une réalité. Or, penser l'aléatoire comme fondement est en contradiction avec presque toute l'histoire de la pensée, puisqu'il s'agit d'une entreprise de désubstantialisation. Au point qu'aucune réflexion sur le sens de la réalité de l'aléatoire n'a été effectuée. Ici, je prétends que c'est la réalité même de l'aléatoire qui fonde la possibilité de sens, de liberté et d'invention. Cela conduit à une recherche qui pourra prendre

[5]Julia Kristeva, *Cet incroyable besoin de croire*, Paris, Bayard, 2007, p 9.

beaucoup de temps, d'investissement intellectuel et d'élaboration collective. Simondon, dans le cadre de sa recherche sur le processus d'individuation, avait déjà entrepris l'évacuation de l'approche substantialiste[6].

Il apparait également que la théorie de l'acteur-réseau fait basculer la sociologie dans le monde du nouveau paradigme ; ce serait d'ailleurs un véritable programme de recherche de comprendre comment la confrontation de la sociologie au monde des techniques et des sciences de la nature a pu entrainer cette révolution conceptuelle, et ce, même si, là encore, des précurseurs sont identifiables. Qu'il s'agisse des questions d'incertitude, du refus de la substantialisation du social, de la suppression de l'opposition entre naturel et artificiel, du concept de plasma, l'approche de Bruno Latour, qui ne dédaigne pas non plus les métaphores, semble relever du paradigme en émergence.[7]

Le discours sur la matière et sur la réalité supposée de ce qui le fonde a changé. Il s'est transformé en un système de description mathématique qui incorpore des variables aléatoires. Il se brouille dès qu'il faut exposer les résultats dans le langage naturel même le plus subtil. Nous ne savons pas dire ce que les équations prédisent par des paroles qui sont celles qui décrivent les expériences humaines quotidiennes, même selon le langage d'origine scientifico-technique, identitaire, qui s'est imposé. Penser en termes de dynamique est un exercice difficile pour ceux qui ont été formés par les discours ontologiques. L'ontologie classique est en crise dès que l'aléatoire est considéré comme une réalité. Dans un texte officiel de la directrice de la recherche et de l'enseignement supérieur du ministère de l'agriculture de l'agroalimentaire et de la forêt, daté du 25 février 2014, on découvre le discours suivant : « *En matière de recherche, c'est un nouveau paradigme en terme d'administration de la preuve qui s'annonce ; alors que jusqu'ici la scientificité était basée sur des informations précises, exactes et de nature causale, la situation change lorsque la masse de ces données est énorme, qu'elles peuvent être traitées rapidement par des algorithmes probabilistes et qu'elles tolèrent l'inexactitude.* » Ce document indique une nouvelle orientation dans les stratégies de l'enseignement supérieur ; nous entrons dans l'ère du « Big Data », qui ne peut être traité que selon des approches probabilistes qu'il s'agit de transmettre.

---

[6]Gilbert Simondon, *L'individuation à la lumière des notions de forme et d'information*, Grenoble, Éd. Jérôme Millon, ed. 2013.

[7]Cf. Bruno Latour, *Changer de société, refaire de la sociologie*. La découverte, 2006. Gabriel Tarde, cité maintes fois dans ce livre, était manifestement déjà dans la lignée abdéritaine-épicurienne. Mais, venu trop tôt, il n'a pu empêcher une pensée fondée sur le paradigme classique de l'emporter. Il reste que cette nouvelle sociologie a un parfum postmoderne indéniable.

La transformation des discours sur l'Univers, la Terre et le vivant a eu des conséquences considérables sur notre façon de percevoir la place de l'homme dans l'Univers et sur les modalités d'accès à la connaissance. La transformation du discours sur l'homme lui-même a encore plus d'influence sur la société que celui du discours sur le monde matériel, même si nous en sommes moins conscients. Modifier les représentations que nous avons du monde matériel a une incidence sur notre narcissisme. « *Le silence éternel de ces espaces infinis m'effraye* » écrivait déjà Pascal il y a trois-cent-cinquante ans. Pourtant, essayer de comprendre d'où et comment nous vient cette aptitude à décrypter et à nous représenter ces immensités nous met encore davantage face à l'abime. De même, l'action dans des sociétés complexes change de nature ; on ne sait presque jamais quelles en seront les conséquences. Nos représentations de l'univers et de nous-mêmes nous confrontent à un inconcevable.

Que nous dit le nouveau paradigme sur ces représentations ? Là encore, le point de vue de Julia Kristeva est saisissant : « *En confrontant l'Être avec la pulsion de mort, quand ce n'est pas Kant avec le marquis de Sade, les successeurs de Freud ont commencé à secouer la phénoménologie de la "personne" elle-même, pour situer le "sujet parlant" au carrefour de la biologie et du sens. Ils vont même jusqu'à menacer – quelle témérité ! — de déposséder la théologie de sa "chose" même* »[8]. Pour saisir la portée du nouveau paradigme, il faut faire un rapide retour dans le passé, même s'il peut paraitre simplificateur.

Aristote insistait[9], parmi les quatre causes qu'il identifiait, sur la cause finale. Dans le domaine des actions humaines, la cause finale, ce pour quoi l'on agit, le but que l'on se donne, peut être identifiée à l'intention, ce qui suppose une capacité intentionnelle. Dans une approche éthique, c'est en effet la cause finale qui est en jeu. Parler de responsabilité, c'est faire référence à l'intention. Or l'éthique, si elle est fondée en partie sur l'intentionnalité, est aussi fondée sur la relation à l'autre. Pas d'éthique, pas de responsabilité, sans reconnaissance de l'altérité. Cette reconnaissance pour être complète permet de dire que l'autre est un autre Je, à la fois fondamentalement différent et pourtant semblable. Ce n'est pas une relation d'égalité, mais d'équité. C'est reconnaitre en l'autre, avec qui je peux échanger, en particulier par la parole, une autre source de conscience et d'intention et la même référence implicite à ce qui nous permet de nous reconnaitre. C'est reconnaitre au je qui semble être seule source de connaissance possible un statut qui ne peut se passer de la

[8]Julia Kristeva, ouvrage cité, p. 9.
[9]Cf *L'éthique à Nicomaque,* Paris, Garnier Flammarion, 1965.

relation à l'autre, c'est accorder à la relation un statut intriqué à celui du je et, en cela, c'est rejoindre les théories quantiques.

Pour un « postmoderne », aujourd'hui, il n'y a que deux causes.

D'abord la cause finale que j'appelle l'intention, celle que l'on pourrait appeler la « cause subjective », ou encore la « cause imaginaire » par référence au vocabulaire de Castoriadis, ou encore la « causalité descendante » pour prendre une expression de la philosophie analytique. Dire avec Schwartz que les valeurs sont des croyances déterminantes de l'action a le même sens. Elle parait proche de ce que Lupasco appelle la « potentialisation », puisque tout évènement, en se potentialisant, actualise l'évènement contradictoire. L'identité de la cause finale et de l'intentionnalité s'enracine aussi dans l'approche phénoménologique.

Puis la cause efficiente, toujours supposée matérielle, qui est celle à laquelle se réfèrent les scientifiques dans leur approche méthodologique, que j'appelle la détermination et qui donne le déterminisme, qu'il soit méthodologique ou philosophique. L'intention serait donc une autre « cause » que la détermination, et, aujourd'hui, serait propre à l'Homme[10].

Ces deux « causes » apparaissent à la fois complémentaires et contradictoires. Dans un contexte matériel isolé, autant que faire se peut, par le dispositif d'analyse, une détermination est à la fois nécessaire et suffisante. Le scientifique cherche à simplifier son dispositif pour le réduire au minimum nécessaire à produire ou à expliquer le fait. C'est dans ce minimum qu'il va trouver ce qu'il appellera les *causes* du phénomène, ce qu'Aristote appelait la cause efficiente, qui conduit au déterminisme si on pose qu'il s'agit des seules causes possibles. On en revient à l'exigence du nécessaire et suffisant qui satisfait la demande d'explication, comme en mathématiques. C'est le contexte du dispositif qui permet le déterminisme de méthode – la contingence du dispositif étant pourtant évidente – et non seulement le concept à *priori*. Si j'appuie sur l'accélérateur de la voiture, la voiture accélère de manière nécessaire et suffisante, heureusement pour le conducteur. Pourtant l'association du conducteur et de la voiture est contingente.

L'intention est de nature psychologique, subjective, elle n'est saisie qu'à partir de la représentation d'un sujet. C'est la représentation subjective, descriptible et transmissible verbalement ou par écrit d'un sujet à un autre, qui permet de définir l'intention, la représentation de ce qui n'est pas, mais pourrait être. Les modalités de comparaison entre ce qui pourrait être et ce qui est, après coup, est de même nature que la

[10]Mais il parait vraisemblable que les animaux supérieurs soient dotés de cette capacité, à des niveaux moindres. Cf Daniel Dennett, *La diversité des esprits.*

comparaison entre le prédit et l'observé en sciences. La différence principale réside dans le fait que, au niveau d'une intention, cette description est une transcription qui objective, par la trace verbale et écrite, ce qui est virtuel et subjectif. L'intention a « quelque chose » d'indépendant de ce qui la porte, neurologique ou psychosocial. Cette forme d'indépendance la positionne comme source de contingence ou d'aléatoire, cette caractéristique qui est, selon Épictète, permise par la déviation indéterminée des atomes. Cette indépendance, au fondement de la définition du hasard, va être annihilée par la parole, et encore plus par l'écrit, qui objective et universalise le signifiant et le signifié.

La détermination est le terme qui définit ce qui fait que l'effet est une conséquence nécessaire et suffisante d'une cause. L'effet déterminé par la cause, c'est ce qui est décrit, originellement, par la mécanique, cette partie de la physique qui a conduit jusqu'au début du XXe siècle à une philosophie déterministe, puis qui s'est élargie aux sciences de la nature. Le lieu n'est pas ici de débattre de la « nature » de cette détermination. Certes, la matière correspond à une résistance que nous rencontrons quotidiennement ; la représentation que nous en avons la fait aussi considérer comme telle. Un scientifique, jusqu'au début du XXe siècle, se refusait à croire que des faits se produisent sans cause, spontanément. Il adoptait un déterminisme méthodologique. Poussé à l'extrême, cette position s'exprime dans le déterminisme philosophique tel que celui de Laplace, cité plus haut : étant donné un état du monde à un instant donné, alors son état dans un instant ultérieur est déterminé, c'est-à-dire totalement prévisible. On sait aujourd'hui que cet état supposé est impossible à connaitre, de principe, et ne correspond à aucune réalité descriptible.

Il apparait une contradiction, bien montrée par Émile Boutroux, puis par la théorie de l'information[11]. Là où il y a finalité, il y a contradiction avec le déterminisme. Si un être issu de la nature – comme l'homme – est capable d'agir selon une finalité, alors, la contingence existe nécessairement dans la nature. Que donne une action intentionnelle par rapport à une approche déterministe ? Pour le « philosophe déterministe » l'action intentionnelle est impossible et il va chercher à le démontrer, prouvant par là l'inverse. De la même manière, malgré la contradiction, la majorité des neurologues semble pencher pour cette option. Le but semble être de trouver comment on pourrait admettre une capacité intentionnelle qui serait une sorte d'envers du déterminisme, ce qui suggèrerait un parallélisme. Les deux seraient compatibles, on ne sait pas très bien comment, mais on finira par trouver. C'est selon cette approche

---

[11]Leon Brillouin, *Science and Information theory*, New York, Academic Press, 1956.

que Spinoza est appelé au secours et qu'il est présenté comme celui qui a compris, par rapport à Descartes qui a commis « une erreur »[12]. Presque personne ne fait appel à Lupasco et à sa logique du contradictoire[13] ni ne remonte aux analyses d'Épicure ou à l'approche taoïste.

On n'a guère répondu à Émile Boutroux, qui disait que, là où il y a finalité, il y a « nécessairement » contingence, ni à Épicure qui défendait une théorie atomiste indéterministe pour intégrer l'intention reconnue comme telle dans le monde. Personne n'avait de solution, donc la question était évacuée. Mais une révolution a eu lieu en science, nous l'avons vu, elle s'est amplifiée durant le XXe siècle. Que ce soit en physique ou en biologie, désormais le déterminisme n'est plus « de rigueur », à la fois de fait et de principe. Non pas parce que les scientifiques n'en veulent plus : parce qu'il est contredit. L'inconcevable a eu lieu : les lois deviennent stochastiques, comme on dit en mathématiques, c'est-à-dire qu'elles incorporent de l'indéterminisme. Les « processus aléatoires », pour reprendre l'expression de Vendryès, ont droit de cité. Autrement dit, la contingence reconnue des lois de la nature est bien ce qui rend possible l'existence d'une action finalisée.

On ne peut refuser la capacité intentionnelle à l'homme ni nier que le fondement de la matière et du vivant est « indéterminé » d'une manière qu'il est encore bien difficile de décrire conceptuellement, mais qui est nécessaire pour qu'une activité intentionnelle soit possible. Le « hasard », dans son sens le plus large, lequel inclut la contingence, reprend ses droits. Rien n'est si certain et la représentation que nous avons des faits reprend son importance, à la fois à cause d'une forme d'indépendance non niable, et à cause de son importance comme origine de l'action.

Le nouveau paradigme est donc déjà présent, fragmenté, dans des disciplines différentes. Nous n'en sommes pas complètement conscients, car il est contradictoire d'être à la fois dans l'ancien et le nouveau, surtout pour ceux qui sont dans l'ancien, car le nouveau supporte d'autant mieux le contradictoire que ce dernier en est partie intégrante. Aucun représentant de l'ancien paradigme ne peut être convaincu qu'un nouveau paradigme émerge[14].

---

[12]Antonio Damasio, *L'erreur de Descartes*, trad. fr., Paris, O. Jacob, 2001.

[13]Stéphane Lupasco a construit une logique du contradictoire incorporant le tiers inclus, ce qui lui permet de penser le changement. Parmi les penseurs actuels, il n'y a guère qu'Edgar Morin à le citer. Il connait une sorte d'ostracisme semblable à celui de Korzybski, utilisé couramment, mais sans être cité. Ses principaux ouvrages : *Le principe d'antagonisme et la logique de l'énergie – Prolégomènes à une science de la contradiction*, Paris, Herman, 1951 ; *Les trois matières*, Paris, Julliard, 1960 ; *L'énergie et la matière vivante*, Paris, Julliard, 1962 ; *L'énergie et la matière psychique*, Paris, Julliard, 1974.

[14]Max Planck le remarquait déjà : « *une nouvelle théorie en physique ne s'impose pas ; ce sont ses détracteurs qui finissent par mourir.* »

Ce paradigme pourrait dire que nous ne savons pas et ne saurons jamais ce que veut dire l'« essence », mot que nous avons sacralisé en relation avec notre état de conscience du moment. Que tout est partiellement incertain et affecté d'une « probabilité », que les liens entre les choses sont rarement totalement rigides. Que les finalités ne sont pas nécessaires, mais sont à construire, et qu'elles se dévoilent comme contrepartie de ce qui se réalise. Car chaque fois que nous voudrons définir plus précisément les choses, nous devrons admettre qu'elles deviennent probabilistes dans l'usage. Plus l'objet est précisé, plus sa présence répond à une « probabilité de présence ». Plus il s'impose dans sa présence stable, moins nous savons le décrire précisément, plus il devient empirique.

La physique quantique nous a déjà montré la voie. Plus les êtres et les choses sont décrits de manière précise et plus leurs liens sont probabilistes, et réciproquement. Comme ce qui est humain relève du multifactoriel, que le fait d'être « embarqué », comme disait Montaigne, implique que celui qui observe ou agit modifie la réalité par ces actions, le probabilisme devient la seule approche possible permettant d'intégrer action et pensée. Nous entrons dans l'ère des concepts d'autant plus flous dans leur usage qu'ils sont précis dans leur définition, et réciproquement. La représentation étant aujourd'hui reconnue comme intriquée dans notre « explication » des faits, la prise de conscience réflexive des effets de nos propres représentations est une sorte de séisme.

Qu'est-ce qu'un concept probabiliste ? Un concept est, dans son sens le plus simple, une idée abstraite. Il se distingue bien sûr de la chose représentée, mais aussi de l'énoncé verbal, simple signe de ce concept. Ce qu'est un concept et ce qu'est ce qu'il représente ont été débattus depuis la naissance de la philosophie. Je pose ici, conformément à ce que je comprends de la rupture paradigmatique actuelle, qu'à ces deux questions il n'est possible de répondre que de manière probabiliste. Si le concept de chien regroupe tous les chiens existants et possibles, il ne peut être, selon cette approche, que probabiliste, car nul ne sait tout ce que peut ou pourrait être un chien. Certains chiens réels pourraient être plus « chien » que d'autres. Deux chiens différents peuvent être « chien » de manière différente quantitativement et qualitativement. L'essence du chien serait une intégrale de toutes les caractéristiques possibles des chiens sachant que personne n'est capable d'en faire la liste exhaustive. Le sélectionneur de chiens pourrait créer une race nouvelle qui élargirait ce que nous croyions être un chien. Dans « Dune » Franck Herbert imagine un « canisiège »... Dans cette approche probabiliste, il n'est plus possible de dire qu'un concept se réfère à l'essence et non au propre. Car même la différence entre ce qui est propre et ce qui serait de l'ordre de l'essence reste de l'ordre du probable, que la probabilité soit très faible ou forte, ou non calculable. On peut aussi reprendre l'analyse de Simondon qui finit par poser que la relation a rang d'être. En conséquence, l'opposition de l'être et du devenir n'a de consistance qu'en supposant que la substance est le modèle de l'être.

L'improbable est une part du probable, cela dépend du seuil fixé. Il est en tout cas une part du possible. La somme des probabilités d'un nombre infini d'évènements improbables indépendants, mais globalement complémentaires et possibles, est indéterminée tout en tendant vers 100%. Croire qu'une notion complète est possible sans l'affecter de probabilisme et de référence à plus large qu'elle, dans le nouveau paradigme, est un leurre. C'est bien ce que dit Shalom H. Schwartz en posant que la structure des valeurs est un continuum. Quelles qu'elles soient, la somme de leurs proportions dans une population est toujours de 100 %, mais leur nombre peut croitre en fonction de la précision recherchée, laquelle dépend du « découpage », précision qui sera compensée par une opérationnalité moindre, probabilistiquement parlant.

Qu'est-ce qu'une connaissance probabiliste ? C'est celle qui reconnait dans le contenu de la connaissance elle-même de l'incertitude, de l'inconnaissance. Les économistes parlent d'externalités lorsque les actions d'un agent économique ont un impact qui n'est pas pris en compte dans les calculs de l'agent qui les génère. Ce concept devrait être généralisé jusqu'au conceptuel lui-même. Toute connaissance génère des externalités; comment est-il possible de prétendre qu'une connaissance est suffisamment englobante pour saisir tout le réel, y compris celui qui y accède ? Comme elle n'en prend qu'une partie, cela produit des externalités sur le champ non pris en compte, lequel est souvent plus vaste que celui qui est saisi, même s'il est inconnu. On reconnait ici le « concept bricolé » de Francis Kaplan, ce qui signifie la reconnaissance que, finalement, la plupart des concepts sont bricolés et qu'ils se réfèrent toujours à davantage que ce que nous en saisissons. Ainsi en est-il de toute métaphore qui éclaire et masque en même temps. Le concept simondonien d'individu et de son milieu associé – comportant une part de préindividualité – pourrait décrire cette réalité.

Pour que les externalités puissent jouer un rôle dans la connaissance elle-même, le sujet connaissant devrait admettre que sa connaissance est partielle et incertaine. Dans son processus d'élargissement de connaissance, il serait à l'écoute des signaux imprévisibles indiquant la réponse de l'inconnu dans le champ du connu. Par la logique de l'antagonisme, Lupasco suggère une possibilité d'évacuer les concepts de contingence ou d'aléatoire, ce en quoi il juge sa propre révolution épistémologique selon les critères anciens. Si c'est une autre forme de logique, elle ne peut entrainer les mêmes conséquences. Car les valeurs conjuguées, pour reprendre les termes de la physique quantique, sont des données de l'expérience, accessibles *ex post* et non *ex ante*. Aussi, toute conceptualisation externalise ce qu'elle n'a pu saisir. Elle conduit inéluctablement à des expériences nouvelles qui finalement conduiront à des explorations de champs inconnus. Il y a donc impossibilité à évacuer l'aléatoire de manière générale, et la contingence plus spécifiquement. La connaissance probabiliste accepte à *priori* la surprise et admet que toute théorie exige des adaptations *ad hoc*.

Qu'est-ce qu'une action probabiliste ? C'est une action qui est posée, sans certitude quant à l'effet qu'elle produira, car une part, quantitativement peu prévisible, sera une « externalité ». L'auteur de l'action s'attend à quelque chose, de manière probable, il accepte la non-maitrise pour que d'autres puissent aussi en profiter ou en modifier les effets. Les interactions en nombre quasi infini entre l'action elle-même et l'environnement dans lequel elle s'insère conduisent à des résultats dont la prévisibilité est d'autant plus faible que le temps passe. L'effet « le plus probable » peut être défini pour des actions répétées, mais pour chaque action unique règne l'improbable. L'auteur d'une action probabiliste s'attache davantage à l'action qu'à ses fruits approximativement prévisibles, mais toujours incertains. C'est un créateur d'évènement. Selon les fruits qui apparaissent, il pose une autre action qu'il essayera de relier, de manière signifiante – et non déterminée – à la précédente et aux effets qu'elle a produits.

Celui qui se comporte ainsi peut être qualifié d'acteur probabiliste. Il est à la recherche de ce qui fait sens, ce qui se traduit, selon la théorie de l'information, par la recherche du moins probable. Sans chercher à forcer le destin, il entend des demandes, des souhaits ; il perçoit confusément les bifurcations, il tente des chemins escarpés ; dans l'ensemble des possibles, il ouvre des voies improbables. Lui-même aux interfaces d'identités multiples, souvent avec des moyens relativement pauvres, il cherche davantage une finalité, une sorte d'« utilité » non utilitaire. Il ne cherche pas à tout prix un lien social spécifique, car il provoque ce qui pourrait le modifier, mais il y est attentif, car il est à l'écoute de l'improbable. Il accompagne plus qu'il dirige. L'acteur probabiliste développe un sens hodologique ; il cherche une route dans le dédale de la multiplicité des possibles. Il pratique une forme de topologie intuitive.

Qu'est-ce qu'un sentiment probabiliste ? C'est celui qu'éprouve un sujet qui, à l'écoute de ce qu'il ressent, y voit un « fil rouge » probable, signifiant pour lui, dans la multitude des sentiments contradictoires qui l'affectent. Ce fil rouge peut être ténu, il parait parfois se perdre dans une discontinuité apparente, comme si le lien était rompu, et pourtant il se poursuit, violant les oppositions entre continuité et discontinuité. Il est l'expression d'une présence qui peut paraitre absente, que l'on peut décrire par une probabilité de présence, jamais nulle, mais toujours inférieure à un. Partiellement présent, insaisissable et évanescent, il apparait « plein » quand le sujet prend conscience, fugitivement, de sa prégnance. « Onde de probabilité de présence », le sentiment probabiliste est quasi indestructible même en sa phase la plus ténue ; fil parfois invisible, il peut ressurgir. Le concept de transduction de Simondon y ressemble étonnamment et en comprendre la similitude serait un programme de recherche…

Qu'est-ce qu'une éthique probabiliste ? C'est celle de l'acteur qui voit que toute action contient sa part propre de bien et de mal. L'intrication du bien et du mal, dans une réalité incertaine et mouvante, conduit à définir une morale du bien le plus probable, souvent improbable selon des critères extérieurs au sujet qui la met en œuvre. La loi morale définissable, la loi d'amour, ne peut être que probabiliste si elle ne veut pas être créatrice d'exclusion. C'est admettre qu'on ne peut ni tout aimer ni aimer exclusivement. C'est une éthique qui demande une refondation floue et contextualisée. De la même manière que la vie inclut la mort, l'action probabiliste bonne inclut le mal et ne l'élimine pas et l'action probabiliste mauvaise inclut le bien et ne l'élimine pas. À vouloir systématiquement éliminer le mal, l'action crue totalement bonne conduit à l'abominable. Le Diable mène à Dieu et le refuser absolument lui ouvre le champ libre.

L'adhésion à la vie conduit en même temps au sacrifice de la vie, non pas selon une loi mécanique, mais selon l'écoute des différentes forces de vie, multiples et jaillissantes, qui, toutes, voudraient s'imposer et, par-là, se détruire et se dévorer. Pourtant, pour qu'elles s'épanouissent, elles doivent aussi s'autorestreindre, et certaines davantage que d'autres, dans la situation immédiate, dans le contexte, de manière non prévisible. L'application concrète d'un principe éthique, que ce soit, par exemple, le principe catégorique de Kant ou le concept de Justice de Rawls, ne peut qu'être probabiliste, car elle conduit à une action dans un monde mouvant et incertain. Si, pour qu'une décision collective et économique soit éthique, il faut agir en ignorant la réalité concrète des répartitions des richesses et des intérêts, n'est-ce pas avouer l'indépendance de l'éthique, et en conséquence son action probabiliste ?

Le principe éthique est pourtant « précis » ; il définit des conditions d'application qui le rendent probabiliste à la manière du principe d'indétermination quantique, car il consiste à penser « indépendamment » du lieu où nous vivons. Différencier la responsabilité *ex ante* et *ex post* signifie qu'il y a de l'aléatoire, puisque les deux peuvent ne pas être identiques. Le concept classique d'égalité sociale se prétend déterministe. Pourtant nul n'est capable d'écrire une équation définissant l'égalité des chances, l'égalité devant la loi, et permettant son application ... Le concept d'équité, par contre, est à la fois plus précis et pourtant, dans son fondement, davantage teinté d'incertitude, il dit une tendance, une recherche vers un optimum. L'équité ne peut être atteinte, elle peut être améliorée, et c'est ce mouvement qui pose une nouvelle forme d'éthique.

À cet égard, il est révélateur que la capabilité, selon Amartya Sen, ne soit pas définissable à *priori*. Elle se dévoile dans son développement, dans sa mise à l'épreuve. Qui peut définir la totalité des capabilités d'une personne puisque c'est un potentiel dont la réalisation dépend de ce qui va permettre sa mise en acte ? Dans la gamme immense des capacités humaines, dont un bon nombre reste inconnu, aucune d'entre elles ne peut, dans le cadre de la population humaine, être représentée, dans son intensité, autrement que selon une « courbe en cloche »[15]. Même chez un seul individu, elles varient, et cette variabilité peut être représentée selon le même graphisme, et les interactions entre ces capacités également. Et que dire de relations qualitatives sinon qu'elles sont affectées de probabilités dont les évaluations sont empiriques ? On peut comprendre des articulations signifiantes, on ne peut jamais être certain qu'elles décrivent des relations nécessaires ou suffisantes. Elles sont souvent possibles et improbables.

L'identité, quand elle est massive et prétend englober totalement l'individu, est une « identité meurtrière », elle est le produit de la logique « classique » dite justement « identitaire ensembliste »[16]. Appliquée à l'individu, elle le détermine, il perd toute aptitude probabiliste. Or l'identité, selon notre approche, est un concept métaphorique, non descriptif, mais reliant, à condition d'être non englobant. L'acteur probabiliste, fait d'identités multiples, a ainsi la possibilité, improbable,

[15]La courbe en cloche, ou courbe de Gauss, représentative de la distribution statistique d'évènements assez probables au sein d'une population, permet de visualiser une probabilité d'écart à la moyenne qui diminue comme le carré de l'écart à cette dernière. Ici, il faudrait conceptualiser cette courbe pour chaque capabilité en supposant un improbable « toutes choses égales par ailleurs »...

[16]Amin Malouf, cf note 173.

d'un devenir qui transcende les identités. L'individu « postmoderne » actuel est ainsi un candidat spontané à devenir sujet probabiliste.

Ce nouveau paradigme, qui parait non nécessaire, surgit quand le développement humain atteint un seuil apparent d'impossibilité. Nous ne pouvons pas continuer à croitre, que ce soit démographiquement, technologiquement, économiquement. Nous ne pouvons pas non plus nous arrêter sans un changement paradigmatique, car dans la pensée actuelle, l'arrêt, même apparent, est suicidaire. Une approche probabiliste pourrait permettre, dans l'apparent mur qui nous enferme, de découvrir des pores inconcevables. Par exemple, l'expression « développement durable » a l'avantage d'être un oxymore et de créer ainsi une tension. Car le développement, tel que nous le connaissons, n'est pas durable. Il va donc bien falloir passer à un niveau supérieur, autre, inconnu, non totalement déterminé par le niveau inférieur.

Le nouveau paradigme ne provient pas que des résultats de la physique quantique, de la théorie des systèmes, ou de la théorie évolutionnaire. Il provient aussi de l'influence des avancées dans les sciences humaines, et en particulier de la compréhension des « significations imaginaires » concept posé par Cornelius Castoriadis dans une perspective sociétale. Ces significations imaginaires sociales ne sont ni représentations, ni figures ou formes, ni concepts. Elles ne sont pas non plus des idéaux types. Elles sont évolutives et produisent des institutions analysables en fonction du contexte culturel du moment. Elles renvoient à un sens et au concept de « magma », de chaos, ce fond « sans-fond » à partir duquel surgit un flux créatif. Le « magma » de Castoriadis qui vient du terme originel grec μάγμα et qui signifie masse pétrie, autrement dit sans forme[17], montre une analogie manifeste, avec le même mot utilisé en géologie ou chimie physique. Est magmatique tout objet conceptuel décrivant des opérations non totalement réductibles à une logique ensembliste identitaire, c'est-à-dire la logique fondamentale mathématique appliquée au réel.

Castoriadis considère que : « *Ce n'est pas parce que les phénomènes quantiques d'une part, l'inconscient d'autre part, dépassent le cadre de la logique identitaire qu'ils peuvent être nécessairement réfléchis dans le cadre d'une même nouvelle logique.* [18]» Soit : c'est logique, selon la logique identitaire ; nous ne pouvons pas identifier *ex ante* un indéterminisme à un autre, sinon à les rendre déterminés. Pour encore davantage préciser sa pensée, il ajoutera plus tard : « *De toute façon, à*

---

[17]Dans la relation entre la forme et la matière, selon Aristote, la matière est un magma. Ce qui est remis en cause aujourd'hui, c'est de croire qu'une forme abstraite puisse informer la matière. Comme l'a montré Simondon, le magma doit être en métastabilité pour pouvoir se différencier et permettre l'individuation.

[18]Cornelius Castoriadis, *L'institution imaginaire de la société*, Paris, Seuil, col. Points, 1975, p 494.

une ultime étape, une action directe de la représentation sur l'énergie est inéliminable sous peine de régression à l'infini. »[19] Autrement dit, l'action de la représentation sur l'énergie a bien lieu à « cout nul »[20] et, pour cela, les seuls concepts que nous avons, à ce jour, relèvent de la physique quantique et de la théorie de l'information, posant un indéterminisme fondamental…

L'approche de Castoriadis ramène à l'origine de la pensée grecque, avec Anaximandre, du VIe siècle av J.-C, qui influença les penseurs atomistes, et qui préfigure la pensée darwinienne. De ce fond « magmatique » de l'imaginaire social, émergent des ensembles identitaires rationalisables, des formations idéologiques dont l'avantage est de présenter le plus haut degré de cohérence et d'efficacité dans le contexte du moment. Nous pourrions dire que l'imaginaire darwinien est ici bien présent. Le réel n'est pas réductible à un ordre causal totalement déterminé. L'être est ambigu ou non univoque. On retrouve ici des conceptions analogues à celles des taoïstes (le contradictoire complémentaire) ou même des hindous (Advaïta-Vedanta). La création se définit par ce qui est radicalement nouveau, non totalement déterminé par ce qui le précède. En revanche, la création conduit à l'émergence de nouvelles formes et donc de nouvelles lois. Avec les notions de magma, de chaos et de création, on saisit le déterminisme comme une production de l'indéterminé sachant qu'« *aucun état de l'être n'est tel qu'il rende impossible l'émergence d'autres déterminations que celles déjà existantes.* »[21]

Mais les scientifiques ont montré, depuis les découvertes d'Henri Poincaré, qu'il existe des « chaos déterministes », c'est à dire des systèmes très peu « robustes » et hypersensibles aux conditions initiales. On croit partir de la même situation et on arrive à des situations très différentes après un certain nombre – parfois très grand — d'itérations. On pourrait dire : ce n'est pas parce que des auteurs ont pris le terme de chaos pour décrire des systèmes très sensibles aux conditions initiales que cela décrit un indéterminisme quelconque. Les auteurs qui parlent du chaos sont souvent ambigus à ce niveau-là[22]. Mais comme l'ont écrit Einstein et C.G. Jung, « *la nature est compliquée, mais elle ne ment pas* », sous-entendu elle ne ment pas comme l'homme. Ce dernier ayant horreur, conceptuellement, de l'indéterminé, on peut donc s'attendre à ce

---

[19]Cornelius Castoriadis, *Les carrefours du labyrinthe, III, Le monde morcelé,* Paris, Seuil, 1990, p 192.

[20]On peut montrer que l'intention, si elle existe, agit nécessairement à cout énergétique nul sur le système nerveux central (cf Michel J.F. Dubois, 2013, 2014).

[21]*Les carrefours du labyrinthe II*, Le Seuil, 1986. p 407.

[22]Il existe une vaste littérature sur les théories du chaos. Cf bibliographie : Amy Dahan Dalmedico, Jean-Luc Chabert et Karine Chemla; David Ruelle; Pierre Bergé, Yves Pomeau et Monique Dubois-Gance; Florin Diacu and Philip Holmes; Ivar Ekeland; James Gleick; John Briggs et David Peat.

que des amalgames soient tentés pour le nier, même si parfois les ficelles sont un peu grosses. Poincaré faisait clairement la différence.

Le concept de probabilisme peut avoir deux facettes. Raisonner sur la moyenne, ou la médiane, d'une courbe de probabilité est un probabilisme réduit qui se rapproche du déterminisme. Celui qui s'intéresse à l'ensemble de la courbe entre dans ce que j'appelle le probabilisme plein ou métaphorique. Il tient compte des risques, certes, mais aussi des opportunités. Il est à l'écoute de l'improbable. Il répond à la métaphore de l'ivrogne : il tourne le dos au mur des contraintes, là où la variabilité est moindre, il cherche ce qui peut provoquer un « recul du mur des contraintes ». La « stratégie du choc », politicoéconomique, décrit un processus qui au contraire avance les murs des contraintes à droite et à gauche[23]. Joseph Stiglitz montre, par exemple, que le FMI, durant au moins deux décennies, a appliqué des méthodes qui amplifient tellement les contraintes qu'il n'existe plus de variabilité possible : le potentiel d'innovation s'effondre[24]. Le FMI cherche la méthode qui ne laisserait pas de place à l'indéterminé. L'action probabiliste, elle, cherche à aplatir la courbe de Gauss, ce qui revient à élargir le champ du possible, à rendre peu probable chaque possibilité, ce qui conduit à la courbe dite de Poisson. Pour une action simple, ce n'est guère applicable, reconnaissons-le. Il semble préférable d'être mécanistique dans la conduite d'une machine potentiellement dangereuse, dans une production industrielle... Par contre, dans un ensemble complexe, si les acteurs augmentent leur probabilisme, le système en ressortira fortifié, tel un système vivant qui transforme du bruit en information. L'acteur probabiliste doit donc être doté d'un fort discernement, critique, méfiant, et près à retoucher sans cesse ses actions, jusqu'à se contredire selon l'échelle d'analyse de ses actions.

La modalité d'être et d'agir de l'acteur probabiliste est inconcevable, au même titre que la philosophie d'Épicure, si souvent considérée comme inintelligible. Elle n'est pas impossible. Car le champ du possible est riche d'interstices inconcevables de même que nous sommes fait des vides dans et par lesquels se tissent nos rêves et nos désirs.

L'acteur/penseur probabiliste se situe ainsi hors de la posture classique qui se voit condamnée à choisir entre deux « croyances » : celle que tout est déterminé, ou celle que tout acte non déterminé provient uniquement d'un acteur intentionnel, sachant que ces deux attitudes sont autocontradictoires. « *Que j'adhère à une religion, que je sois agnostique ou athée, je dis "je crois" pour faire entendre que "je tiens pour vrai".*

---

[23]Naomi Klein, *La stratégie du choc – La montée d'un capitalisme du désastre*, Leméac/Actes Sud, 2008.
[24]Joseph Stiglitz, *La grande désillusion*, Paris, Fayard, 2002.

De quelle vérité s'agit-il ? [...] Il s'agit d'une vérité "qui me tombe dessus", à laquelle je ne peux pas ne pas adhérer, qui me subjugue totalement, fatalement, que je tiens pour vitale, absolue, indiscutable : credo quia absurdum. Une vérité qui me tient, qui me fait être. Plutôt qu'une idée, une chose, une situation, serait-ce une expérience ? »[25]. Cette analyse de Julia Kristeva conduit à proposer une référence complémentaire de celle de la vision évolutionnaire : « *Je prétends que l'alternative à la religiosité montante, comme à son envers qu'est le nihilisme borné, vient déjà et précisément de ces lieux de pensée que nous essayons non pas d'occuper, mais de faire vivre. Qui nous ? Nous, pour qui l'arrimage au vaste continent des sciences humaines provient de notre implication dans les langues et la littérature.* »[26] On pourrait aussi ajouter : l'arrimage au vaste continent masqué de l'histoire de la pensée depuis Anaximandre. La question « que signifie ce besoin de croire ? » se positionne d'emblée dans le champ intentionnel. Elle affirme son indépendance, rendue possible par l'indéterminisme fondamental du fonctionnement de la nature, que j'associe au magma ou au chaos de Castoriadis. Elle conduit à un questionnement sur l'extrême solitude humaine. À partir de l'expression de Pascal, « *Le silence éternel de ces espaces infinis m'effraie* », reconnaissons que c'est bien de nous et non de l'univers (ou de Dieu) muet, que vient toute croyance. Il faudra bien sortir du double déni qui consiste d'un côté à nier le besoin de croire, ou de l'autre à nier qu'une croyance, aussi subjuguante soit-elle, soit aussi une projection, même si elle est une expérience. Ce qui sauve un être humain c'est sa foi, quelle qu'elle soit, même si chacun voudrait donner à croire que sa foi le rend plus libre que d'autres, jugées illusoires ou fausses.

La compréhension intérieure, subjective, du sens du probabilisme de toute connaissance, action, éthique, est ce que j'appelle l'esprit, elle ne vient pas que du sujet, mais de l'interaction entre plusieurs sujets. Son effet, mesurable, est toujours probabiliste. Ce qu'elle « est » est toujours subjectif. On peut appeler son refus, ou son déni, la « haine de l'esprit ». La reconnaissance de l'esprit conduit à l'acceptation de la primauté du connaissant sur ce qui est connu et en conséquence de l'existence d'un « nuage d'inconnaissance », la zone aveugle du sujet à lui-même[27]. La mesure de l'effet du « nuage d'inconnaissance » est une condensation en objet dont les caractéristiques sont reliées à sa source selon un principe

---

[25]Julia Kristeva, ouvrage cité, p 26. L'expression « credo quia absurdum », « j'y crois parce que c'est absurde » provient de Tertullien, né et mort à Carthage (150-220), issu d'une famille berbère latinisée, un des pères de l'Église Latine (avant Saint Augustin) dont l'influence sur l'Occident chrétien a été considérable.
[26]Idem, p 64.
[27]Cette expression est déjà ancienne et a une connotation mystique. Cf *Le nuage d'inconnaissance*, par un auteur inconnu du XVI° siècle, trad. Armel Guerne, Albin Michel, 1953.

d'indétermination. Cela contredit la volonté de contrôle et de connaissance totale et aussi la primauté de la rationalisation sur la construction du sens. C'est insupportable pour celui qui veut vivre de certitudes et dit ne croire qu'aux raisonnements. La haine de l'esprit est un refus d'admettre l'impossibilité d'une connaissance totale, un déni de sa propre subjectivité, une affirmation de la réalité objective de tout ce qui peut être décrit grâce à la projection subjective, une élimination de l'inconcevable du champ des possibles, et une volonté d'éliminer la pensée métaphorique comme moyen de compréhension, de créativité, d'invention et d'innovation dans le monde des sciences et des technologies. Non seulement, pour elle, en découverte scientifique et technologique, « tout n'est pas bon »[28], mais certaines modalités de pensée sont à rejeter. La haine de l'esprit est normative et prescriptive.

Elle conduit à demander ou à affirmer *ce qu'il faut penser*. Ceci ne pose pas de problème majeur lorsque cette projection conduit à décrire un monde mécanique, déterminé, lequel existe, certes, on le voit dans le passage du monde quantique au monde classique. Pour ce faire, le sujet connaissant se clive et « oublie » qui il est pour affirmer le déterminisme. Ceci est particulièrement visible dans les discours d'ingénieurs qui, pour leur activité, ont besoin d'une telle approche ou de neurologues qui pourtant devraient se sentir concernés eux-mêmes par leur discours. Le problème prend toute son ampleur quand il s'agit d'ouvrir les voies de la créativité. Car la haine de l'esprit a pour conséquence d'empêcher de faire émerger du nouveau. Elle va décrire son apparition selon un processus aléatoire, elle parlera d'émergence, ce en quoi elle a raison. Mais elle refuse d'admettre d'où pourrait provenir ce processus. Et pour être certaine que ce refus soit bien étanche, elle refuse la subjectivité elle-même, niant sa « réalité » et son efficience. Observant la créativité comme un état dont il n'y a rien à dire, elle refuse de se situer dans sa source. La haine de l'esprit, en refusant d'être dans l'inconnu, devient un obstacle, l'aléatoire est pour les autres et jamais pour soi. Elle refuse toute connaissance « réelle » à l'expression artistique, à la poésie, à la métaphore. Pourtant comment les physiciens et les biologistes parlent-ils de leur connaissance ? Par le langage métaphorique. Car ce dernier est le seul apte à décrire ce qu'ils ont trouvé à d'autres que leurs collègues proches. Comment même ont-ils pu découvrir ce qu'ils ont trouvé ? Par la pensée métaphorique, la seule capable d'accéder au nouveau[29].

---

[28]Pour reprendre à *contrario* l'expression de Paul Feyerabend.

[29]Paul Feyerabend reconnait que « tout est bon » ; il n'identifie pas que ce qui est bon s'exprime le plus souvent métaphoriquement (*Contre la méthode — Esquisse d'une théorie anarchiste de la connaissance*,1975, 1979 pour la traduction française, Seuil, Paris (1988, coll. « Points sciences »)).

Pourtant, comment nier que l'esprit émerge du fonctionnement cérébral ? Il en vient manifestement, et en conséquence, le cerveau a des qualités spécifiques le mettant en contact avec le magma de Castoriadis ou avec le champ quantique ; cette aptitude inconcevable revient à dire que l'émergeant peut, en retour, accéder à ce dont il émerge. Il resterait donc à concevoir une émergence de l'esprit selon un processus lui-même probabiliste[30].

Ainsi, toute création sociale rendue possible par une structure cérébrale, elle-même construite grâce à une organisation génétique et sociale ayant une certaine héritabilité favorisée par la relation dans, par, avec, la société, est transmise si elle a une valeur sélective. Ce ne sont pas les gènes qui agissent, mais la représentation ou le sentiment. Ainsi les parents transmettent leur conception du monde, et même son soubassement inconscient, sans devoir ou pouvoir l'expliciter. L'intentionnalité étant agissante, donc sélective, elle doit être héritable. Cela parait « tiré par les cheveux », et cela donne l'impression d'un raisonnement circulaire. Or c'est justement la caractéristique du nouveau paradigme analysé selon le raisonnement déterministe et essentialiste. C'est toujours un « cercle », vicieux ou vertueux, selon le point de vue choisi. C'est bien la raison pour laquelle le nouveau paradigme ne peut pas être compris à partir de l'ancien. Maxwell dit-on, l'inventeur de l'électromagnétisme, en découvrant la machine de Watt, reconnut que le système autorégulateur était ingénieux, mais qu'il n'était pas capable de comprendre comment il fonctionnait. Il essaya d'en modéliser le fonctionnement, mais il fallut attendre près de cent ans pour en expliquer, par la cybernétique, la logique. Cela n'avait pas empêché des inventeurs de concevoir des centaines de systèmes autorégulés, selon une logique circulaire encore insaisissable.

Soit le discours suivant : « le sentiment profond d'amour que nous avons est une illusion que la vie nous donne, car cette illusion est nécessaire pour que la vie humaine se poursuive. L'important, c'est que la vie se poursuive grâce à ce sentiment. » On ne voit pas pourquoi on ne peut pas dire : « le sentiment d'amour que nous éprouvons est réel ; c'est cette réalité agissante qui favorise la structure biologique qui le rend possible, car c'est une réalité sélective et héritable. » Les deux approches sont identiques d'un point de vue évolutionnaire, à une différence près : dans le premier cas on ne donne aucune valeur au subjectif, dans le deuxième cas, le subjectif est affirmé comme moteur, même si c'est inconcevable. Or nous sommes des êtres humains pour qui une théorie

---

[30]C'est ce qu'a tenté Daniel Dennett dans *La diversité des esprits,* mais sans vouloir aller jusqu'au fond du problème : l'existence nécessaire d'une source fondamentale d'indétermination.

n'a d'intérêt que si elle nous donne des moyens nouveaux de nous représenter nous-mêmes et l'environnement dans lequel nous sommes. C'est donc la deuxième formulation que nous devons préférer si nous voulons être les moteurs de notre propre évolution. Le nouveau paradigme nous donne les moyens de penser notre propre évolution. Nous permettra-t-il de trouver des solutions aux problèmes immenses que nous sommes en train de rencontrer ? Il est manifeste qu'il nous offre la possibilité, de manière probabiliste, d'y répondre, alors que l'ancien paradigme nous enferme dans l'impasse.

Dans une approche évolutionnaire, esprit et production d'outils sont inséparables. Utiliser un caillou pour casser des coques demande peu d'esprit. En revanche, concevoir un outil pour fabriquer un outil adapté à mieux casser ces mêmes coques demande une représentation productrice de « lois ». Ainsi, subjectivité et objectivité s'intriquent d'une manière qui semble, à ce jour, inconcevable. J'ai décrit au chapitre 8 comment je comprenais l'émergence des capacités humaines. Cette compréhension est néanmoins fondée sur un inconcevable : l'interaction du subjectif et de l'objectif. On peut différencier le fantasme de l'imagination – en leur donnant un sens probablement différent du sens commun – par leurs deux limites. Celle du fantasme correspond aux réalisations du vivant de manière générale[31]. La limite de l'imagination est celle du monde que décrit la physique quantique : nous n'avons toujours pas réussi à la comprendre, même si nous savons l'utiliser[32].

Quelle serait la différence entre psyché et esprit ? Elle apparait à partir des divergences exprimées par les philosophes sur les expériences neurologiques de Benjamin Libet et sur celles qui ont suivi dans la même direction[33]. B. Libet mit au point une expérience de mesure des activités neurologiques du cerveau d'un patient qui appuie sur un bouton électrique quand il prend une décision mentale. On découvre que ce qui correspond à cette prise de décision, au niveau de l'activité cérébrale, est toujours antérieur à la conscience de cette intention. Ce qui fait dire aux tenants du déterminisme que notre cerveau « décide » avant que nous « décidions » consciemment, ce qui est autocontradictoire, car aucune décision ne peut relever d'un processus objectif. La solution du problème serait : même si la capacité intentionnelle est de l'ordre du psychisme, la capacité réflexive à identifier sa propre intention demande un temps

---

[31]Tobie Nathan dans *Psychanalyse et copulation des insectes* (Paris, Pensée sauvage, 1983) décrit bien que les fantasmes sont très reliés à ce que le vivant a déjà réalisé. Les monstres de l'ancien temps, décrits comme réels avant que la biologie ne devienne une science, n'ont rien d'original par rapport à ce que le vivant a été capable d'inventer.

[32]Cf Richard Feynman, *La nature de la physique*.

[33]Benjamin Libet, *Mind time*, Cambridge (MA), Havard University Press, 2004.

d'activité cérébrale supplémentaire. Agir intentionnellement, donc consciemment, dans l'immédiateté, n'est pas être conscient réflexivement de sa prise de décision. Prendre conscience des sources de son intentionnalité, demande encore une « boucle réflexive » supplémentaire. Agir « en pleine conscience » exige une certaine lenteur, fardeau spécifique de cette action… Être conscient de son intentionnalité est une réflexivité supérieure à être conscient d'une intention. Ce troisième niveau, même fluctuant et évanescent, semble indispensable à l'établissement d'une relation. Car il permet d'avoir, consciemment, ce que les cognitivistes appellent une « théorie de l'esprit ». Si je suis conscient de mon intentionnalité, je peux admettre que l'autre est aussi intentionnel. Un prédateur n'a pas besoin de cette capacité réflexive, car elle ralentit l'action. Même la coopération entre prédateurs ne demande que des systèmes de rétroaction relativement simples. Le développement de la conscience des sources de sa propre intentionnalité conduit à un autre monde, celui de la coopération « probabiliste » par laquelle la relation fait émerger sans cesse du nouveau, car dans la relation intense, chacun est à l'écoute de l'improbable venant de l'autre, si improbable que cela suppose une oreille très fine. C'est dans cette interaction qu'émerge l'esprit tel que je l'entends.

Il devient possible de bâtir une approche évolutionnaire de l'esprit. Daniel Dennet s'y est engagé et par son concept de posture intentionnelle, la seule, selon lui, à même de saisir la diversité des esprits, il signe, sans le dire, la nécessité de l'approche métaphorique dans une réflexion qui s'affiche déterministe de principe[34]. Même si l'émergence d'une capacité intentionnelle parait inconcevable, elle a eu lieu. Ce n'est pas parce que nous ne pouvons pas la concevoir que nous ne pouvons pas établir des corrélations entre la structure cérébrale et la possibilité d'interactions sociales complexes. De même en est-il des capacités réflexives successives, de plus en plus fines, de plus en plus subjectives.

L'émergence de l'esprit, c'est l'émergence d'une approche rendue probabiliste à la fois par la nécessité de la relation et de la coopération et par le basculement dans ce nouveau paradigme qui s'est imposé peu à peu comme nouvelle manière de comprendre le monde et qui apparait – étrange coïncidence ? – alors que nous rencontrons les limites matérielles planétaires. Tout devient partiellement incertain, voire contradictoire, et par là même plus souple, plus adaptable, plus conceptif, plus intégratif, plus enraciné dans une durée reconnue et non projetée artificiellement selon la seule volonté de puissance. L'acceptation de l'improbable, cela

[34]Daniel Dennett, *La multiplicité des esprits.*

peut aussi être une rude remise en cause. Cette remise en cause exige une reconnaissance de la primauté du subjectif.

L'émergence de l'esprit post-scientifique, c'est la reconnaissance complète, intégrée subjectivement et exposable, de la primauté de la relation, celle qui nous fait complètement humains. Certes nous naissons humains pour reprendre le titre du livre cité plus haut, mais cette naissance est la première d'une succession d'autres naissances qui ont lieu par les multiples relations établies dans le cours du développement personnel, et ce, jusqu'à la mort.

L'émergence de l'esprit post-scientifique n'est certainement pas la fin de l'approche scientifique, c'est au contraire son intégration dans un ensemble culturel autrement plus large, celui du monde des sciences humaines dont parle Julia Kristeva, mais aussi de courants conceptifs issus des différentes innovations écrites au VIe siècle av. J.-C. C'est la réponse à Snow sur sa question des deux cultures. Au lieu d'être clivé, le chercheur peut intégrer son expérience personnelle à son travail de recherche. Il n'y a plus d'un côté le scientifique et de l'autre, toutes les autres formes d'être, il y a l'esprit post-scientifique qui prend la science au sérieux, mais refuse toute prescription sur ce que doit être la science, et en particulier les sciences humaines. En ce sens, il adhère au discours de Paul Feyerabend, et son activité scientifique peut s'intégrer dans une culture devenue intégratrice.

Chapitre XV

Le nouveau paradigme sous l'angle métaphorique

Si la face quantitative du nouveau paradigme est décrite par le probabilisme, sa face qualitative est accessible par la métaphore.

Pour la pensée scientifique classique, la métaphore est le mode de pensée à abattre. La pensée métaphorique préscientifique s'opposait en effet à l'esprit de recherche puisqu'elle apportait une réponse signifiante ; en fournissant du sens, elle dissolvait l'esprit de recherche. Hobbes, Locke, et tous les penseurs dits « rationalistes » du XVIIe et XVIIIe siècle ont méprisé la métaphore. La formation de l'esprit scientifique s'est ainsi réalisée en opposition à la pensée qui cherche la réponse dans le sens plutôt que dans le fonctionnement[1]. La pensée scientifique ne pouvait que refuser aussi toute forme de reconnaissance du hasard. À *minima*, le déterminisme de méthode est sa référence. Cela n'empêchait certes pas l'activité métaphorique, car elle est nécessaire pour inventer et imaginer des hypothèses. Mais les scientifiques cachaient ce côté « obscur », tel Newton dont on a découvert récemment les centres d'intérêt ésotériques. Avec la compréhension de la contingence des lois de la nature, il est moins nécessaire de se cacher.

Ce n'est pas parce que les psychanalystes sont peu scientifiques qu'ils recourent à la métaphore et la recherchent, c'est parce que leur objet d'étude est le psychisme, lequel procède de manière probabiliste, à l'image du fonctionnement neuronal sous-jacent[2]. La pensée

[1]Je reprends ici l'expression de l'ouvrage de Bachelard, alors que ce dernier se montre un maitre en pensée métaphorique. En ce sens, c'est un précurseur du nouveau paradigme. Mais, et en ce sens il est représentant de l'ancien paradigme, il crée une séparation étanche entre l'esprit scientifique et l'esprit poétique (ou métaphorique). Il vit les deux pôles dans le clivage, il ne les unifie pas.

[2]Le psychisme, qui est difficilement accessible autrement que par le langage, procède selon un mode métaphorique que l'on peut traduire quantitativement comme étant probabiliste.

métaphorique post-scientifique est ainsi bien différente de celle qui avait lieu avant la science. Elle peut jouer avec les lois de la nature. Les biologistes n'hésitent plus à exposer une pensée signifiante : ils ont la correspondance « variation aléatoire – sélection ». Cette libération permet de faire émerger le nouveau paradigme : la pensée métaphorique post-scientifique. Le sens et la finalité peuvent à nouveau être projetés sur le monde provoquant un réenchantement qui ne provient pas de la nature, mais de notre capacité inventive. Sur les décombres des grands mythes, des grands récits, détruits les uns après les autres par l'activité critique et scientifique, vont naitre de nouveaux récits enchanteurs. L'action technologique pourra être dirigée par une pensée qui aura un sens. Mieux encore, la science deviendra inspirante. C'est une pensée transversale qui a conduit Newton à trouver sa loi, c'est un rêve mythique qui conduisit Kekulé à concevoir la formule du benzène. Ce sont des pensées métaphoriques, probabilistes, qui nous permettront de sortir de l'impasse mécanistique dans laquelle nous nous enfermons.

La multidisciplinarité est issue de l'ancien paradigme, même si elle est une première façon de dire que la discipline universelle est devenue hors d'atteinte. L'interdisciplinarité est davantage dans l'ambivalence, car elle présuppose qu'il existe des schèmes de pensée, issus d'une discipline, qui pourraient être utilisables par une autre, par transduction ; mais cela génère le plus souvent une nouvelle discipline. La transdisciplinarité, elle, entre de plain-pied dans le champ métaphorique puisqu'elle travaille sur le sens et réalise l'étude conjointe de la nature et de l'imaginaire, de l'objectif et du subjectif. Elle se situe en plein dans les interfaces, dont les sciences, dans leur individuation, ont provoqué la prolifération. L'interface est, de principe, non déterminable totalement ; c'est par un processus transductif que se construit la transdisciplinarité.

Les métaphores exposant l'évolution du vivant viennent de notre capacité représentative. Leur efficacité s'enracine sur l'isomorphie entre les opérations cognitives et celles du monde étudié. Ce qui parait bien outrecuidant est de prétendre connaitre à l'avance nos capacités en la matière. En enfermant l'imagination avec des « jamais », on perd l'usage de la métaphore pour saisir cet indéterminé qui angoisse. Nombre de nos représentations actuelles auraient été inimaginables il y a seulement quatre siècles ; pensons au concept de champ dont l'universalité est devenue manifeste un siècle après son élaboration. Et, en ce qui concerne la physique quantique, nous commençons tout juste, en ce début du XXe siècle, à nous représenter collectivement ce qu'elle dit. Le nouveau paradigme s'appuie sur l'aptitude métaphoro-probabiliste, insaisissable à partir de l'ancien.

La métaphore de l'ivrogne nous dit que, devant les limites définies par l'espace, les matières premières, l'énergie, l'eau, l'alimentation, l'atmosphère, toute variation demandant un accroissement exponentiel des demandes de ces ressources est condamnée. Tout volontarisme allant vers le mur rebondira dans l'autre sens plus violemment. La seule approche qui fonctionnera est celle qui permet d'explorer en tournant le dos au mur ou encore de jouer à celui qui saurait traverser les murs...

Sommes-nous, en tant qu'espèce, au sommet de l'évolution comme le suggère la métaphore du sapin ? Sommet ou parasite en phase terminale ? Ce dernier oublie qu'il a besoin des autres pour vivre et les exploite jusqu'à la mort. Qui oserait parier sur sa survie à moyen terme ? Quand il sera seul face à l'abime, où ira-t-il ? À moins de trouver un puits de ressources sans fin à notre échelle, il faudra bricoler. Tout est possible, moyennant certaines limites. À moins de changements radicaux, ceux-là qui apparaissent pourtant selon les mêmes modalités que les changements légers, par modification-variation sélectionnée... Les grandes innovations de rupture du vivant sont surprenantes, parfois stupéfiantes. N'en est-il pas de même des mutations humaines ? Pour les hommes qui ne vivent pas dans l'univers technologique, certaines innovations relèvent de la magie. Pour ceux qui ne vivent pas dans la réflexivité, des innovations psychiques sont inconcevables.

Le sens de l'opportunité n'est pas ce que nous ont appris les courants de pensée dominants. La pensée atomiste antique est isolée et ses partisans, peu nombreux. Peut-être Anaximandre en fut-il le prélude. Puis l'école d'Abdère — Leucippe, Démocrite – qui eut, dans sa filiation, Épicure puis Lucrèce dont le concept de clinamen est homologue de celui du principe d'indétermination. Protagoras, un des premiers sophistes, élève de Démocrite, défendait l'idée de l'action opportune. Parallèlement, Empédocle avait déjà exclu toute causalité finale et s'accordait avec les atomistes[3]. Un des principaux élèves d'Empédocle fut Gorgias, autre sophiste mis en scène par Platon. Ce dernier a ridiculisé les sophistes au point que le terme « sophisme » est devenu synonyme d'un raisonnement sans portée. Pourtant l'analyse des doctrines des sophistes dévoile une préconceptualisation de l'intentionnalité et des conséquences de l'action intentionnelle. Protagoras élabora une première ébauche d'une théorie de la mesure. « *L'homme est la mesure de toute chose* », dira-t-il, et Platon le raille par la bouche de Socrate en demandant : *pourquoi pas le pourceau ou le*

[3]Empédocle décrit un processus évolutif selon lequel sont d'abord sortis de la terre des membres épars, puis des monstres, puis les créatures que nous connaissons.

babouin »?[4] Dialogue que reprennent, sans, semble-t-il, en savoir la continuité, les physiciens modernes, selon ce qu'il est convenu d'appeler la « théorie de la mesure ». Murray Gell-Mann, le premier théoricien des Quarks, écrit : « *Une mesure faite par un être humain quelconque, même de la plus médiocre intelligence, a-t-elle réellement plus d'importance que celle faite par un gorille ou un chimpanzé ? Et sinon, pourquoi ne pas remplacer le singe par le chinchilla ou la blatte ?* » [5]. Gorgias de son côté développe une rhétorique qui permet de faire triompher une cause, selon le cas, et selon le principe du moment opportun. La plus haute valeur selon Gorgias c'est le sens de l'à-propos. « *Car ils croyaient cette loi la plus divine et la plus universelle qui consiste à dire, à taire, à faire (ou à ne pas faire) ce qu'il faut quand il le faut.* »[6] Gorgias peut montrer que, selon l'approche des sophistes, on accède à l'universel humain, lequel est ignoré par l'ontologie platonicienne. Le sens de l'à-propos, c'est le sens du contexte, du sentiment, de l'émotion, de l'humain, de l'ouverture à l'autre. Ces qualités qui manquent souvent aux scientifiques et techniciens, mais aussi aux métaphysiciens classiques, ce qui les empêche d'être compris des citoyens de la société démocratique moderne, déjà engagés dans la mutation métaphoro-probabiliste.

Si l'ontologie du courant sophistique parait défaillante à certains, c'est que, dans la conception des sophistes, l'essentiel ne peut être atteint que selon un processus indéterminé, le « moment opportun », l'occasion à saisir. Ce sens du moment opportun, décrit comme le secret du sophiste, est aussi le secret de l'action métaphorique, son aptitude à utiliser le hasard en y mettant du sens, conception à laquelle ne pouvaient accéder les Grecs à cette époque. C'est à ce secret que le nouveau paradigme émergent s'associe, sans en dévoiler pourtant tous les mystères.

On retrouve cette approche, souvent implicitement, chez des modernes comme Dennett, Atlan, Changeux. Il apparait une homologie entre la capacité à saisir une opportunité et la capacité à orienter une action. La métaphore du démon de Maxwell qui ne fait que trier et par là modifie un système, c'est l'intention qui trie et par là oriente[7]. Pour Lionel Naccache, la conscience sélectionne parmi des possibles[8]. En conséquence, un environnement très stable offre moins d'opportunités à

---

[4]Platon, *Théétète* (161 c), Paris, Gallimard, La Pléiade, Œuvres complètes, tome 2, 1970, p 112.

[5]Murray Gell-Mann, *Le quark et le jaguar*, trad. Gilles Minot, Paris, Flammarion, 1997, p 180.

[6]*Cf bib. de La Pléiade, Les présocratiques*, p 1029.

[7]Le démon de Maxwell est imaginaire ; situé près d'un orifice qui sépare deux compartiments contenant un gaz, il laisse passer dans un sens les molécules rapides et ferme l'ouverture pour les molécules lentes, et fait l'inverse pour l'autre sens. Par son information, il augmente la température d'un compartiment et abaisse celle de l'autre, car la vitesse des molécules d'un gaz est corrélée avec la température du gaz.

[8]Lionel Naccache, *Le nouvel Inconscient – Freud, Christophe Colomb des Neurosciences*, Paris, Odile Jacob, 2006.

l'acteur intentionnel, limitant par là ses capacités. Cette relation entre hasard et intention se manifeste dans la recherche scientifique, l'invention technique et le déroulement de l'histoire. Une multitude de découvertes scientifiques et technologiques ont été faites « par hasard » ou par erreur. Dans les périodes les plus troublées émergent des hommes remarquables qui n'auraient pas pu agir dans un contexte plus stable. Héraclite aurait écrit : « *Si tu n'espères pas l'inespéré, tu ne le trouveras pas. Il est dur à trouver et inaccessible.* » Pasteur l'avait remarqué : « *le hasard ne favorise que les esprits qui y sont préparés* » ; ceux qui détiennent en germe les fondements de l'acteur probabiliste et voient la fenêtre d'opportunité lorsqu'elle s'ouvre. C'est le principe dit de sérendipité dont l'histoire est elle-même une étonnante illustration[9].

L'opportuniste, dans le sens profond des sophistes, répond à la métaphore du fardeau. Il en porte un lourd par manque de spécialisation, conséquence d'une orientation de l'esprit plus ouverte et multiforme. Apte à saisir le moment opportun, il est moins efficace dans un monde morcelé, mécanisé, exigeant des savoirs répétitifs. Lorsque la complexité du monde se révèle et qu'il faut vivre dans et par cette complexité, il a plus de chance d'être apte à vivre la nouvelle situation et à trouver des solutions innovantes.

Comme nous le suggère la métaphore d'Attila, il n'y a guère d'espoir à regarder vers le passé pour y retourner. La transformation qui nous a conduits aux sociétés « postmodernes » a détruit les conditions de retour aux temps précédents. Nous sommes condamnés à inventer pour sortir du lieu dont les chemins qui nous y ont menés ont disparu. Elle nous permet de comprendre la crise de l'enseignement qui sévit dans les pays développés. Une fois l'accès aux études mis en place pour la grande majorité, l'élévation du niveau global entraine une situation instable pour les enseignants, à la fois nombreux, donc banalisés, moins reconnus, car noyés dans la masse de la population instruite, souvent plus spécialisés et moins ouverts que les parents de ceux qu'ils forment. Dans ces conditions, il n'est plus possible de maintenir l'enseignement tel qu'il avait été conçu. Il faut inventer du nouveau. De même pour les crises des institutions religieuses. Elles font référence à un monde ancien, dogmatique et figé, dont les représentations ne nous parlent plus. Le Dieu souhaité est celui qui est dans notre désir d'infini et dans notre relation à

---

[9]Louis de Mailly publia en 1719 *Le voyage et les aventures des trois princes de Serendip*, à partir d'un texte italien de Cristoforo Armeno publié à Venise en 1557. Ces princes, dotés d'une capacité d'observation hors du commun sont capables de résoudre des énigmes que nul ne comprend. Horace Walpole quatrième comte d'Orford, à partir de cette lecture, forge en 1754 le concept de Serendipity qui est la « sagacité accidentelle », ou la découverte par analyse de l'évènement hasardeux. Ce concept nous est revenu sous la traduction directe de sérendipité…

l'avenir, tandis que leur réponse est de fournir un catéchisme ancien qui répond à des demandes oubliées. Le Dieu ancien, cause de notre existence, a disparu et il se trouve désormais devant nous, attracteur singulier vers lequel se tourne notre désir d'infinitude.

Il est signifiant que les plus grandes innovations du vivant viennent de la coopération. Autant la compétition peut avoir des effets positifs sur une durée courte, autant il faut savoir la limiter dans la durée. Dans la traversée d'une épreuve ou devant la nécessité d'une innovation de rupture, ou de plusieurs, l'histoire du vivant montre que la coopétition a fait ses preuves. Cette métaphore s'oppose à l'image de l'intelligence telle qu'elle est valorisée aujourd'hui : l'intelligence prédatrice. Si nous ne sommes pas capables de réorienter notre intelligence vers la coopération, notre capacité prédatrice se retournera contre nous. À la fin du XXe siècle et au début du XXIe,^ la prédation humaine s'amplifie. Mais le paradigme antagoniste de la coopétition s'étend. Saurons-nous en saisir l'opportunité ? Cela semble possible, car l'émergence de l'esprit correspond à la pensée probabiliste collective actuellement en développement.

Le fleuve de la vie s'oppose à des images classiques du flot qui est un rassemblement de bassins versants finissant par déboucher en un seul flux sur la mer. Le fleuve de la vie s'enrichit des informations et des capacités nouvelles, il s'élargit sans cesse et ressemble à l'estuaire de l'Amazone. On peut passer d'un bras à l'autre, à condition qu'ils ne soient pas trop lointains. La culture et les propriétés de la conscience conduisent à générer des flux transversaux à contrepente, car fondés sur d'autres différences de potentiel, conséquence d'une métastabilité à plusieurs niveaux.

Souvenons-nous de la métaphore d'Icare ; la persévérance dans ce qui a conduit au succès finit par l'échec, car le succès dans la durée c'est celui, nécessaire, de la transformation, à moins de se contenter d'une niche réduite et d'espérer qu'elle se maintiendra[10]. Le succès de l'humanité qui conduit à une expansion globale devra conduire à une transformation de celle-ci, car la biosphère ne lui suffit plus. Ce succès provient d'au moins deux grandes innovations de rupture associées, la première dans le domaine de la production d'aliment et dans l'organisation sociotechnique, la deuxième plus intellectuelle, psychique, spirituelle, qui lui donne une capacité extraordinaire d'adaptation et de création de son environnement. La transformation nouvelle, initiée en Europe il y a six siècles, a conduit à une transformation planétaire puis à

[10]Il peut y avoir quelques beaux succès comme le Cœlacanthe, mais justement sa niche écologique est très réduite.

une butée qui ne peut engendrer qu'une véritable renaissance ou au contraire un effondrement.

Les métaphores d'origine darwinienne et quantique suggèrent comment cette transformation pourrait avoir lieu. Ici, il est temps de remarquer que les darwiniens et néodarwiniens ont très mal vendu leurs théories ; peut-être, dans le contexte philosophique de l'époque, ne pouvaient-ils pas faire autrement. Spencer, à l'origine du terme « sélection du plus apte », plus lamarckien que darwinien, et Galton soupçonné d'eugénisme, ont dès l'origine donné une vision sociale déplorable du darwinisme[11]. Qu'une grenouille ponde des milliers d'œufs qui donneront des centaines de têtards pour finir en moyenne par deux individus atteignant l'âge adulte est une réalité. Que cela donne un sens précis à la sélection de ceux qui atteignent l'âge reproducteur est évidemment erroné. Elle dépend de trop de paramètres. Mais le pire est de vouloir en inférer ce qui se passe dans une société humaine pénétrée de sélection artificielle.

On pourrait, chez l'homme, faire les raisonnements darwiniens suivants : le gout de la domination est génétiquement fondé. Ceux qui aiment dominer finissent par avoir les fonctions dominantes mieux rémunérées permettant des dérives hédonistes. Ils auront moins d'enfants que la moyenne. Le gout de la domination devrait donc à terme disparaitre... Ou au contraire : ceux qui aiment dominer finissent par avoir les fonctions dominantes qui leur permettent de satisfaire leur désir de descendance. Ils auront beaucoup plus d'enfants que la moyenne. Le gout de la domination devrait donc s'accroitre et conduire à des guerres de domination incessantes... Finalement, peu importe l'hypothèse, on trouvera toujours celle qui répond aux besoins du moment.

On voit ici que les conceptions darwiniennes projetées sur l'homme, sans analyse des modalités opératoires, ne peuvent donner que des conclusions inopérantes ou des tautologies qui n'apportent rien. L'approche darwinienne est heuristique, elle est un mode de compréhension, de recherche, et non d'explication, conformément à toute approche probabiliste sans possibilité de calcul selon la loi des grands nombres. Il faut valider l'hypothèse selon des modalités expérimentales toujours délicates. La physique quantique est différente pour les raisons exposées au chapitre cinq ; complètement formalisée, elle ouvre des possibilités de prévision d'une précision extrême, sans pour autant être totalement déterministes, car elle ne peut pas tout prévoir *à la fois*. Elle

[11]Pour André Pichot (*La société pure*, Flammarion, Paris, 2001), Darwin lui-même ne peut être lavé de tout soupçon.

est, en quelque sorte, une pensée probabiliste complémentaire de la précédente.

Le problème majeur pour pouvoir intégrer une approche biologique, c'est-à-dire, en fin de compte, les représentations que nous avons du vivant, dans une vision sociétale et politique, vient surtout du manque de compréhension réciproque des scientifiques du vivant et des scientifiques de l'humain. Déjà les points de vue diffèrent entre anthropologues, sociologues, psychologues, économistes, ou entre généticiens, physiologistes, écologues. De là, on peut concevoir les difficultés à réaliser les transversalités entre sciences du vivant et sciences de l'humain.

Il est inopérant et tautologique de dire que la sélection naturelle favorise les plus aptes, en considérant l'aptitude comme un caractère identifiable. Si c'était vrai, il n'aurait jamais existé d'impasse évolutive et toute espèce disparue serait à l'origine d'une espèce actuelle. Or la très grande majorité des espèces, dont les lignées étaient faites des plus aptes, ont disparu sans donner d'espèce descendante. Réciproquement, tous les êtres vivants actuels, du puceron à la baleine, de la pâquerette au séquoia, sont issus de lignées qui ont réussi.

Le nouveau paradigme demande à intégrer, métaphoriquement, une approche probabiliste des activités humaines – même les plus structurées – à la reconnaissance d'un indéterminisme irréductible entre le fonctionnement cérébral et la représentation qui fait sens. Actuellement, les neurologues s'appliquent à trouver des corrélations. D'un côté, ils ne s'intéressent qu'à des contenus de conscience simples, voire frustres, — on ne peut le leur reprocher, ils commencent – et de l'autre côté, ils font des erreurs conceptuelles sur ce que signifie la conscience, ses contenus, les articulations de ces derniers. Il suffit de lire, par exemple, les différentes interprétations des résultats des expériences de Libet pour saisir jusqu'où se cache le refus de l'indéterminisme[12]. Il suffit de reconnaitre que l'intentionnalité, c'est-à-dire l'action consciente finalisée, est différente de la conscience de cette intentionnalité pour que le paradoxe de ces résultats disparaisse. On ne peut pas être en même temps conscient de ce que l'on fait et conscient de cet état, sauf, semble-t-il, après un véritable entrainement qui suppose une forme préalable d'indéterminisme.

Ce refus de l'indéterminisme peut se cacher là où on ne l'attend pas. Par exemple, des psychanalystes recherchent dans les sciences du XXe siècle de nouvelles métaphores signifiantes et opérantes, ce qui est

[12]Outre celles de Libet lui-même, dans son livre *Mind time*, on peut lire celles de Dennett, Searle, Staune...

conforme à ce qu'on attend d'elles[13]. Mais, dans cette recherche se dissimule un postulat qui pose des problèmes insurmontables. Ce postulat prétend que « *les chaines de représentations définissent des liaisons causales* ». Ceci n'est pas possible dans le sens moderne qu'a pris le terme « cause », c'est-à-dire la cause efficiente d'Aristote. Dans ce qui concerne la signification et la recherche de sens, l'indéterminisme est nécessaire pour que ce soit opérant. Il n'y a pas d'homologie entre articulations signifiantes et causalité efficiente. Nous l'avons vu, le monde du signifiant est un « magma », sur lequel appliquer la logique « identitaire ensembliste » est un non-sens. Ce qui signifie que les métaphores de la physique quantique pourraient être opérantes dans la compréhension du psychisme, sans pour autant définirent des liaisons causales : ce sont des liaisons signifiantes. Qu'il y ait une raison à l'existence d'un fantasme, soit, mais cela ne peut être une cause dans le sens où ce terme est entendu en sciences de la matière, biologie comprise. On pourrait dire, en utilisant la métaphore darwinienne, que ce qui fait sens a potentiellement un aspect sélectif sur l'évolution de l'analyse. On pourrait aussi en conclure que l'analysant sélectionne son analyste en fonction du sens qu'il cherche à son expérience vécue, etc. Un fantasme, une pulsion, une expérience traumatisante ont plusieurs destins possibles. Ce qui fait sens oriente. Il en est de même dans la relation entre psychisme et cerveau. « *[L'homme] ne saurait d'ailleurs avancer une interprétation de son psychisme en termes d'évènements physiques dont la définition est elle-même un phénomène psychique qui doit être interprété.* »[14]

Pourquoi Nietzsche, le plus grand philosophe accédant au champ métaphorique, depuis Platon, génère-t-il autant d'admiration et de réserve souvent de la part des mêmes lecteurs ? C'est probablement qu'il a pensé et écrit à l'époque du triomphe de la pensée déterministe qui identifiait déterminisme scientifique de méthode et déterminisme philosophique porté par les résultats de la science. Or la pensée métaphorique dans un contexte culturel déterministe est le terreau de l'idéologie et des formes politiques totalitaires, puisque ce qui fait sens est identifié à des liaisons causales. Nous pouvons aussi le découvrir à la lecture de *La république* de Platon, ouvrage autant admirable qu'irritant. L'histoire de l'Église catholique, pourfendeuse d'Épicure au point d'éliminer la littérature épicurienne, témoigne dans le même sens. Les idéologies du XXe siècle, fondées métaphoriquement, mais déroulées mécaniquement finissent dans l'horreur, même quand l'intention parait bonne. Certes, la pensée

[13]Georges Pragier et Sylvie Faure-Pragier, *Repenser la psychanalyse avec les sciences*, puf, col Le fil rouge, 2007.
[14]André Bourguignon, *Histoire naturelle de l'homme – 2 — L'homme fou*, puf, 1994, p. 149.

métaphorique peut être autant créatrice que destructrice, mais qu'elle soit surtout destructrice dès qu'elle est transformée mécaniquement dans l'action ne fait guère de doute. Il y a là une définition assez précise du totalitarisme : le positionnement politique dans le champ métaphorique associé à une philosophie déterministe[15]. Cela comprend, de fait et de principe, le totalitarisme religieux. Aussi, la science classique, éclairée par l'esprit des lumières, qui ne pouvait que haïr la pensée métaphorique, a finalement conduit aussi au totalitarisme par un chemin en miroir. Le passage vers le nouveau paradigme demande l'intégration de l'indéterminé – accessible dans le champ métaphorique – à la science. C'est notre principal allié contre un totalitarisme rampant actuellement à l'œuvre.

En paraphrasant Péguy, je dirai que tout commence en métaphore, se poursuit en art et science, pour finir en politique et production d'objets. Le nouveau paradigme est fondé sur l'indéterminisme philosophique, fondement du sujet, dans un contexte de déterminisme de méthode, postulat de l'objet. C'est alors que le champ métaphorique peut prendre toute sa place. La croissance du déterminisme de méthode, qui se voit dans le développement technologique, dans les organisations professionnelles ainsi que dans les méthodes de management, crée le contexte de mise en évidence de l'indéterminisme philosophique que la nouvelle pensée scientifique soutient, mais de manière encore trop implicite. Le déterminisme de méthode devrait être spécifique de ce qui conduit à une production ; ce qui signifie qu'à terme, elle sera entièrement robotisée. Pour tout le reste des activités humaines, l'ouverture au champ des possibles est nécessaire.

Les échanges entre disciplines demandent de la modestie et ce d'autant plus que l'on cherche à comprendre l'homme. L'autoorganisation, le code, le programme, dont parlent les biologistes, sont de belles images. C'est-à-dire qu'il s'agit de projections psychiques qui à la fois permettent des découvertes et les rendent « parlantes ». Ainsi en est-il de l'apoptose ou « suicide cellulaire »[16]. Le seul fait de parler de suicide a un sens. Dans ce cas précis, c'est un suicide au service de la vie de la communauté, riche imaginaire porteur de sens, celui qui dit « mourir pour ceux qu'on aime ». Peut-on prétendre, dans l'étude de nos représentations, de nos fantasmes, de notre imaginaire, que le sens issu de la projection d'allégories serait produit de manière déterminée ? Comment un chercheur, dans ces sciences demandant un déterminisme

[15]Nous avons montré que la pensée économique (néo)libérale cédait à cette même tentation totalitaire.
[16]Jean-Claude Ameisen, *La sculpture du vivant.*

de méthode, peut-il s'appliquer à lui-même ce déterminisme alors qu'il rêve de l'hypothèse qui transformera ses travaux ? Aucune activité de recherche ne serait plus possible. Il faudrait qu'il s'interdise d'émettre des hypothèses non déterminées, s'opposant à Einstein qui avait bien compris qu'« *il n'existe aucun chemin qui mène de l'expérience à la création d'une théorie* ». Ce en quoi, par ailleurs, Einstein se contredisait en croyant que « *Dieu ne joue pas aux dés* ». Peut-être a-t-il changé d'avis avant de nous quitter…

Parler de néoténie et néoténisation à propos de l'homme, de groupes humains, de la société, est métaphorique, et si je n'ai pas cité la néoténie parmi les métaphores biologiques, c'est en raison de sa banalité et de sa mauvaise utilisation. Il convient de la prendre dans sa globalité. La néoténie est un terme créé au XIXe siècle, en zoologie, pour décrire l'aptitude à la reproduction d'animaux restés à l'état larvaire, ou – anthropologiquement – infantile. Constaté, en premier lieu, sur un batracien, lequel peut se reproduire soit sous forme de têtard pourvu de branchies – l'axolotl – soit à l'état adulte pourvu de poumons – l'amblystome, ce phénomène serait une conséquence d'évolutions divergentes dans la sécrétion des hormones qui contrôlent la morphogenèse. Il est aujourd'hui utilisé pour définir la conservation à l'état adulte de formes ou de caractères habituellement présents à l'état infantile. Un processus de néoténisation, qui correspond à une régression, une dédifférenciation, une non-différenciation, ou même un ralentissement, peut être plus ou moins spécifique ou localisé par rapport au tout de l'organisme/organisation de référence. Il demande des conditions de milieu bien définies au niveau énergétique (lumière, température) et une protection. La néoténie fragilise ; un processus de néoténisation menace la survie. Il ne peut avoir lieu que s'il est protégé par un milieu qui compense la déficience correspondante. Aussi, toute spéculation sur l'origine de l'humanité qui voudrait expliquer notre aptitude technique par la néoténie est un contre sens. C'est l'inverse. La métaphore de la néoténie et celle du processus de néoténisation traversent, de fait, tout ce livre…

Depuis que la philosophie existe, la recherche de la vérité se construit en utilisant souvent le raisonnement dit par l'absurde. Il suffit de partir d'un système de pensée quelconque et de conduire, par le raisonnement, tout ce à quoi mène ce système. Or l'expérience montre qu'il recèle toujours une contradiction interne. Ce qui finit par conduire le logicien critique à rejeter le système philosophique en question. Cette situation est d'ailleurs conforme à l'échec du programme de Hilbert (cf chapitre 10). Ainsi, Schopenhauer a-t-il pu écrire *L'art d'avoir toujours raison.* D'un côté, on réalise une analyse critique, par l'absurde, de celui dont on veut détruire les conceptions et de l'autre, pour ce qui concerne les siennes, il s'agira de réussir une pirouette verbale qu'un philosophe ultérieur finira par identifier à partir du même raisonnement par l'absurde.

Tertulllien fut le premier penseur à affirmer : j'y crois parce que c'est absurde. Aujourd'hui, on dirait que chaque système philosophique se fonde sur une croyance qui pourrait être mise en cause par un système plus large, mais qui aura lui aussi sa propre limite. La solution, c'est ce que l'on appelle « mise en abyme », par une sorte d'autoréférence à l'infini. L'inconvénient est alors de produire une pensée autoréférente, circulaire, qui ne s'affronte plus au réel puisqu'elle met l'analyse du réel sous condition de son propre système. Ce procédé montre une puissance artistique, car il dit quelque chose d'essentiel sur le principe de l'unité du psychisme. Les dessins de Maurits C. Escher (1898-1972) en sont une excellente formulation imagée.

Il y a deux principales manières, apparemment contradictoires, de rendre quelqu'un fou ou névrosé. Premièrement ce qu'on appelle « la double contrainte », ou l'injonction paradoxale qui demande une chose et son contraire comme : « soyez créatif ! ». Deuxièmement, exiger de quelqu'un de ne jamais se contredire. Autrement dit, l'exigence de la non-contradiction ou l'exigence contradictoire sont insupportables pour celui qui les reçoit. Nous pourrions dire qu'elles sont « contradictoires » avec le fonctionnement psychique qui associe dans la fluidité contradiction et non-contradiction.

La pensée probabiliste est une mise en abyme permanente. Il s'agit de reconnaitre la faille qui est une sorte de point aveugle permettant à sa propre vision du monde de paraitre cohérente. Ainsi, l'énonciation d'un principe fondamental probabiliste est la façon de sortir du piège de la mise en abyme enfermante, le « être ou ne pas être » de Hamlet. Entre subir et agir, le choix nécessaire et impossible, se situe la reconnaissance de fait du principe probabiliste ; subir et agir. Inconcevable, mais opérationnel. On retrouve là, la pensée taoïste de « l'agir du non-agir ».

Après avoir repoussé toujours plus loin la mise en abyme, vient l'ultime frontière, reconnaitre l'impossibilité d'une pensée « complète », « cohérente » et « certaine ». Après une longue trajectoire de la pensée humaine, la pensée probabiliste post-scientifique est donc très différente de celle qui serait magique et préscientifique, car elle provient de la compréhension des limites, logiques et matérielles, et de l'expérimentation sur ces limites. Dans ce sens, un livre comme *Tout, non, peut-être* de Henri Atlan est une préfiguration de la pensée du nouveau paradigme, de même le livre de Francis Kaplan *La vérité – le dogmatisme et le scepticisme*.

C'est bien la fin du dogmatisme, mais sans pour autant être un relativisme. Car leur opposition relève bien d'une pensée anti-probabiliste. Accepter le probabilisme c'est donc entrer dans un nouveau mode de pensée qui reste à construire. Ce mode de pensée se situe dans le champ métaphorique, celui de l'activité intentionnelle.

La révolution paradigmatique qui se déploie sous nos yeux incrédules, par angoisse de l'indéterminé, c'est que seule la pensée métaphoro-probabiliste pourra nous sortir d'un processus rationnel automatique, assassin à terme de toute forme de créativité, qui, en plus, voudrait y faire adhérer les peuples selon des expressions allégoriques – germes de formes totalitaires. La grande nouveauté qui apparait aussi devant nos regards dubitatifs, c'est que penser de manière probabiliste et penser de manière métaphorique sont devenus homologues et nous sortent du piège totalitaire. La pensée probabiliste est une manière d'exposer quantitative, alors que la pensée métaphorique, plus qualitative, offre l'accès à la signification et la recherche de sens. La pensée relève de la parabole comme l'action est probabiliste. Les darwiniens sont exemplaires à ce sujet, ils ont une approche générale probabiliste et certains d'entre eux sont capables d'imaginer de magnifiques histoires, à commencer par Dawkins lui-même. Son ouvrage, *Il était une fois nos ancêtres*, est un étonnant livre poétique, un hymne à la vie. Pourtant l'auteur s'affirme pur darwinien antispiritualiste et déterministe. Quelle contradiction apparente !

Comme quoi les porteurs de l'esprit ne sont pas toujours ceux qu'on croit. Car la conception que nous avons de l'esprit est une métaphore de celle que nous avons du monde et de l'univers. Ceux-là mêmes qui le portent l'ignorent souvent et pourraient risquer de basculer dans ce dont ils ont horreur. Ils fondent l'esprit sur une méconnaissance. Pour paraphraser Pascal et Racine, l'esprit a ses raisons que la raison ignore.

Chapitre XVI

Le nouveau paradigme dans l'agir

Pour des actions sur le long terme, le nouveau paradigme devient nécessaire. Métaphorique dans la pensée, il devient probabiliste dans l'agir.

Les acteurs politiques ou économiques de la société se décrivent comme des personnes « pragmatiques ». Ils affirment n'avoir pas « d'états d'âme ». Ils croient enraciner leurs actions dans la concrétude. Il apparait pourtant, il suffit de les pratiquer professionnellement, qu'ils fondent leurs actions sur des abstractions, souvent de nature mécaniste, qu'ils considèrent comme des réalités matérielles. L'introspection peut nous conduire à comprendre ce phénomène. C'est un effet de la domination de l'action, même intentionnelle, sur la réflexivité, de confondre les représentations avec la réalité qu'elles représentent. Les acteurs économiques sont une sorte de modèle à cet égard. Ils se représentent la métaphore du marché comme une réalité mécanique et nécessaire ; le marché résulterait d'une « loi naturelle »[17]. En somme, ils n'ont pas compris ce qu'est ce marché qu'ils vénèrent chaque jour. Sur la crise de 2007-2008, que penser du jugement suivant, sinon qu'il est bien adapté ? : « *Rappelons-nous [...] ce fameux [...] trésorier qui [...], juste avant l'explosion de la crise, ouvrait le parlement en annonçant une prospérité inouïe, et demandons-nous si ces optimistes [...] ont jamais prévu ou annoncé la moindre crise. Jamais il n'y a eu de période de prospérité, sans qu'ils aient saisi l'occasion de démontrer que, cette fois, la médaille n'aurait pas de revers et que, cette fois, le sort inexorable était vaincu. Et le jour où la crise se déclarait, ils faisaient les innocents et n'avaient pas assez d'indignation morale ni de reproches rebattus à l'adresse du commerce et de l'industrie qui, à les entendre, auraient*

[17]Karl Polanyi décrit bien ce phénomène, dans *La grande transformation*, p 157 -177.

manqué de prudence et de prévoyance ». J'ai supprimé, par des crochets, les mots qui spécifient une date ou une idéologie. On se croirait en 2009… Pourtant, il s'agit d'un article de Karl Marx datant de 1852, à propos de la crise de 1848. Les connaissances scientifiques générales ont évolué depuis plus de cent-cinquante ans, mais non le comportement des acteurs économiques et politiques.

Si l'on propose une conception de la rentabilité ou de l'efficacité plus large que celle qui est admise par ces acteurs depuis trois siècles, ils se gausseront de cette approche « non concrète ». Pourtant la succession des crises économiques des deux derniers siècles (et il y en a eu des dizaines dans le monde) montre que rien n'a changé par rapport à la constatation de Karl Marx[18]. Certes, il y a eu des compréhensions et une croissance économique énorme dans la durée. Cela a-t-il changé le comportement de ces acteurs ? Il ne semble pas. Serait-ce un manque de pragmatisme, de sens du concret, de « sens des réalités » chez ces acteurs ? N'apprennent-ils rien de l'Histoire ?

Pour un acteur économique « concret », la rentabilité immédiate de l'action est la condition de faisabilité de l'action. Est rentable, pour les acteurs économiques, ce qui leur rapporte suffisamment dans un futur proche. Le mot « suffisamment » est défini par un nombre précis, par exemple le temps du « retour sur investissement » dont la valeur dépend du moment[19]. La proximité du futur est définie par le « taux d'actualisation » qui représente la relation que le financier a au temps. Plus il est élevé, moins il est intéressant d'investir pour un terme long ; les acteurs veulent « beaucoup, tout de suite ». Quant aux problèmes à moyen terme, ils trouvent toujours une solution pour que la collectivité, c'est-à-dire « les autres », paye (par la faillite, la subvention, l'exigence de conditions adéquates ...). Ils confondent concrétude et prédation. Certes, ils sont pragmatiques. Certes, ils travaillent à créer des richesses. Ils peuvent même s'entredévorer en temps de crise, vautours se gavant des restes d'un vautour, en exigeant le soutien collectif qu'ils avaient aussi utilisé sans vergogne en période de vaches grasses. Ici, les représentations biologiques sont parlantes : l'acteur concret est concret dans le sens où le carnassier est plus concret que l'herbivore, surtout si ce dernier est faible et seul, selon la fable *le loup et l'agneau*. Le loup se retrouve, souvent, chez les actionnaires, les dirigeants d'entreprise ou politiques, les acteurs financiers, etc. L'agneau est souvent présent chez les petits, les démunis, les salariés licenciés avant même que les

[18]Joseph Stiglitz, *Un autre monde*, Paris, Fayard, 2006 ; Isaac Johsua, *La grande crise du XXIe siècle*, Paris, La découverte, 2009.
[19]Ce temps a diminué depuis les années 80 du XXe siècle.

actionnaires, les dirigeants et les cadres supérieurs ne voient leurs revenus baisser. Mais pas toujours. Car le petit prédateur rêve de devenir grand, et de grands prédateurs rêvent de devenir des sages ou des bienfaiteurs, et parfois le deviennent.

Les innovations qui sont vite rentables sont celles qui proviennent de découvertes scientifiques et d'inventions technologiques initialement financées par le collectif jusqu'à des stades très avancés, proches de la commercialisation. Sans ces innovations, la fameuse « baisse tendancielle du taux de profit » s'imposerait. Le collectif, ce sont les citoyens, ceux qui financent les travaux de recherche ; ce sont aussi les chercheurs qui souvent travaillent à des rythmes qui, en entreprise, seraient considérés comme de l'exploitation, sans recevoir de rémunération à l'échelle de leur activité. Aucun chercheur n'a pris cette voie pour s'enrichir matériellement, ce qui n'empêche pas des conflits de pouvoir ou d'influence très durs dans la communauté des chercheurs.

Les découvreurs travaillent le plus souvent dans l'esprit d'augmenter et de promouvoir le savoir collectif et de recevoir en échange de la reconnaissance plutôt que dans celui de réaliser des inventions. Les inventeurs ne travaillent pas toujours pour réaliser des innovations commerciales, mais davantage pour résoudre un problème pratique, ou, dans certains cas, pour le plaisir d'inventer une solution. Les inventeurs trop en avance font rarement fortune, certains ont même englouti leur capital d'origine familiale dans leurs travaux de développement[20]. Acceptons que le collectif soit reconnu comme constitutif de cette rentabilité et de la lutte contre les rendements décroissants, et que, en conséquence, les partages des revenus soient adaptés, même si c'est selon des approches probabilistes. Dans le domaine scientifique, le collectif est devenu international. Il dépasse le cadre de l'État-Nation.

Quel est donc le rapport avec le nouveau paradigme ? pourrait se demander le lecteur. Il est direct, car y adhérer produit des changements dans la relation au temps. Il faut du temps au développement d'une action probabiliste. Elle demande de longues marches permettant l'intégration du sens et pénalise le sprint. Avec un lourd fardeau, qui pourrait courir vite ? Le nouveau paradigme favorise les tâtonnements et la recherche, la création des routes, parfois virtuelles ou intellectuelles, et non la course sur un terrain balisé. Ce nouvel acteur va jusqu'à condenser le temps, se riant des contraintes alors qu'il s'y empêtre parfois. Il demande des décisions et des actions de nature collective qui transcendent les choix politiques habituels – lesquels visent généralement le court terme –, tout en impliquant un sens des responsabilités décentralisé, ce qui le conduit à

[20]On sait, par exemple, que M. Diesel est mort dans une quasi-misère.

préférer les choix qui peuvent être pensés, dès l'origine, de manière souple, antinomique, c'est-à-dire des choix reconnus comme non définitifs, provisoires, modifiables pas à pas[21].

Il peut exister une autre manière de concevoir et présenter le nouveau paradigme dans l'agir. Je ferai appel ici aux conceptions de Stéphane Lupasco, généralisation du principe de complémentarité de Niels Bohr[22] : le complémentaire comme contradictoire. La « logique dynamique du contradictoire » conduit à rechercher ce qui est contradictoirement conjugué. Les évènements ou les phénomènes conjugués dévoilent le dynamisme correspondant et ouvrent une voie vers la compréhension de la relation entre intentionnalité et cause efficiente. On ne peut pas définir à *priori* ces phénomènes conjugués, il faut les découvrir. Personne ne pouvait concevoir « les relations d'indétermination » d'Heisenberg avant que la relation onde-corpuscule fût confirmée. Pour être doté d'une fréquence et d'un vecteur d'onde, un objet doit avoir une certaine extension en espace et en temps. Un tel objet quantique dual sera donc d'autant moins localisable que son énergie est plus précisément définie, et réciproquement.

Quel que soit le niveau d'analyse, toute dualité antagoniste nécessaire pour décrire un objet conduit aussi à des relations d'indétermination sur ces caractéristiques antagonistes. Ainsi, il devient primordial d'analyser les caractéristiques d'un « objet », quel qu'il soit, et de vérifier s'il possède des caractéristiques antagonistes. Il y a bien, par exemple, de l'antagonisme entre pensée et action ou entre connaissance et communication. On observe une relation d'indétermination qui fait que plus la pensée est précise et moins l'action peut l'être, et réciproquement. « *Les relations d'incertitudes d'Heisenberg n'apparaissent plus, dès lors, comme quelque phénomène bizarre et incompréhensible, mais comme l'expression même de la logique de l'énergie* »[23]. L'innovation se situe au cœur même de cette logique.

Dans la logique classique, il n'est pas possible de penser l'innovation, ni même l'invention. La découverte est peut-être pensable, mais d'une manière qui semble non adaptée aux découvertes impliquant un

---

[21]La conférence des grandes écoles (CGE) que l'on ne peut soupçonner de manque de concrétude, dans son rapport sur l'approche compétences dans l'enseignement supérieur long (groupe de travail animé par Dominique Chabod, 2011), différencie, selon la présentation de Claude Maury du comité d'étude des formations d'ingénieurs (CEFI) : « les compétences » focalisées sur l'efficience centrée et « La compétence » qui correspond à une efficience extensive. Cette dernière décrit de manière remarquable, et donc floue, les qualités de l'acteur probabiliste. L'acteur probabiliste révèle une compétence globale multifonctionnelle et complexe.

[22]Niels Bohr faisait référence explicitement au taoïsme, son blason, après son anoblissement contenant la figure du yin et du yang. Le taoïsme est une pensée formalisée au VIe siècle av. J.-C.

[23]Stéphane Lupasco, *Le principe d'antagonisme et la logique de l'énergie*, Paris, Hermann, 1951 (réédition Le Rocher, 1987) p. 29.

changement paradigmatique[24]. Il s'agit d'une incapacité conceptuelle. Lupasco utilise le terme « logique » dans un sens large. Il masque de ce fait que la logique dynamique qu'il propose, dont la logique classique ne devient qu'un cas particulier, est fondée sur une innovation conceptuelle. Au point qu'il serait envisageable de considérer que cet antagonisme concerne aussi la relation entre la logique classique et les concepts classiques. On ne peut penser ni le changement ni l'évolution sans reconnaitre qu'ils sont fondés sur le principe d'antagonisme, ce qui conduit à des principes d'indétermination. Il est cohérent que ce qui exige de l'indétermination pour exister – l'innovation –, exige également une pensée acceptant de l'indétermination. Une action précise, complètement actualisée, demande une pensée virtualisée, embryonnaire, et réciproquement. Une action dont la pensée serait pleinement actualisée est nécessairement probabiliste, c'est-à-dire en processus d'actualisation, pendant que la pensée dont elle provient doit se reconstruire devant la constatation des effets qu'elle produit sur l'action.

On ne peut prévoir comment les résultats de l'action seront actualisés, sauf selon une gamme de possibles dont la liste risque de ne jamais être exhaustive. Réciproquement, la focalisation sur un résultat représentable implique une action elle-même probabiliste, opportuniste. Si ce résultat est défini, entre autres, par un caractère « x » lui-même en relation d'antagonisme complémentaire avec un autre caractère « y », plus x a été précisé et moins y le sera. C'est ainsi que « l'enfer est pavé de bonnes intentions ». Par exemple, la relation propriétaire-locataire est antagoniste. Si une loi favorise trop le locataire, les propriétaires préfèreront ne pas louer, ce qui pénalisera les locataires. Si une autre loi favorise trop le propriétaire, les locataires chercheront tous les moyens possibles pour ne pas être locataires ou pour ne pas payer, ce qui annihilera les effets de la loi, car peu de locataires pour trop de propriétaires favorise le locataire. L'équilibre ne peut être trouvé que de manière souple et dynamique. Lors de la crise des subprimes, aux États-Unis, les propriétaires que les banques expropriaient s'empressaient de « casser » leur maison avant l'expropriation afin d'empêcher les banques de la vendre. Au point qu'il a fallu inventer un délit de destruction de son propre bien. Toute loi mécanistique favorise des processus innovants, qualifiables de probabilistes, pour contourner la loi.

Il semble que la vitesse de circulation de l'information soit reliée par un principe d'antagonisme avec la pertinence de l'information. Il est possible qu'il en soit de même entre la quantité d'information et son adéquation, selon l'expression consacrée « trop d'information tue

[24]Karl Popper, *La logique de la découverte scientifique*, Paris, Payot, 1973.

l'information », ce qui rappelle une formule identique pour l'impôt, etc. Internet est en train de montrer que « trop de démocratie tue la démocratie ». Il est étonnant qu'une recherche de binômes antagonistes psychiques, sociaux et économiques n'ait pas été entreprise depuis les écrits de Bohr et Lupasco. Dans l'âge scientifique qui est le nôtre, qui résulte d'une pensée analytique plus proche des cultures occidentales et hindoues, et qui a franchi la borne de la pensée déterministe absolue, la pensée taoïste de l'antagonisme complémentaire prend un nouveau sens : les prémices d'une pensée nouvelle complexe, vingt-six siècles plus tard. Concrètement, les débats sur l'avortement montrent de façon éclatante que compassion et exclusion sont des contradictoires complémentaires. Comme les antagonistes sur ce sujet ont rarement, sinon jamais, une posture que je qualifie de métaphoro-probabiliste, ils ne peuvent trouver un accord. Oui, l'avortement peut être pensé comme un crime, mais oui aussi il peut être pensé comme un bienfait…

Les conséquences pratiques sont que l'identification d'un problème complexe à résoudre, la mise en œuvre des méthodologies de recherche, le management des programmes de développement, la sélection des innovations, implique que l'action soit reconnue probabiliste et que le résultat de l'action ne soit pas seulement trié sur les critères de la pensée à l'origine de l'action. Il s'agit aussi d'accepter de ne pas choisir entre deux solutions possibles dont il n'est pas certain qu'elles sont contradictoires de manière absolue. Entre deux choix de recherche ou de développement, pourrait-on penser, autant dépenser deux fois plus que d'en laisser un de côté, ou alors il faut accepter la coopération.

La connaissance scientifique se nourrit des questionnements et des expérimentations permettant d'y répondre. Aussi, tout projet de nature scientifico-technico-socio-économique est aussi un projet de sujets, chercheurs réflexifs et auteurs de l'enrichissement du savoir. La pensée à l'origine de l'action peut donc se transformer en fonction des avancées de l'action selon un processus rétroactif imprévisible. On cumule deux contraintes : la dépendance du chemin et la projection des représentations des chercheurs qui privilégient ce qui a pour eux le plus de sens. Or ce sens peut s'opposer à ceux qui seront les utilisateurs des innovations. On l'a vu avec le projet Google Glass dont certains aspects s'opposaient la défense de la vie privée.

Prenons l'objectif suivant : diviser par quatre la quantité globale d'énergie consommée dans les transports. Il existe de très nombreux moyens. On peut moins se déplacer, s'organiser pour se déplacer différemment, utiliser des moyens peu consommateurs d'énergie. Chacune de ces trois options se décline selon des critères individuels psychiques, collectifs et sociaux, scientifiques et technologiques, et ce en cascade selon les principes classiques des arbres de décisions. L'« arbre d'analyse » devient d'une immense complexité. Ce n'est plus un arbre, car des boucles de rétroaction apparaissent à chaque niveau. Par exemple, « moins se déplacer » peut être compris comme « modifier les représentations associées au déplacement », « transformer l'organisation de l'espace », « imposer des contraintes civiques », « promouvoir de nouvelles technologies », etc. De plus, toute optimisation génère des contraintes dont le refus en détruit l'intérêt…

Pour cet objectif qui peut être précis et quantifiable, il faudrait mener des milliers d'actions différentes dont bon nombre sont potentiellement en concurrence, et dont nul ne peut savoir à *priori* lesquelles d'entre elles seront retenues et « feront système ». Prenons une part réduite de cet objectif : proposer une automobile consommant le quart des consommations actuelles. Qui peut prédire s'il s'agit d'une voiture profilée, faite en matériaux composites, roulant lentement, au moteur à air comprimé ou électrique ou à autocombustion à haute pression, sur roue ou à sustentation électromagnétique ... ? Les possibilités et les inconnues sont trop nombreuses et les conséquences en matière d'externalisation – qu'une voiture consomme peu, mais qu'elle exige pour sa construction ou son fonctionnement des consommations externes excessives n'a aucun intérêt – sont difficilement prévisibles, car elles résultent d'innovations improbables dont la possibilité d'apparition dépend de la multiplicité des approches, parfois de concepts venus d'ailleurs, mais aussi de contraintes structurelles (dépendance du chemin).

Prenons comme objectif de bâtir l'agriculture de demain qui respecte les exigences suivantes : productivité augmentée, respect accru de l'environnement (dans tous les sens du terme), autonomie énergétique et protéique, durabilité, travail du paysage et accès aux citadins, qualité nutritionnelle des produits. Il n'est pas possible qu'une seule exploitation réponde aux critères. Autant on peut définir ces caractéristiques sur une surface suffisante qui pourra comprendre de dix à mille exploitations agricoles, autant, dans cet ensemble, deux exploitations peuvent prendre des choix opposés et complémentaires. Il faut travailler selon une approche probabiliste et peu à peu optimiser le système. Si l'ensemble est modélisable, le système pourrait être traité par des « réseaux de neurones ». La coopération et la mutualisation deviennent indispensables.

Prenons comme objectif une construction européenne opérationnelle. Les décisions de créer une banque centrale européenne dont les possibilités d'action sont prédéterminées correspondent à une approche mécanique antiprobabiliste. Si l'impression est que l'économie allemande a pris le bon choix, c'est que ne sont pas intégrées les raisons de ce bon choix. Pour que cela marche, il fallait que les autres pays prennent des choix différents. Ce qui ne fonctionne pas dans l'économie européenne, c'est une banque centrale ligotée par une métaphore qui oblige à des processus déterminés, ce sont des pays dirigés selon des politiques qui croient que le tout est la somme des parties, et qui, dans chaque partie, cherchent leur intérêt immédiat. Nous l'avons vu : pensée métaphorique et action déterministe sont un couple mortel.

Les approches bayésiennes ou les réseaux de neurones sont des outils d'aide qui sont typiquement probabilistes. Les conclusions sont très souvent contre-intuitives. Il est intéressant de remarquer l'importance que prend l'analyse bayésienne dans les situations complexes, ainsi que l'utilisation de réseaux de neurones pour résoudre des questions d'optimisation qui semblent inaccessibles à des approches classiques. Quand il s'agit de les utiliser pour des choix qui impliquent une collectivité (agriculteurs ou autres), il faut aussi faire avec les attentes et les gouts de chacun. Nous sommes dans un autre monde que celui d'une chaine de production industrielle, et ce monde-là est celui de l'acteur probabiliste. C'est plus facile à dire qu'à faire ; il faut à la fois patience, ténacité, sens de la transdisciplinarité, avoir une vision qui intègre collectif et individuel et accepter le tâtonnement.

L'action probabiliste porte un lourd fardeau. Pensée en termes de finalité, elle perd en efficacité dans l'action immédiate. L'acteur probabiliste cherche les complémentarités, le partage, la coopération, les « connexions ». Ce n'est pas un ingénieur – dans son sens réducteur – qui applique les méthodes éprouvées et se focalise sur la production d'objets, la mise au point de procédés déjà validés par la technologie. Ce n'est pas l'acteur économique, à l'affut de ce qui lui permet de gagner de l'argent à court terme. C'est un acteur, dont la culture scientifico-technique est importante, qui se situe dans les zones d'interface[25]. Reprenons le même exemple. Vouloir diviser par quatre les consommations des transports en entreprenant uniquement de diviser par quatre la consommation individuelle des voitures est illusoire. Si c'était possible, cela entrainerait au contraire une demande accrue d'utilisation de ces voitures. C'est ce qu'on appelle « l'effet rebond ». Il faut donc aussi agir à d'autres niveaux. Porté par une approche collective, l'acteur probabiliste s'installe dans la durée. Il paye un lourd tribut à l'acteur prédateur qui ne pense

[25] L'article de ParisTech Review (octobre 2013), *Qui seront les ingénieurs de demain ?*, décrit de manière remarquable l'ingénieur-acteur probabiliste qui cumule des caractéristiques contradictoires (rigueur et imagination, esprit de système et sens du beau, fermeté et flexibilité, etc). Cette revue très technique n'a pourtant pas l'ambition officielle de révolutionner le mode de pensée des ingénieurs.

qu'à lui et qu'au moment présent. Il finit par gagner dans la durée, si, entretemps, un prédateur ne lui a pas tout confisqué, mais ce gain est collectif, il ne lui revient qu'en partie. Il peut perdre pour lui-même, mais dans la durée son « sacrifice » n'est pas toujours vain.

Traduites en termes économiques, les actions probabilistes sont moins efficaces et moins rentables à court terme, elles sont plus lentes, mais plus innovantes. Elles ajoutent un supplément d'investissement immatériel, par incorporation aux marges d'une forme d'apprentissage. Elles paraissent injustifiables aux acteurs focalisés sur la rentabilité à court terme. Si tout était organisé pour que seules les actions immédiatement efficaces et rentables soient justifiées, l'action probabiliste serait impossible ; l'innovation serait au point mort. La vie sociale entrerait dans un processus de répétition invivable qui verra une augmentation incompressible des frais fixes et une baisse tendancielle de la valeur ajoutée.

Les actions probabilistes collectives sans exigence de retour rapide sur investissement se montrent très efficaces. Ainsi en est-il des développements de logiciels libres (Linux, Mozilla, Open Office, Claroline, ...), qui ont beaucoup plus de chance de s'imposer dans la durée que leurs concurrents, même s'ils sont soumis à une rude concurrence due à des dominations qui relèvent de l'ancien paradigme. Wikipédia est un autre exemple qui montre à la fois des processus d'autoorganisation nouveaux et des processus coopératifs qui ont existé, par exemple, depuis le début de l'irrigation et du partage de l'eau. Wikipédia subit de rudes critiques, surtout dans le domaine des sciences humaines, mais continue à se développer[26]. Peut-être plus importante, dans le paysage économique français, est la réussite des coopératives. Même si tout a été fait pour éliminer de la production les coopératives industrielles, dans l'électronique, par exemple (on connait l'histoire d'AOIP), et généralement parlant dans les industries de pointe, après un passage à vide, le mouvement coopératif se porte bien et se redéveloppe rapidement, malgré l'opposition de fait des finances et du politique. Serait-ce un indicateur d'un renouveau ?

De ce balayage, il ressort que nous manquons probablement de théorie économique adaptée à notre situation. Thorstein Verben avait montré, il y a plus d'un siècle, que l'économie classique n'était pas une science évolutionnaire. Elle n'avait pas traversé de rupture épistémologique interne fondamentale depuis sa création à la fin du XVIIIe siècle ; et il ne semble pas que ce soit encore le cas, aujourd'hui, contrairement à la physique, la chimie, la biologie, la psychologie, la

[26]La suggestion serait de proposer aux esprits critiques d'êtres auteurs dans Wikipédia.

sociologie, l'anthropologie, etc.. Bien que Pierre-Noël Giraud estime que chaque discipline de pensée doit définir pour elle-même ses conditions de validité, les référents lui viennent des autres disciplines (physique, biologie, psychologie, sociologie, neurologie). Or ces sciences arrivent à des théories contre-intuitives. Étrangement, l'économie reste en accord avec l'intuition commune, ce qui permet de comprendre que des débats politiques puissent se déplacer en débats économique[27s.] Cette science cherche explicitement ses concepts fondateurs dans d'autres sciences. Comme l'a écrit Hayek, et Keynes et Schumpeter seraient d'accord : « *Personne ne peut être un grand économiste qui n'est qu'un économiste – et je suis même tenté d'ajouter qu'un économiste qui est seulement un économiste est susceptible d'être un fléau si ce n'est un réel danger* »[28]. Pourtant, il finit par écarter les conceptions qui encastrent l'économique dans un système plus vaste et évacuer toute forme d'intrication entre les différents niveaux.[29]

Soit, reconnaitra le sceptique, c'est peut-être une approche intéressante pour la recherche et l'innovation, mais pas pour la majorité des acteurs économiques qui, de toute manière, n'y comprendront rien. S'il s'agit de production et de logistique, c'est l'« ancien paradigme » qui, de toute façon, s'applique, comme la physique classique s'applique aux activités industrielles de base et à notre ressenti du monde matériel à notre portée.

Cette critique ne peut pas être prise à la légère. La logique de la physique classique, c'est-à-dire l'approche mécanique supposée absolument déterministe, est en effet appliquée de manière générale, dans les activités économiques, administratives et même sociales. Pourtant, une faible minorité de personnes maitrise la logique dite « classique », il suffit pour cela de le tester chez des élèves au sortir du baccalauréat[30]. On impose donc une approche qu'une minorité seule a pu, éventuellement, s'approprier. De plus, il parait difficile de soutenir que cette application systématique d'une logique statique ne génère pas plus de couts

[27]Pierre-Noël Giraud, *la Mondialisation*, Éd. des sciences humaines, Auxerre, 2012. Page 58, il cite une discussion entre Samuelson et un prix Nobel de physique qui lui demanda de citer un seul théorème contre-intuitif en économie. N'oublions pas qu'Adam Smith, pénétré de la physique newtonienne, parle d'un « équilibre économique gravitationnel ». Les théorèmes ou équations contre-intuitifs dans les sciences ont commencé durant la deuxième moitié du XIXe siècle quand les découvertes ne purent plus être exposées dans le langage « naturel » et exigèrent des métaphores vertigineuses.

[28]Friedrich Hayek, *The dilemma of specialization*, in White, ed., The state of the Social Sciences, University Chicago Press, 1956.

[29]Il y aurait à entreprendre une étude épistémologique et historique de l'économie. C'est probablement la première science à s'être développée pour répondre à un besoin de technique politique : comment amplifier et favoriser la richesse – donc la puissance – d'une nation ? Le but originel est de donner des outils pour l'action.

[30]Gérald Bronner (*Coïncidences – nos représentations du hasard*, Paris, Vuibert, 2007) cite le problème de « Monty Hall », à propos d'un jeu télévisé américain « Let's make a deal ». Il montre l'étonnante difficulté de raisonner sur un problème apparemment simple.

externalisés qu'elle ne dégage de marge. Qui paye les surcouts d'un travail mécanisé et évalué à l'extrême sans respiration (ceci est une métaphore) ? Les collectivités, qu'il s'agisse des familles, des organismes de santé, des structures de soutien, voire des associations, font des activités indispensables pour compenser ce surcout. Mais elles sont considérées comme non « rentables », car ce qu'elles apportent n'est pas valorisé à son juste niveau. On pourrait aller plus loin. La montée des identités collectives fermées est une conséquence d'une pensée exacerbée de l'ancien paradigme. Qui prétend que cela aide la vie sociale et la vie économique ? Même dans une entreprise, on souhaite l'adhésion citoyenne des salariés qui devraient comprendre les difficultés que peut rencontrer l'entreprise. On leur demande d'avoir, sans le dire explicitement, plusieurs identités. Par exemple, les syndicats devraient comprendre les impératifs de la rentabilité. Pourquoi pas ? La réciproque devrait venir des dirigeants qui devraient se préoccuper aussi des problématiques sociales. Ce qu'ils ne font pas, obsédés qu'ils sont par des indicateurs simplistes et par leur revenu personnel. À dirigeants mécaniques correspondent des syndicats mécaniques. À vouloir séparer des variables complémentaires contradictoires, on crée des silos étanches qui transforment le monde humain en processus mécaniques.

Comment les dirigeants décryptent-ils les succès ou les échecs des plans de « restructuration » ? Ils prétendent les expliquer par quelques tableaux et schémas dont ils croient que cela représente la réalité de leur entreprise. Le problème est qu'ils ne la connaissent pas, même quand elle est de taille moyenne. Ils ne vivent pas dedans, ils la surplombent. Ils sont rarement en relation directe avec leur personnel, ils en ont peur. L'expérience montre qu'une assistante, souvent en relation avec de nombreux acteurs, qu'un technicien à l'écoute de ce qui se dit, qu'un employé administratif intéressé par son entreprise, connaissent mieux ce qui se passe que les dirigeants eux-mêmes. « Radio moquette », comme on dit dans les entreprises, est souvent plus pertinente que les discours des dirigeants. Tout le monde sait qui s'entend avec qui, qui est menacé, quelles sont les lubies de tel ou tel dirigeant. J'ai le souvenir d'une discussion concernant un évènement précis qui allait se passer, le PDG demandant le secret. Pourquoi, remarquais-je, puisque c'est connu de tous. La seule réaction fut la question de l'origine de la fuite. Les dirigeants ne savent pas que la façon qu'ils ont de rencontrer quelqu'un, de lui serrer la main, le ton de sa voix, etc., sont perçus et traduits. Avant même que le dirigeant ne le sache lui-même, ceux qui l'entourent, et qui ne sont pas cadres supérieurs, savent si une affaire est dans la bonne voie ou pas. Les motivations cachées d'un acteur sont souvent perçues par les « petits ». En revanche, ils ne sauront pas toujours le dire dans des termes que le dirigeant peut comprendre, et surtout ils en discuteront entre eux et n'en parleront pas aux « grands ». Vouloir le pouvoir semble détruire l'aptitude à percevoir. Les gens s'expriment peu, par peur ; ils n'en pensent pas moins et, finalement, le montrent dans leurs actes.

La réussite des plans de restructuration, vient généralement de la volonté désespérée des opérationnels de sauver leur entreprise, même si, et c'est souvent dit, les dirigeants ne le méritent pas. Les dirigeants profitent de la bonne volonté incroyable des salariés, lesquels sont capables de passer outre des règles édictées prétendument pour que cela marche... Investis à outrance dans le travail, ils sont déjà probabilistes, alors que leurs dirigeants, mécanisés à l'extrême, et tirés par le gout du pouvoir et/ou de l'argent, ne voient rien, les syndicats ayant tendance à leur ressembler en basculant dans l'autre bord déterministe. Si les salariés « jettent l'éponge », on apprend peu après dans les journaux que le dirigeant « a décidé » de jeter l'éponge.

Si l'effet global positif des acteurs « égoïstes », par « ruissèlement des richesses », selon l'affabulation de théoriciens déconnectés du réel, a pu être justifié selon des argumentations discutables, il s'avère qu'aujourd'hui les conclusions opposées sont devenues peu discutables, car c'est la définition classique de la richesse qui pose problème : il nous faut accroitre la population des acteurs probabilistes, ceux qui ont une représentation de l'intérêt collectif, qui pensent dans la durée, qui réfléchissent à l'avenir. Certes cela coutera cher, en termes de cout classique, sans tenir compte des externalités qui, inversement, pourraient être positives, mais ce « fardeau » sera un choix de transformation. Comme cela pourra ralentir les actions à rentabilité immédiate, cela donnera l'impression de faire baisser les taux de profit. En réalité, cela diminuera les couts et dettes non comptabilisées. Les acteurs préoccupés par l'intérêt collectif ne favoriseront pas les transferts des biens collectifs au profit d'individus. On peut imaginer que cela ne se fera pas dans la sérénité. Certains acteurs, préoccupés par l'affaiblissement de rentes immédiates à leur profit – qui d'énormes deviendront simplement confortables, pourraient perdre le peu de sens du collectif qu'il leur reste. Ils pourraient mettre l'ensemble du corps social en danger. On le voit bien devant la crise de la dette des États.

Est-ce à dire que l'acteur probabiliste a une approche davantage collective, voire collectiviste, que l'acteur classique ? On constate que, dès l'origine de la philosophie politique, l'acteur classique est positionné selon les deux pôles, collectif et individuel. *La République* de Platon pose l'intérêt collectif avant l'intérêt individuel, et il est peu niable que Confucius fasse de même. La vision libérale, depuis Adam Smith, suppose qu'un bien collectif émerge spontanément de l'activité égoïste individuelle, même si son autre ouvrage, peu cité, tempère ce point de vue[31]. L'application du nouveau paradigme dans l'action politico-économique devrait se situer au cœur de cet antagonisme qui superpose contradiction et complémentation. Autrement dit, l'acteur probabiliste est les deux à la fois, et ce de manière probabiliste, c'est-à-dire qu'il est capable de passer de l'un à l'autre selon la situation, et selon la finalité. Cette capacité, reconnaissons-le, est un mystère ; mais elle fonde la grandeur et la dignité humaine.

Toute discussion sur les choix à prendre ne peut évacuer le fait que liberté et solidarité sont à la fois antagonistes et complémentaires, de même que compétition et coopération. Antagonistes dans le sens où la solidarité, posée comme une exigence collective, restreint la liberté des acteurs. Complémentaire dans le sens où cette liberté n'existe que dans le cadre du collectif dans lequel est inséré chaque individu. L'opérateur de marchés perdu seul dans la Taïga n'a plus de liberté, il ne saurait survivre.

Dans tous les domaines de la vie individuelle, depuis la naissance jusqu'à la mort, le collectif est présent. Il est dans la langue, dans les représentations qui s'imposent à chaque citoyen, ou dans celles qu'il élabore. Il accompagne les années d'enfance, de formation, de découverte. Il est présent comme soubassement nécessaire à la relation qu'elle soit personnelle ou professionnelle. Il est affirmé par le droit et la loi. Il est aussi matérialisé dans les infrastructures, les routes, les ponts ou les réseaux qui seraient impossibles sans la protection et les règles collectives. Même les choix les plus personnels sont imbibés d'un collectif qui a lui-même des composantes antagonistes. Il est à la fois un construit social, un accord intersubjectif, et une réalité qui a sa propre capacité de résistance, indépendamment de la représentation que nous en avons. La liberté des acteurs est aussi celle qui permet de construire le collectif. Sans liberté des acteurs, il n'y aurait pas de possibilité de créer un « espace collectif », de créer des « évènements ». Un tas de sable n'est pas une société de grains de sable. Le sujet citoyen autonome se construit dans et par le collectif, même si c'est un collectif partiel lui-même en interaction avec un collectif plus vaste. Comme chaque situation crée souvent des conditions qui s'opposent, dans le temps, au maintien de cette situation (cf. la métaphore d'Attila), rien n'est jamais acquis de manière définitive et le retour aux conditions initiales est inaccessible.

[31]Dans la *Théorie des sentiments moraux*, Adam Smith remarque l'importance chez l'homme de la sympathie. Ce terme, actuellement pris à contresens, est remplacé par « empathie » qui finalement signifie la « sympathie » d'Adam Smith.

Individuel et collectif se définissent l'un l'autre de manière complémentaire et antagoniste, en mouvement perpétuel.

Entre le tout État et le tout individuel, deux situations proprement impossibles, car le tout de l'un des deux équivaut au rien des deux, il existe un champ de possible immense et instable. Dans ce sens, l'acteur scientifique ou technologique ne peut pas agir tranquillement dans sa discipline, dans la durée (jadis cette durée pouvait dépasser une génération), sans être pris dans la « tourmente » de ce qui lui semble extérieur à sa problématique. On l'a vu avec le nucléaire, la chimie, l'informatique, les biotechnologies, et bientôt avec les nanotechnologies. L'acteur probabiliste a davantage le sens collectif que l'acteur égoïste qui focalise son énergie pour son gain personnel, dût-il être de la prédation, limité à une sphère réduite et qui la justifie par une conception mécanistique illusoire et un déni de l'apport du collectif dans l'acquisition de sa position.

L'approche probabiliste conduit à refuser le « one best way ». Cette précision conceptuelle du chemin signifie imprécision et imprévisibilité dans son application, selon la logique des variables conjuguées. Alors qu'un grand nombre de chemins différents acceptés ensemble peuvent conduire à une sorte d'homogénéité dans la mise en œuvre. Ainsi l'action probabiliste ressemble à une réalité quasi naturelle, sauf que n'étant pas considérée à son niveau de réalité, elle est niée. En conséquence, on ignore pourquoi une orientation réussit et une autre pas.

L'extraordinaire expansion des connaissances entraine la distorsion entre les mentalités et les savoirs. Les savoirs ne sont plus intelligibles globalement. Aucun décideur n'agit « en toute connaissance de cause ». Il devrait changer de posture et accepter une approche probabiliste de ses actions, non pas parce que son action relève typiquement du nouveau paradigme, mais parce que la complexité du monde est devenue telle que c'est préférable. Cette problématique avait déjà été identifiée dès les années 70 du XXe siècle, de manière théorique. C'est ainsi qu'après les termes « multidisciplinaire » et « interdisciplinaire » est apparu durant ces années le concept de « transdisciplinaire »[32]. Cependant cette évolution avait lieu indépendamment de la prise de conscience des limites matérielles du monde, limites que nous sommes en train de rencontrer et face auxquelles nous allons devoir transformer notre abord du monde.

[32] La transdisciplinarité est fondamentalement différente des deux autres ; elle exige que chaque acteur soit le pont entre au moins deux disciplines. Elle exige ainsi une forme de multidisciplinarité des acteurs, probablement pas de tous, mais d'un taux suffisant. Sinon, le seul lien sera la finalité partagée, risque d'un nouveau totalitarisme qui cache son nom. Dans la transdisciplinarité, la relation entre les disciplines a pour conséquence de transformer la pratique, voire les concepts, des disciplines concernées.

Autrement dit, l'argument du cout supplémentaire à court terme de l'acteur probabiliste par rapport à l'acteur mécanistique n'a que le poids de ce qu'il indique : celui de ne plus privilégier le court terme dans un espace limité, sans tenir compte des couts externalisés et du devenir. Dans un monde dont les ressources deviennent rares et dont les couts externalisés vont devoir être internalisés, car leur effet en retour va bientôt relever du court terme, c'est toute la logique des couts qui devra être revue. Supposons un pays qui augmente ses efforts en recherche, développement, innovation, qualité de l'environnement, vie sociale et culturelle, etc. Cela signifie que, globalement, toutes choses égales par ailleurs, il devra baisser son niveau de consommation matérielle, ce qu'on appelle son « niveau de vie » et en conséquence le PIB classique. Qui dit baisse de niveau de vie moyen devrait conduire à un resserrement des écarts de revenus. Cette délicate adéquation demande une approche non mécanistique. Ne disons pas que c'est impossible, car quand la crise est là, il y a des pans entiers de la population dont le niveau de vie baisse encore plus. On est bien dans une problématique de changement de l'imaginaire collectif.

Le nouveau paradigme ne remet pas en cause le savoir de l'ingénieur ni les pratiques techniques. Ce qui est remis en cause c'est l'usage sans limites de l'ancien paradigme, autrement dit l'usage des méthodologies techniques « déterministes » appliquées à toute forme d'action et à tout niveau. Or il est de plus en plus difficile de nier que « cela ne marche plus si bien ». Méditons sur un exemple simple. Les États-Unis, un des pays les plus riches du monde, est aujourd'hui celui qui épargne le moins. Quant à la Chine, le pays le plus peuplé du monde, et tout nouvellement en décollage économique (peut-être 6 à 7 fois moins riche par habitant, ou 4 à 5 fois moins en parité de pouvoir d'achat), c'est celui qui épargne le plus. Comment est-ce possible, selon une approche mécanistique ? On dira que le décollage exigeant la formation de capital, il faut un fort niveau d'épargne. Il n'empêche que cela signifie un changement progressif d'attitude des populations selon le niveau de développement. Ce qui n'a rien de mécanique. On constate aussi que l'écart d'espérance de vie est seulement de quatre ans et l'écart du taux d'alphabétisation de 5%. Quant à la consommation énergétique ou l'empreinte écologique par habitant, celle des Américains est plus de cinq fois supérieure à celle des Chinois, alors que ces derniers sont positionnés dans la production, plus couteuse en énergie que les services. De telles différences donnent une idée des marges de manœuvre considérables, des innovations, qui dépendent davantage de l'imaginaire et de contraintes historiques – la dépendance du chemin –, que d'analyses déterministes.

Pourquoi une plus forte proportion de la population est-elle capable de comprendre la logique probabiliste mieux que la logique classique ? Probablement parce que le psychisme et la relation sont de nature probabiliste. Souvenons-nous que la métaphore est l'autre aspect du probabilisme, qu'un récit convainc toujours mieux qu'une démonstration, et que l'apprentissage de la logique classique demande un énorme effort. Cependant, il y a une différence entre être spontanément probabiliste sans réflexion, et penser probabilistiquement. La difficulté est de penser de manière métaphorique – en saisissant sa relation au probabilisme –, d'agir de manière probabiliste et de garder en plus l'analyse logique classique qui y est incluse et le déterminisme de méthode. En 1984, dans son numéro de Noël, *The Economist*, cette revue hebdomadaire affirmée « La revue sérieuse » par le monde de l'économie et de la finance, a comparé les prévisions économiques de quatre éboueurs londoniens à celles de quatre anciens ministres des finances, quatre présidents de multinationale, quatre étudiants d'Oxford. Les éboueurs sont arrivés en tête avec les dirigeants d'entreprise. Pour l'évolution du cours du pétrole, ils ont battu tous les autres. « *Depuis, les banques et les médias n'ont bizarrement pas cherché à collecter les prévisions économiques des éboueurs* »[33]. En octobre 2011, l'enquête Global Business Barometer, réalisée par The Economist et le Financial Times, a interrogé cinq éboueurs londoniens et des dirigeants d'entreprise du monde entier. Les éboueurs et les dirigeants ont des points de vue étonnamment similaires sur l'économie mondiale et le cours du pétrole en 2012. Au milieu de 2012, il semble que les éboueurs aient été plus lucides pour le cours du pétrole… Croit-on que les éboueurs disposent de moyens plus élaborés que les dirigeants pour leurs estimations ? Non, mais ils ont moins de préjugés normalisés. Ils décèlent des régularités dans l'organisation de la société et des phrases – ou des mots – pour la dire, malgré l'apparent désordre ambiant. C'est une capacité naturelle d'analyse statistique que nous partageons avec certains de nos frères primates et il faut au contraire une solide éducation anti-probabiliste pour faire perdre ces capacités si profondes cohérentes avec le fonctionnement cérébral[34].

Peut-être le sceptique dira-t-il que la pensée métaphorique n'a pas le pouvoir d'agir. Elle resterait dans un champ spéculatif sans effet. Il se tromperait lourdement. Les affrontements du XXe siècle ont été des affrontements métaphoriques, car seule la pensée métaphorique peut entrainer adhésion et rassemblement des peuples. Seule elle donne un sens qui mobilise les énergies. Lorsqu'elles ont été menacées dans leur

[33]Courrier international et The Economist, Hors série N°39, décembre 2011 – février 2012, p 72.
[34]Jonathan Grainger *et al.*, Science, 2012, vol. 336, pp 245-248.

existence même, comment se sont mobilisées les démocraties ? Par l'appel d'hommes qui ont changé de statures et qui se sont positionnés dans le champ métaphorique. C'est par leurs appels porteurs de sens qu'ils ont créé une gigantesque mobilisation laquelle a vaincu non pas uniquement parce qu'elle était la plus forte, mais parce qu'elle était fondée sur ce qui ne peut plus accepter d'être vaincu : l'alliance du métaphorique et du probabilisme, ce qui donne sens au fait de vivre et mobilise.

Lorsque la pensée métaphorique s'associe à l'action déterministe, selon l'ancien paradigme, il n'en résulte que mort et destruction[35]. Cette alliance est diabolique dans son sens propre. Elle transforme une force de vie en un processus de mort. Elle conduit chacun à un clivage entre son adhésion profonde et son engagement dans l'action. Séparant la vie de la mort, elle transforme la première dans la seconde et, à partir de l'illumination métaphorique subjective, elle conduit à construire un champ d'action mécanistique fait de ruines ou de machines ; c'est une pensée totalitaire. La pensée économique (néo)libérale est fondée sur la métaphore de la mécanique newtonienne, et dans ce sens elle garde le germe d'une pensée totalitaire. Existe-t-il une autre science qui fasse sans cesse allusion à une orthodoxie ? Cette alliance contre nature est possible dans un espace ouvert où les externalités destructrices restent limitées. Le nouveau paradigme est notre seule chance de survie, parce que nous avons désormais pris tout l'espace de la biosphère. Si nous ne pouvons pas agir selon l'intrication complémentaire et contradictoire de la vie et de la mort, c'est-à-dire selon l'agir probabiliste, nous signons notre autodestruction, au moins partielle. Car les externalités sont maintenant en nous : l'espace planétaire est clos.

Depuis soixante-quinze ans, on perçoit des émergences du nouveau paradigme, en différents lieux, différents peuples, selon les circonstances ; à chaque fois, on constate qu'il réussit puis rapidement s'efface, comme si nous ne l'appelions qu'en cas de risque pour la survie. Il va falloir qu'il s'installe chez tous les peuples, afin que la guerre entre eux, ou en eux-mêmes, se transforme en alliance. Cela ne peut avoir lieu que dans la conscience de l'épanouissement du nouveau paradigme.

[35]Une réflexion devrait être entreprise sur ce qu'est une idéologie et sa relation à la métaphore. En première approche, on pourrait dire qu'il s'agit d'une pensée métaphorique sans soupçon, pétrifiée et rendue mécanique ; l'idéalisation transforme la pensée métaphorique qui n'est plus reconnue comme ce qu'elle est : un appel vivant.

Chapitre XVII

L'émergence de l'esprit post-scientifique et post-religieux

Après le développement de la pensée déterministe classique et sa conquête du monde, la nécessité de relations transdisciplinaires et transculturelles provoque l'émergence de ce qui relie. Ce nouvel esprit émerge comme ce qui permet de rétablir les liens rassemblant un savoir fragmenté.

Généralement, nous ne pouvons apprendre ou comprendre quelle est la nature d'une évolution tant qu'elle n'a pas au moins atteint le niveau de sa maturité. Il a fallu attendre le XXIe siècle pour réaliser que le désir de démocratie est un universel humain. Nous n'avons appris les limites du marché autorégulateur aveugle qu'après son échec flagrant[1], encore que cet apprentissage, oublié, et ravivé par la crise de 2007, soit loin d'être acquis. Nous n'avons pris la mesure des limites de la biosphère qu'après les avoir dépassées[2], mais là aussi c'est un apprentissage très lent. Nous ne commençons à comprendre la question de la déplétion pétrolière que parce que nous entrons dans la période qui suit le sommet de la production pétrolière mondiale. Nous ne prendrons la pleine mesure de l'émergence de l'esprit post-scientifique que lorsque sa nécessité apparaitra et que ses effets seront visibles. Dans ce cas précis, il s'agira d'une nouveauté essentielle puisque la prise de conscience de son émergence est un élément clé de son épanouissement.

Cette prise de conscience collective est de même nature qu'une révélation, qu'elle soit intellectuelle, religieuse ou spirituelle. Sorte de

---

[1]Karl Polanyi, ouvrage cité.

[2]Le dépassement commencerait, d'après plusieurs auteurs, vers 1987. La prise de conscience collective émerge réellement dans les dernières années du XXe siècle, mais ne commence à concerner les décideurs que dix à quinze ans plus tard.

fulgurance qui permet l'élargissement de la conscience et la prise en compte des liens, elle rompt le pacte qui laissait croire qu'il y a vingt-six siècles, toutes les révélations avaient été formulées (ou dans certain cas avaient été complétées ultérieurement). Le Nouveau Monde dans lequel nous entrons ne demande pas que de nouveaux concepts, mais l'acceptation d'une transformation vers un avenir dont les contours ne sont pas encore donnés. Le nouveau paradigme, nous l'avons vu, exige une ouverture à l'état vivant et dynamique de la rupture paradigmatique sans pour autant que la reconstruction d'un paradigme simple et stable apparaisse.

La pensée probabiliste élargie qui s'épanouit dans une culture scientifique, celle qui se déploie dans le champ du possible, à l'écoute de l'improbable, n'est pas descriptible par la pensée classique, celle que j'ai appelée « pensée déterministe » et que certains appellent « pensée objectiviste ». Elle traverse les champs disciplinaires et établit des relations entre ce qui se montre indépendant pour la pensée classique. Ce n'est pas pour autant une pensée magique. Car loin de dévaloriser le champ métaphorique, dont elle reconnait la puissance, cette pensée élargie sait reconnaitre les différents niveaux de réalité ; elle ne refuse pas le déterminisme ponctuel, de méthode. Son déploiement entraine une autre forme de conscience, que j'appelle l'esprit post-scientifique, ou l'esprit post-religieux ; une conscience collective ayant intégré science, technologie et sens du vivre ensemble. L'esprit n'est pas individuel, il est dans le lien, c'est-à-dire dans le collectif. Se situer aux interfaces de la recherche du sens et de la beauté, des fonctionnements du psychisme, de la relation, des interactions sociales et économiques, des sciences et technologies, c'est se positionner au niveau du vide interstitiel dans lequel flottent les terres en fragmentation continue des connaissances disciplinaires issues d'un déterminisme méthodologique, et ceci est une métaphore. Elle dit l'accès au champ de l'esprit. Le passage entre chaque terre est un pont. Comme le développement de chaque terre est indépendant, le pont est de nature probabiliste[3]. Comme l'avait remarqué William James, l'univers est un multivers.

Le concept d'émergence de l'esprit post-scientifique est une métaphore. L'adepte de l'« Homme neuronal » sera satisfait de ce terme, car il en tirera l'idée que ce n'est donc que virtuel. Sauf que sans ce moyen, nous n'avons aucun accès au réel, même voilé, que comprendre qu'il existe différents niveaux de réalité liés à des niveaux d'organisation, à des échelles quantitatives différentes, n'est possible que

[3]Cela permet de comprendre l'expression « souverain pontife », expression très ancienne, laquelle a été reprise par le pape. Il signifie précisément « celui qui relie », et bien sûr cela rejoint le terme « religion ».

métaphoriquement. L'expression « Homme neuronal » est bien une métaphore, elle porte une contradiction[4]. Quel sens peut avoir la formulation de Francis Crick qui consiste à dire que la conscience n'est que le fonctionnement de neurones ? Elle n'empêche pas son programme de recherche, lui, d'avoir un sens puisqu'il se proposait d'établir des corrélations[5].

L'esprit, de manière générale, fonctionne comme une métaphore de l'univers[6]. Je me suis concentré surtout sur quelques représentations biologiques, parce que sur le vivant, qui est probabiliste de fait, la projection métaphorique est spontanée. Les astrophysiciens en possèdent aussi un grand nombre et n'hésitent pas, par exemple, à parler de galaxie qui en dévore une autre. L'esprit peut être considéré comme la métaphore des métaphores, ce à quoi accède la conscience en interaction qui s'explore selon une modalité qui, dans l'envers matériel, est probabiliste. Cette modalité laissera, aussi loin que l'on aille dans la connaissance, une zone obscure provenant de l'impossibilité du sujet de se connaitre totalement comme sujet connaissant, ce qui me semble homologue à la belle expression védantique « lesh Avidya », dont la mise en forme semble avoir eu lieu aussi durant la rupture du VIe siècle av. J.-C[7]. On comprend pourquoi l'esprit post-scientifique est un esprit post-religieux. Après avoir largué les amarres avec le néolithique, il quitte l'entrée du port gardé par les religions anciennes[8], il affronte l'espace nouveau dont elles nous protégeaient.

Le concept de champ, en physique, grande invention conceptuelle du XXe siècle, est une belle métaphore. Il est reconnu que de très nombreux physiciens croient en l'existence « réelle » des champs. Car c'est le propre de l'expression métaphorique que celui qui l'exprime y adhère comme à une réalité vivante. Puisqu'il n'est pas possible de parler de vie sans accéder au champ métaphorique, faire alliance avec la vie, c'est se situer dans ce champ, ce qui n'empêche nullement les calculs mathématiques. Très souvent, les mathématiciens sont, selon les termes consacrés, platoniciens ou pythagoriciens. Ils croient en la réalité des objets mathématiques. Cette croyance les conduit à accéder à un monde transcendant la réalité matérielle des objets supposés délimités et

---

[4]Robert B. Laughlin montre, dans *Un univers différent* (trad. fr., Paris, Fayard, 2005) qu'il n'existe pas de hiérarchie dans les sciences et qu'aucune ne peut prétendre être plus fondamentale et finir par expliquer les autres.

[5]Francis Crick, *L'hypothèse stupéfiante — À la recherche scientifique de l'âme*, Paris, Plon, 1994

[6]Je prends le terme « esprit » dans le sens proposé par Dennett dans *La multiplicité des esprits*.

[7]*Vidya* signifiant connaissance, et *lesh* reste, *lesh Avidya* est le reste ultime d'inconnaissance aussi loin qu'aille la connaissance.

[8]Henri Atlan dans *Croyances* (ed Autrement, 2014) montre que le concept de religion est fondé sur les religions monothéistes récentes. L'esprit post-religieux accepte le *dreamland* et les conceptions chamaniques comme religieuses. La religion telle que conçue au début du XXe siècle devient un cas particulier.

déterminés. Ils trouvent certes un sens à ce monde des mathématiques, mais cette capacité n'est pas donnée à tout le monde.

L'intention de voler a plus de vingt-six siècles, le mythe d'Icare est là pour nous le rappeler. Il a fallu ce temps pour qu'en 1988, Kannellos Kanelopoulos, champion cycliste grec, réalise l'exploit de voler avec l'énergie humaine et fasse, sur sa machine appelée Daedalus (nom du père d'Icare), la traversée aérienne de la Crête à l'ile Santorin. L'intention peut exister, même sans les moyens de lui permettre d'agir. Par contre, quand les moyens sont présents, sa capacité se révèle. L'intentionnalité est la première marque visible de l'esprit, elle émerge dans la relation. Les biologistes déclarent que c'est une émergence à partir du fonctionnement cérébral, ce en quoi ils disent quelque chose de très puissant. À condition d'ajouter qu'il n'existe aucune émergence équivalente, car nombreux sont ceux qui veulent la comparer à l'émergence de la termitière à partir du fonctionnement apparemment aléatoire des termites, ou l'émergence du chemin des fourmis, ou l'émergence de formes à partir du « jeu de la vie » [9], ou encore l'émergence des propriétés de l'eau à partir de la molécule d'eau, H_2O[10]. La conscience, elle, est source de représentations agissantes, ce qui reste, encore aujourd'hui, un mystère. Comment des phénomènes à différents niveaux d'échelle peuvent-ils interagir ?

Le terme d'émergence, utilisé par les biologistes, les neurologues, ou les philosophes qui veulent indiquer l'origine de la conscience, est une métaphore. Par celle-ci, comparant l'apparition d'une propriété indescriptible objectivement, à celle d'un objet ou d'un être qui sort de l'eau ou de la brume, il s'agit de comprendre, même partiellement, ce qui n'est pas explicable. Car l'émergence d'une propriété psychique est une rupture qui la rend incommensurable avec la matière, qu'elle soit vivante ou matérielle. C'est aussi le cas pour toute émergence vécue de manière expérientielle.

L'expérience de l'état de conscience sans intention, qu'apportent les méthodes de méditations orientales, et l'expérience de l'émergence de contenus inconscients, qu'apportent les méthodes de la psychanalyse, favorisent la conscience de l'autonomie du processus de réflexivité et l'émergence d'une « conscience probabiliste ». Nous sommes ainsi directement dans la confrontation entre cultures issues de lignées différentes de la révolution du VIe siècle. Et, pour les deux expériences, en parler exige un langage métaphorique.

---

[9]On peut en trouver des exemples sur internet. Chercher à *Jeu de la vie*, ou *John Conway*.

[10]Image donnée par John Searle, dans *L'intentionnalité – essai de philosophie des états mentaux*, trad Fr., Paris, Minuit, 1985

Deux personnes peuvent échanger sur l'objet de l'action intentionnelle, dans l'ignorance du champ métaphorique nécessaire à leur échange. Ils parleront d'objets physiques, ils pourront développer une technologie, voire une science. Quand ils commencent à réfléchir sur les objets mentaux eux-mêmes, représentation des objets physiques auxquels ils s'intéressent, ils entrent dans le monde de la pensée, métaphorique de fait. Quand leur questionnement dépasse ces objets mentaux et plonge dans ce qui les permet, ils entrent dans l'intersubjectivité consciente. C'est ce que j'appelle l'émergence de l'esprit post-scientifique : l'intégration de la recherche du sens et de l'activité scientifique et technique. Les deux cultures de Snow doivent désormais se tendre la main.

L'émergence de l'esprit post-scientifique est ainsi un processus à la fois accessible subjectivement, évaluable par ses effets, et indéterminé. Son expression subjective ne peut être que métaphorique. Sa manifestation objective, non diabolique, mais symbolique, est probabiliste[11]. L'esprit est d'ailleurs si proche de ce que pourrait être « l'essence du vivant » qu'il la voit aussitôt, là où elle se trouve. Ce n'est pas une coïncidence que, pour arriver à parler du vivant de manière scientifique, il ait fallu trouver des formulations probabilistes, mais que pour en parler de manière compréhensible, il faille des expressions métaphoriques.

Un saut évolutif qualitatif est-il concevable ? La thèse de ce livre n'est pas que ce saut est concevable, mais qu'il est indispensable. Alors que le monde des objets matériels, en prolifération, est de l'ordre de la finitude, le monde de l'esprit est de l'ordre de la recherche de l'infinitude.

Nous sommes dans un monde fini. Nous voudrions obtenir du monde matériel ce qui est de l'ordre de l'esprit, par « haine de l'esprit » ; la prolifération des objets matériels en est probablement un indicateur fort. Nous n'irons ainsi qu'à l'épuisement des ressources et à la lutte, darwinienne, pour leur accès. Ce qui risque de se passer, c'est que ceux qui trouveront l'infinitude en eux-mêmes et dans la relation se dégageront de ce combat fratricide. Ils seraient sélectionnés selon l'algorithme darwinien, mais à l'envers, ainsi qu'il en a été pour l'évolution qui a conduit à l'humain depuis deux-millions d'années. Mais, cette manière de faire est-elle bien souhaitable alors même qu'une autre manière d'être et d'agir semble accessible ? Agir démocratiquement, certes ; autant comprendre avant pourquoi nous avons tant de mal à y arriver…

---

[11]Diabolique est l'opposé de symbolique. Étymologiquement, le premier est ce qui sépare, le deuxième, ce qui réunit.

Chercher à comprendre comment pense l'autre demande un effort. Il suffit d'essayer de parler de sa propre langue à un étranger qui ne parle que la sienne pour comprendre à quel point connaitre des langues transforme la relation que nous avons avec notre propre pensée. Parler plusieurs langues fait prendre conscience de l'autonomie de l'esprit, mais ne suffit pas. Il faut s'affronter à l'usage de langues artificielles au contenu radicalement différent. Parler physique, mathématique, biologie, psychologie, sociologie, management, musique, cinéma ..., fait découvrir un nouveau mode de babélisme. Des langues différentes, dites non naturelles, sont nécessaires pour aborder des problématiques différentes. Les traduire en langue naturelle exige de passer par la métaphore, ainsi qu'il en est pour la traduction entre langues naturelles très éloignées.

L'apprentissage de plusieurs modes de pensée facilite le positionnement aux interfaces, ce qui conduit à une posture probabiliste. C'est le résultat d'un long chemin. Il semble qu'il existe aujourd'hui des moyens plus rapides, nous l'avons suggéré ci-dessus à propos des méthodes de méditations orientales et de l'introspection analytique occidentale. Ces deux approches suggèrent que la rencontre de l'autre et la prise de conscience de la nature de cette rencontre sont une transformation intérieure. La prise de conscience de l'indéterminisme de l'interface est source de la posture « spirituelle ».

Entrer dans la langue et dans la parole de celui qui s'exprime, chercher à le comprendre en intériorité, c'est accéder au monde de l'esprit. Ce n'est pas de la simple tolérance, qui pourrait s'identifier à de l'indifférence, c'est une écoute « respectueuse » qui tente de comprendre ce que l'autre, animé du même désir, expose. Gurdjieff disait que si deux personnes ne sont pas d'accord, c'est qu'elles ne se comprennent pas[12]. Comprendre un point de vue, c'est être en accord, même si cela ne signifie pas qu'on souhaite le partager. Personne ne souhaite vivre le point de vue de celui qui est enfermé au fond d'une prison, mais le comprendre change les décisions politiques.

L'émergence de l'esprit post-scientifique a lieu à cette époque où toutes les conceptions de l'esprit se rencontrent, se heurtent, voire s'affrontent. Les filiations qui proviennent des révolutions du VIe siècle av. J.-C., ont évolué, se sont enrichies, et se rencontrent aujourd'hui, se juxtaposent, s'enchevêtrent, se tissent, en même temps qu'elles s'affrontent. Les religions ont comme fondement une vision qui est affirmée comme étant une révélation. Au risque de paraitre réducteur, je pose qu'une révélation est en premier lieu « une prise de conscience », ou une succession de « prises de conscience », un éclaircissement intérieur.

[12]Peter D. Ouspensky, Fragments d'un enseignement inconnu, Paris, Stock, 1961.

Transformé, celui qui les vit cherche à les faire partager. Les fameux sages de la Grèce antique, ceux qui ont permis la fondation de la démocratie, de la philosophie et de la science, n'ont-ils pas eux aussi reçu une « révélation » forte ?[13] Comment fonder la science sans la révélation de réfléchir en refusant les données immédiates de l'expérience sensible ? Comment fonder la philosophie sans avoir l'autorisation intérieure de mettre en doute les certitudes enseignées ? La quasi-simultanéité des révélations du VIe siècle est troublante ; l'émergence de l'agriculture en plus de cinq lieux différents également, de même que les coïncidences et synchronismes des crises actuelles. La réunion des conditions qui les rendent possibles n'est pas nécessairement plus importante que la constitution des conditions qui les rendent attendues. Le téléphone portable était attendu depuis des millénaires, aussi, dès que les conditions techniques ont été rassemblées, le succès a été immédiat. Qu'est-il attendu aujourd'hui ?

La simultanéité des phénomènes que nous voyons se dérouler sous nos yeux depuis un siècle est encore plus forte et tout semble converger. Nous voyons une rupture fondamentale à la fois dans les sciences de la matière et celles du vivant, une transformation de notre connaissance de l'Univers, de la Terre et de l'Homme, qui aboutissent au début du XXIe siècle à une prise de conscience d'un immense décalage entre le monde du savoir et de la pensée, d'un côté, et les mentalités quotidiennes, de l'autre. Parallèlement, l'unification planétaire met en contact toutes les cultures et fait prendre conscience à certains que des éléments de réponses aux questions sur l'homme se trouvent comme fragmentés dans les différentes cultures qui se confrontent et s'entremêlent. À cette unification répondent de multiples crispations identitaires, mais aussi des échanges, des syncrétismes, des recherches, des innovations. Cette simultanéité des crises à tant de niveaux suggère une passe évolutive ; tout semble lié, mais nous n'avons pas le savoir qui permet de comprendre ces liens. Aucune pensée déterministe absolue ne nous permettra d'en saisir le sens.[14]

La transformation des sociétés dites « développées » entraine dans son sillage une crise de la transmission du savoir et de la culture dans tous les pays même si cela provoque parallèlement un mouvement de remontée des valeurs identitaires et des affrontements. De manière synchrone, la

[13]Chacun connait en Occident les Tables de la loi de Moïse. Qui sait que la démocratie d'Athènes reposait aussi sur 12 lois gravées dans la pierre ?

[14]Les sociétés évoluent, mais différemment des êtres vivants ; Alain Testart montre dans *Avant L'histoire – l'évolution des sociétés de Lascaux à Carnac* (Gallimard, 2012) qu'il est possible de concevoir des schèmes évolutifs en anthropologie et sociologie qui soient différents de ceux de la biologie, tout en étant pensés selon des concepts similaires.

population humaine change d'échelle en un siècle, comme conséquence d'un accroissement très fort de l'espérance de vie, dans une sorte de succession : Occidentaux, Orientaux, Africains. L'inflexion de la courbe vient d'avoir lieu, mais nous sommes sept-milliards à l'entrée de 2012 et nous serons huit-milliards probablement avant 2026. Nous prenons conscience que nous ne pouvons pas être à la fois si nombreux et opter pour un développement comme celui qu'ont connu les pays les plus « riches » depuis cinquante ans. Mais pourquoi faudrait-il être si nombreux et/ou si « riches » ? Le tabou sur la question des liens entre démographie, développement, inégalités et environnement est aussi un indicateur de notre difficulté à penser notre situation.

L'émergence de l'esprit post-scientifique a lieu dans la prise de conscience nouvelle que nous sommes, en tant qu'êtres conscients, en train d'expérimenter une série d'antagonismes que nous devrons résoudre. Nous ne pourrons pas y échapper ; la pression dans le bocal « Terre » monte. Il n'y a pourtant aucune certitude que nous voulions le faire. Cette prise de conscience, la grande révélation de la fin du XXe siècle et du début du suivant, doit devenir collective, pour que l'esprit de transversalité, de transdisciplinarité, de coopération, l'emporte sur la compétition et la prédation. Car si l'esprit souffle où il veut, c'est l'homme qui le dévoile et c'est lui qui en parle. Aussi apparait-il à nouveau que l'esprit post-scientifique est aussi l'esprit post-religieux, l'adjectif « religieux » étant pris dans le sens de la croyance en une révélation ancienne, porteuse d'un crédo collectif, qui nous serait apportée de manière définitive. La croyance qu'à une époque ancienne, où si peu de personnes savaient lire et écrire et où les savoirs étaient encore bien archaïques, une révélation définitive a été apportée aux hommes, parait aujourd'hui dépassée. Nous sommes à une époque nouvelle de révélations multiples, intriquées, qu'il nous faut décrypter patiemment, même s'il y a urgence.

On pourrait ainsi prétendre qu'il s'agit également d'un esprit post-philosophique, dans la mesure, là aussi, où les fondements de la philosophie occidentale « classique » sont remis en cause. La philosophie ne peut plus prendre le sélectionnisme et en conséquence l'approche évolutionnaire, qui ne peut être pensée comme déterministe, comme une simple option ; c'est un des fondements philosophiques de la pensée post-philosophique ; refonder sur le mouvant et rebâtir dans l'interaction en est la conséquence. Cela implique à la fois rigueur et créativité, méthode et flexibilité.

Finalement, nous pouvons constater que tout concourt vers la pensée métaphoro-probabiliste, qui sera postmoderne, post-scientifique, postreligieuse, post-philosophique, dans le sens où elle vient après les quatre, mais se construit sur ces bases en les transformant, tout en remettant en cause ce qui les sépare. Cette unité se fait au détriment de l'absolutisme de la séparabilité, au détriment de la croyance en une possibilité de connaissance totale, tout en créant un nouveau type de lien entre la pensée et l'action. C'est une pensée évolutionnaire qui pense le mouvement, la transformation, selon une modalité floue mais opératoire. C'est une pensée qui se veut encyclopédique et humaniste, qui accepte la relativité de toute connaissance possible, sans pour autant fonder un relativisme. Même relative, toute forme de connaissance tend davantage vers le vrai que l'ignorance. L'acceptation de l'incertain ne met pas au même niveau toutes les incertitudes. Cette pensée en mouvement permanent devient une construction permanente qui s'appuie sur l'ensemble des connaissances de son temps, continue à prendre le risque d'avancer et d'inventer, et élargit son écoute de l'improbable.

Une fenêtre d'opportunité s'ouvre devant nous, elle apparait comme un col noyé de brumes entre un lacis d'immenses montagnes infranchissables, tandis que nous sommes dans un cirque apparemment fermé. Oui la montée peut être rude, l'au-delà du col incertain, et le doute tenaille nombre d'entre nous. Mais c'est notre chemin.

Épilogue métaphorique : la dépendance du chemin

Caminante, son tus huellas	*Marcheur, ce sont tes traces*
el camino y nada más;	*ce chemin et rien de plus ;*
Caminante, no hay camino,	*Marcheur, il n'y a pas de chemin,*
se hace camino al andar.	*le chemin se construit en marchant.*
Al andar se hace el camino,	*En marchant se construit le chemin,*
y al volver la vista atrás	*et en regardant en arrière*
se ve la senda que nunca	*on voit la sente que jamais*
se ha de volver a pisar.	*on ne foulera à nouveau.*

Antonio Machado
Traduction de José Parets-LLorca
Chant XXIX, Proverbios y cantarès,
Campo de Castilla, 1917.

Lorsque les scientifiques découvrirent la double hélice de l'ADN, comment il sert de mémoire, le message qu'ils transmirent à la société était : nous avons percé le mystère du vivant… Tout être vivant possède, au cœur de ses cellules, l'ADN qui code ses protéines et règle quand et comment elles sont produites. L'ADN devenait l'explication ultime du vivant.

Ils le transmirent si bien qu'aujourd'hui chacun s'en est emparé. Certains disent que l'ADN non transcrit est l'ADN de notre évolution future. D'autres que par le génie génétique, l'homme se prend pour Dieu. Ce sont des métaphores qui nous disent que nous croyons toujours qu'il existe un soubassement absolu explicatif du tout[1]. Pourtant Henri Atlan écrivit, en 1998, *La fin du tout génétique*. Il montrait que l'ADN ne pouvait pas être l'explication finale du vivant. Seulement une sorte de constante structurelle et fonctionnelle transmissible, l'inscription conservant le condensé historique d'un développement.

Nous imaginons mal ce qu'était le vivant avant l'ADN. Ce dernier peut être pensé comme la trace d'un passage, celui qui s'est imposé, peut-être parce qu'il maintenait une stabilité. Par la « dépendance du chemin », le vivant, dans son évolution, a conservé l'ADN et l'utilise pour continuer. Pour remonter dans le temps, il faudrait chercher d'autres traces, moins structurantes, mais aussi universelles, le carbone lévogyre, par exemple, certainement plus ancien.

Le vivant lui-même est né des interactions chimiques. Il a évolué, jusqu'à ce qu'une petite branche ait inventé une forme d'organisation sociale ; l'homme en est né puis l'a enrichi. Individu autonome, il ne devient lui-même que par la société dans laquelle il apparait.

Nous sommes à la recherche de ces traces infimes qui nous indiquent un chemin, celui du vivant sur notre planète. René Char disait qu'« *un poète doit laisser des traces de son passage, non des preuves. Seules les traces font rêver.* » Les traces laissées par le vivant, analysées patiemment par les scientifiques, deviennent des preuves de passages, dévoilent des chemins surprenants, et, finalement, nous font quand même rêver sur des histoires anciennes.

Les civilisations dont nous connaissons l'existence ont laissé aussi des traces. Patiemment, les historiens et les archéologues les mettent à jour ; le cheminement de l'humanité se dévoile, jamais simple, imprévisible, chaotique, mais néanmoins détectable. Parfois les causes et les effets s'entremêlent, mais qu'importe ; le chemin se dévoile peu à peu.

La transmission des contenus du champ psychique, de génération en génération, laisse aussi des traces. Les psychologues, psychanalystes, psychogénéalogistes, s'y penchent avec délicatesse ; et ce qui nous construit, dans notre subjectivité, se dévoile.

Oui, tout ce qui est en nous est trace du passé. Nous sommes issus de ce long parcours du vivant et, jusqu'à notre façon de penser, nous sommes les descendants de ceux qui nous ont transmis ce dont ils avaient eux-mêmes hérité. Nous sommes l'état du chemin actuel, contingent,

[1] Cette tendance est propre à la culture occidentale sur la base de la pensée juive et grecque, et ne se retrouve pas en Chine, par exemple ; cf François Julien, *Entrer dans une pensée ou Des possibles de l'esprit*, Paris, Gallimard, 2012.

imprévisible, mais descriptible après coup. Nous en transmettons les traces à nos successeurs.

Où allons-nous ? Là où notre marche nous mène. L'ultime n'est pas donné, il apparait, imprécisément, peu à peu dans notre cheminement, dans celui de nos ancêtres et dans celui que nous montrent nos jeunes successeurs.

Bibliographie complémentaire

L'atteinte des limites : terre, eau, climat, énergie

Acot Pascal, 2004, Histoire du climat – du Big Bang aux catastrophes climatiques, Perrin, Paris.

Barré Bertrand, 2007, Atlas des énergies, Quels choix pour quel développement ?, Autrement, Paris.

Barbault Robert, 2006, Un éléphant dans un jeu de quilles : l'homme dans la biodiversité, Seuil, Paris.

Berger Jean-François (Dir.), 2012, Des climats et des hommes, La découverte, Paris.

Bonis (de), Louis, 1991, Évolution et extinction dans le règne animal, Masson, Paris.

Bonneuil Christophe et Fressoz Jean-Baptiste, 2013, L'évènement anthropocène, Seuil, Paris.

Brown Lester R., 2007, Le plan B – Pour un pacte écologique mondial, Calmann-Lévy, Paris.

Calame Mathieu, 2008, La tourmente alimentaire – pour une politique agricole mondiale, Charles Leopold Mayer, Paris.

Chalmin Philippe, Lacoste Élisabeth, 2007, Du rare à l'infini : panorama mondial des déchets 2006, Economica, Paris.

Collomb Philippe, 1999, Une voie étroite pour la sécurité alimentaire d'ici à 2050, FAO, Economica, Paris.

Conseil mondial de l'énergie, 2000, L'énergie pour le monde de demain : le temps de l'action, Technip, Paris.

Cury Philippe, Miserey Yves, 2008, Une mer sans poisson, Calmann-Lévy, Paris.

Erkman Suren, 2004, Vers une écologie industrielle, Charles Leopold Mayer, Genève.

Hawken Paul, Amaury et Hunter Loving, 2008, Natural Capitalism – Comment réconcilier économie et environnement ?, Scali, Paris.

Huzar Eugène, 2008, La fin du monde par la science, ed. è®e, Paris.

Jancovici Jean-Marc, Le Treut Hervé, 2004, L'effet de serre – Allons-nous changer le climat ?, Champs, Flammarion, Paris.

Jorion Paul, 2011, Le capitalisme à l'agonie, Fayard, Paris.

Le Bras Hervé, 1997, Les limites de la planète, Flammarion « Champs », Paris.

Le Roy Ladurie Emmanuel, 1993, Histoire du climat depuis l'an Mille, Flammarion, Paris.

Lafrance Gaëtan, 2007, Vivre après le pétrole, mission impossible ?, MultiMondes, Québec.

Leakey Richard, Lewin Roger, 1997, trad. fr., La sixième extinction – Évolution et catastrophes, Flammarion, Paris.

Martin Jean-Yves, 2002, Développement Durable ? – Doctrines, Pratiques, Évaluations, IRD éditions, Paris.

Meadows Donnela, Meadows Denis, Randers Jorgen, Behrens William, 1972, Limits to growth, trad fr., 1973, Halte à la croissance ? Rapport sur les limites de la croissance, Fayard, Paris.

Nicolas Adolphe, 2004, 2050 – Rendez-vous à Risques, Belin, Paris.

Nifenecker Hervé, 2011, Le nucléaire : un choix raisonnable ?, EDP-Sciences, Paris.

Orsenna Erik, 2008, Un monde de ressources rares, Librairie Académique Perrin, Paris.

Parmentier Bruno, 2007, Nourrir l'humanité – les grands problèmes de l'agriculture mondiale au XXIe siècle, La découverte, Paris.

Prévot Henri, 2007, Trop de pétrole ! : énergie fossile et réchauffement planétaire, Seuil, Paris.

Sauvy Alfred, 1971, Malthus et les deux Marx : le problème de la faim et de la guerre dans le monde, Denoël, Paris.

Sauvy Alfred, 1968, Les Quatre roues de la fortune – essai sur l'automobile, Flammarion, Paris.

Stern Nicholas, 2006, Stern Review : the economics of climate change; sur le web.

Wingert Jean-Luc, préface de Laherrère Jean, 2005, La vie après le pétrole : de la pénurie aux énergies nouvelles, Autrement, Paris.

Sciences de la Vie et de la Terre

Briggs John et Peat David, 1997, Un miroir turbulent, Dunod, Paris.

Brillouin Leon, 1956, Science and Information theory, Academic Press, New York.

Dalmedico Amy Dahan, Chabert Jean-Luc et Chemla Karine (sous la direction de), 1992, Chaos & déterminisme, Points Sciences, Seuil, Paris.

Diacu Florin and Holmes Philip, 1996, Celestial Encounters — The Origin of Chaos, Princeton University Press.

Ekeland Ivar, 2000, Au hasard, Seuil, Paris.

Gould Stephen Jay, 1991, La vie est belle, trad. fr., Seuil, Paris.

Heisenberg Werner, 1961, Physique et philosophie — La science moderne en révolution, trad. Jacqueline Hadamard, Albin Michel, Paris.

Heisenberg Werner, 1990, La partie et le tout – Le monde de la physique atomique, trad. fr. Paul Kessler, Flammarion, Paris.

Jacob François, 1981, Le jeu des possibles, Fayard, Paris.

Leakey Richard, Lewin Roger, 1998, Les origines de l'homme, trad. fr., Flammarion, Paris.

Lorenz Konrad, 1970, Trois essais sur le comportement animal et humain ; les leçons de l'évolution de la théorie du comportement, trad. fr., Seuil, Paris.

Lovelock James, 2007, La revanche de Gaïa, trad. Thierry Piélat, Flammarion, Paris.

Orgel Leslie. E., 1976, Les origines de la vie, trad. Philippe Sauvage, Elsevier-Sequoia, Paris-Bruxelles.

Oparine Alexander, 1967, L'origine et l'évolution de la vie, trad. V.Frolov, A.Pereau, I.Sokolov, Éditions de Moscou, Moscou.

Pavé Alain, 2007, La nécessité du hasard, vers une théorie synthétique de la biodiversité, EDP Science, Paris.

Piaget Jean, 1976, Le comportement, moteur de l'évolution, Gallimard, Paris.

Ruelle David, 1991, Hasard & Chaos, Collection Opus 89, Éditions O. Jacob, Paris.

Vernadsky Vladimir, 1929, La biosphère, trad. fr., 2002, Seuil, Paris

Économie et finances

Ariès Paul (sous la dir.), 2011, Décroissance ou récession – Pour une décroissance de gauche, Parangon/Vs, Lyon.

Artus Patrick, Virard Marie-Paule, 2008, Globalisation – Le pire est à venir, La découverte, Paris.

Ballet Jérôme, Dubois Jean-Luc, Mahieu François-Régis, 2005, L'autre développement – Le développement socialement soutenable, L'Harmattan, Paris.

Dubois Jean-Luc, Brouillet Anne-Sophie, Bakshi Parul, Duray-Soundron, 2008, Repenser l'action collective – Une approche par les capabilités, L'Harmattan, Paris.

Dupuy Jean-Pierre, 2012, L'avenir de l'économie, Flammarion, Paris.

Cohen Daniel, 2004, La mondialisation et ses ennemis, Grasset, Paris.

Latouche Serge, 2004, Survivre au développement : de la décolonisation de l'imaginaire économique à la construction d'une société alternative, Arthème Fayard, Paris.

Pomeranz Kenneth, 2010, Une grande divergence. La Chine, l'Europe et la construction de l'économie mondiale, Albin Michel, Paris.

Rifkin Jeremy, 2012, La troisième révolution industrielle, ed LLL/Actes-Sud, Arles.

Schumpeter Joseph, 1999 (1[ière] édition 1935), Théorie de l'évolution économique, trad fr., Jean-Jacques Anstett, Dalloz, Paris.

Sen Amartya, 1999, L'économie est une science morale, La Découverte, Paris.

Sen Amartya, 1999, Un nouveau modèle économique, trad. Michel Bessières, O. Jacob, Paris.

Sen Amartya, 1999, La démocratie des autres, trad. fr.on Monique Bégot, Payot, Paris.

Stiglitz Joseph E., 2010, Le triomphe de la cupidité, trad. fr., Ed. LLL, Paris

Philosophie, sciences humaines

Arendt Hannah, 1958, Condition de l'homme moderne, trad. Georges Frapier (ed. de 1993), Press-Pocket, Paris.

Braudel Fernand, 1963, Grammaire des civilisations, réed. 2008, Flammarion, coll. Champs, Paris.

Bourg Dominique, 1996, L'homme artifice, Gallimard, Paris.

Caron François, 2010, La dynamique de l'innovation, Gallimard, Paris.

Castoriadis Cornelius, 2007, Postscriptum sur l'insignifiance suivie de dialogue, L'Aube, Paris.

Claessens Michel, 2013, Petit éloge de l'incompétence, ed. Quæ, Versailles.

Cyrulnik Boris et Morin Edgard, 2000, Dialogue sur la nature humaine, L'Aube, Paris.

De Beaume Sophie A., 2008, L'homme et l'outil – L'invention technique durant la préhistoire, CNRS éditions, Paris.

Deleuze Gilles, 1968, Différence et répétition, puf, Paris.

Deleuze Gilles et Guattari Félix, 1972, L'anti-Œdipe – Capitalisme et schizophrénie 1, éditions de Minuit, Paris.

Deleuze Gilles et Guattari Félix, 1980, Mille Plateaux – Capitalisme et schizophrénie 2, éditions de Minuit, Paris.

De Waals Frans, 2013, Le Bonobo, Dieu et nous, — À la recherche de l'humanisme chez les primates, Ed. LLL, Paris.

Diamond Jared, 2006, Effondrement : Comment les sociétés décident de leur disparition ou de leur survie, Gallimard, Paris.

Dupuy Jean-Pierre, 2004, Pour un catastrophisme éclairé – Quand l'impossible est certain, Seuil, Paris.

Emmanuelli Michèle et Perron Roger (sous la dir.), 2007, La recherche en psychanalyse, puf, Paris.

Flandrin Jean-Louis et Montanari Massimo (dir.), 1996, Histoire de l'alimentation, Fayard, Paris.

Friedman Milton, Friedman Rose, Casaril Guy, 1980, La liberté du choix, trad. fr., Belfond, Paris.

Fressoz Jean-Baptiste, 2012, L'apocalypse joyeuse – Une histoire du risque technologique, Seuil, Paris.

Gehlen Arnold, 1983 (Ed. fr. 2009), Essais d'anthropologie philosophique, Éd. de la Maison des sciences de l'homme, Paris.

Godelier Maurice, 1984, L'idéel et le matériel – Pensée, économies, sociétés, Fayard, Paris.

Godelier Maurice, 2007, Au fondement des sociétés humaines – Ce que nous apprend l'anthropologie, Albin Michel, Paris.

Guilaine J., Zammit J., 2000, Le sentier de la guerre. Visages de la violence préhistorique, Seuil, Paris.

Haudricourt A.-G, 2010, Des gestes aux techniques, Éd. Quæ, Versailles et Éd. de la Maison des sciences de l'homme, Paris.

Heidegger Martin, 1958, Essais et conférences, trad Fr. d'André Préau, Gallimard, Paris.

Huxley Thomas H., 1868, De la Place de l'homme dans la nature, trad. fr. E. Dally, J.-B. Baillière, Paris (accessible sur Google books).

Jonas Hans, 1995, Le principe responsabilité, Cerf, Paris.

Keller Evelyn Fox, 1999, trad. fr., Le rôle des métaphores dans le progrès de la biologie, Institut Synthélabo, Le Plessis-Robinson.

Keller Evelyn Fox, 2004, trad. fr., Expliquer la vie. Modèles, métaphores, et machines en biologie du développement, Gallimard, Paris.

Lefort Claude, Essais sur le politique, 1986, Seuil, « Esprit », Paris.

Lefort Claude, L'invention démocratique, 1983, Librairie générale française, le livre de poche, Biblio essais, Paris.

Lebeau André, 2011, Les horizons terrestres : réflexions sur la survie de l'humanité, Gallimard, Paris.

Lebrun Jean-Pierre, 2001, Un monde sans limites – Essai pour une clinique psychanalytique du social, Erès, Ramonville-Saint-Agne.

Leroi-Gourhan André, 1943, L'homme et la matière : évolution et techniques, Albin Michel, Paris.

Leroi-Gourhan André, 1945, Milieu et techniques, Albin Michel, Paris.

Lewin Roger, 1991, L'évolution humaine, trad. fr., Seuil, Paris.

Mauss Marcel, 2012, Techniques, technologie et civilisation, puf, Paris.

Méheust Bertrand, 2012, La nostalgie de l'occupation, La découverte, Paris.

Merleau-Ponty Maurice, 1945, La phénoménologie de la perception, Gallimard, Paris.

Merleau-Ponty Maurice, 1960, Signes, Gallimard, Paris

Merleau-Ponty Maurice, 1968, Résumés de cours. Collège de France, 1952-1960, Gallimard, Paris.

Morin Edgar, Piatelli-Palmarini Massimo, 1974, L'unité de l'homme en trois tomes, Seuil, Paris.

Morin Edgar, 1973, Le paradigme perdu : la nature humaine, Seuil, Paris.

Mumford Lewis, 1934 (réed. 2010), Technics and civilization, The university of Chicago Press, Chicago.

Munck (de) Jean, Zimmermann Bénédicte, 2008, La liberté au prisme des capacités, EHESS, Paris.

Pichot André, 1993, Histoire de la notion de vie, Gallimard, Paris.

Prigogine Ilya et Stengers Isabelle, 1979, La nouvelle alliance – Métamorphose de la science, Gallimard, Paris.

Ricœur Paul, 2005, Parcours de la reconnaissance, Gallimard, Paris.

Ricœur Paul, 1993, Vers une éthique de la finitude in Raoul Crespin, Le christianisme social, Les bergers et les mages, Paris.

Rollot Olivier, 2012, Génération Y, puf, Paris.

Sahlins Marshall, 1976, Âge de pierre, âge d'abondance, trad. fr., Gallimard, Paris.

Sahlins Marshall, 2009, La nature humaine, une illusion occidentale, trad. fr., ed de l'éclat, Paris.

Salmon Gildas, 2013, Les structures de l'esprit – Lévi-Strauss et les mythes, puf, Paris.

Schuon Frithjof, De l'unité transcendantale des religions, Paris, Gallimard, 1948; troisième édition (revue et corrigée), Le Seuil, 1979; dernière édition, L'Harmattan, 2014, col. Theoria.

Seabright Paul, 2011, La société des inconnus – Histoire naturelle de la collectivité humaine, Markus Haller, Genève.

Sibony Daniel, Entre dire et faire. Penser la technique, Paris, Grasset & Fasquelle,

Simondon Gilbert, 2005, L'invention dans les techniques, Seuil, Paris.

Simondon Gilbert, 2006, Cours sur la perception (1964-1965), la Transparence, Chatou.

Testart Alain, Avant l'histoire – l'évolution des sociétés, de Lascaux à Carnac, Gallimard, Paris.

Toffler Alvin, 1984, La troisième vague, trad. fr., Denoël, Paris.

Ziegler Jean, 2007, L'empire de la honte, LGF, Paris.

Zufferey Sandrine & Moeschler Jacques, 2012, Initiation à l'étude du sens, Éd. Sciences Humaines, Auxerre.

Table des matières

Sciences
aux éditions L'Harmattan

Dernières parutions

MILLE ANS D'ASTRONOMIE ET DE GÉOPHYSIQUE
D'Aristote au haut Moyen Âge
De Felice Pierre
Le ciel et la terre sont observés depuis la plus haute antiquité. Ne disposant pas d'instruments de mesure appropriés, les hommes proposent des explications incluant l'action divine ou s'en affranchissant. D'Aristote (IVe siècle avant J.-C.) jusqu'à Isidore de Séville (VIe-VIIe siècles après J.-C.), les auteurs grec, latin, médiéval ont compilé et décrit les connaissances de leur temps sur les astres, les phénomènes atmosphériques et géophysiques en tentant de démythifier le monde qui les entoure. Ce livre illustre aussi le difficile processus de naissance de la connaissance.
(Coll. Acteurs de la Science, 14.00 euros, 128 p., Illustré en noir et blanc)
ISBN : 978-2-343-03816-2, ISBN EBOOK : 978-2-336-36544-2

CE MONDE QUI VIENT
Sciences, matérialisme et posthumanisme au XXIe siècle
Basquiat Jean-Paul - Préface de Paul Basquiat
Le monde qui vient sera ce que nous en ferons. Encore faut-il avoir le courage de regarder l'avenir en face. C'est à cet effort salutaire que cet opuscule invite le lecteur. Appuyé sur les recherches les plus pointues, il propose de décrypter sous tous ses aspects le monde nouveau porté par l'évolution des sciences et des techniques.
(Coll. Questions contemporaines, 10.00 euros, 66 p.)
ISBN : 978-2-343-05055-3, ISBN EBOOK : 978-2-336-36475-9

MANUEL DES PROBABILITÉS OU MATHÉMATIQUES DE L'INCERTAIN
Laloire Jean-Claude - Préface de Michel Delecroix
Ce manuel présente les aspects pratiques de l'analyse des données et les aspects théoriques des probabilités. Cela permet à la fois de comprendre les phénomènes observés, d'en déduire une prévision et ainsi de se projeter vers l'avenir avec un maximum de sécurité. Les méthodes proposées s'appliquent aussi bien aux sciences humaines qu'aux sciences biologiques et médicales et sont mises en pratique à l'aide de nombreux exercices corrigés.
(48.00 euros, 504 p.)
ISBN : 978-2-343-04627-3, ISBN EBOOK : 978-2-336-36043-0

VALEUR (LA) DE L'ESPÈCE
La biodiversité en questions
Lherminier Philippe
Philippe Lherminier est généticien; il propose de s'interroger sans faux-semblant sur la valeur de l'espèce. Que perd-on lorsqu'une espèce s'éteint ? Quelle valeur disparaît ? Il y a de multiples réponses : l'espèce vaut parce qu'elle est utile ou inutile, abondante ou rare, connue ou inconnue, ancienne ou récente, proche ou lointaine, ressemblante ou différente de l'homme, comprise ou mystérieuse.
(Coll. Acteurs de la Science, 13.50 euros, 128 p.)
ISBN : 978-2-343-04141-4, ISBN EBOOK : 978-2-336-35913-7

QUESTIONNEMENTS D'UN OCÉANOGRAPHE

Une immersion dans le monde de la recherche et les questions éthiques qu'elle soulève

Pichevin Thierry

Ce livre décrit de l'intérieur le travail de recherche en océanographie physique de Thierry Pichevin, son contexte, ses méthodes et ses enjeux procurant ainsi au lecteur une immersion dans le quotidien d'un chercheur. D'autre part, il procède à l'analyse éthique rigoureuse des questionnements rencontrés, tout en montrant que tout chercheur peut être confronté à des questionnements comparables.

(22.00 euros, 226 p.)

ISBN : 978-2-343-03444-7, ISBN EBOOK : 978-2-336-35786-7

À L'OMBRE DES FORÊTS

Usages, images et imaginaires de la forêt

Sous la direction de Philippe Billet, Claire Harpet et Jean-Philippe Pierron

Qu'est-ce qu'une forêt ? De quoi sont faites les forêts ? Nous construisons tous une image de la forêt empreinte de vécus et d'imaginaires, procédant d'une accumulation de souvenirs, de connaissances et de représentations médiatiques et institutionnelles. A l'aune d'une prise de conscience de la finitude des ressources naturelles et du changement climatique, il est fondamental de savoir ce que la «forêt» veut dire.

(Coll. Éthique, droit et développement durable, 26.00 euros, 248 p.)

ISBN : 978-2-343-02807-1, ISBN EBOOK : 978-2-336-35819-2

UN BOTANISTE AUTOUR DU MONDE

Afrique, Amérique, Australie

Delange Yves

L'auteur, botaniste, nous invite à la découverte des différents milieux naturels peu connus des Européens, notamment ceux encore peu altérés par la civilisation et caractéristiques de formations extrêmement riches sur le plan de la diversité biologique, tels que les mattorales ou hauts plateaux mexicains, le bush, le veld et le fynbos en Afrique australe, ou encore le mulga, le mallee et la jarrah forest australiens.

(Coll. Biologie, écologie, agronomie, 25.00 euros, 256 p.)

ISBN : 978-2-343-03492-8, ISBN EBOOK : 978-2-336-35415-6

CHERCHEURS, ÉTHIQUES ET SOCIÉTÉS

L'avenir de l'avenir

Patrice Thierry

Peu appréhendée par les décideurs, la biologie conditionnera nos sociétés, les rapports entre les hommes, entre eux et l'environnement. Le monde de la recherche est mal connu, parfois mal aimé ou craint. Il semble donc utile d'instituer un débat pour préciser les objectifs, les moyens, l'information et la vulgarisation, la propriété des résultats et l'appréhension des conséquences de la recherche en biologie.

(Coll. Ethique et pratique médicale, 31.00 euros, 298 p.)

ISBN : 978-2-296-57790-9, ISBN EBOOK : 978-2-296-50418-9

CAMILLE ARAMBOURG. UN PALÉONTOLOGUE, DE L'ALGÉRIE À L'AFRIQUE PROFONDE

Hadjouis Djillali - Préface de Yves Coppens

Depuis les plaines sahéliennes d'Oran à la Vallée de l'Omo en Éthiopie, en passant par les côtes du littoral atlantique, jusqu'au Moyen-Orient, Camille Arambourg aura fait connaître, au cours de ses recherches, non seulement les fossiles de l'Afrique mais également ceux des autres régions du monde. Ce livre retrace le parcours de cet homme qui identifia plus de 230 taxons (familles, genres, espèces) de mammifères et de poissons.

(Coll. Acteurs de la Science, 25.00 euros, 242 p.)

ISBN : 978-2-296-96391-7

POUR UN RENOUVEAU DANS L'ENVIRONNEMENT
De l'antiscience à l'Intelligence Artificielle des systèmes complexes
Bouché Marcel B. - Préface de Richard Moreau
Nos institutions écartent toute évaluation environnementale sérieuse par la promotion d'une démarche antiscientifique. Ce livre décrit au contraire les démarches sérieuses des sciences et techniques et la problématique environnementale. La rigueur, qui fait habituellement défaut à ce secteur d'étude, est indispensable pour permettre l'Intelligence Artificielle appliquée rationnellement à nos évaluations environnementales et à la méthode scientifique dans les systèmes complexes.
(Coll. Biologie, écologie, agronomie, 38.00 euros, 384 p.)
ISBN : 978-2-296-96826-4

VOYAGES D'UN BOTANISTE EN EURASIE
France, Scandinavie, Italie, Grèce, Japon, Inde, Cambodge
Delange Yves
L'auteur, botaniste, nous présente ici nombre d'espèces végétales, à travers ses récits de voyages, des pays du nord de l'Europe jusque dans la lointaine Asie, avec des séjours dans différents espaces méditerranéens. Il livre également de nombreuses informations recueillies au cours de rencontres avec différentes cultures, concernant les productions agricoles, l'alimentation, les traditions culinaires, mais aussi diverses spiritualités vouées aux cultes de la nature, en Inde et en Extrême-Orient.
(Coll. Biologie, écologie, agronomie, 21.50 euros, 224 p.)
ISBN : 978-2-343-03491-1, ISBN EBOOK : 978-2-336-35416-3

COELACANTHE (LE), UNE ESPÈCE ANIMALE À L'ÉPREUVE DES MÉDIAS
Barrère Florent
Le coelacanthe est l'objet de bien des fantasmes : affaire commerciale dans les îles Comores ; course au «spécimen» naturalisé dans les muséums ; étude anatomique dans le seul but de conforter l'hypothèse du «grand-père de l'Homme»... Devenu à ses dépens vedette médiatique, le coelacanthe s'extraira de ce marasme par un retour à son objet scientifique initial : dans les années quatre-vingt, le coelacanthe est enfin filmé dans son milieu naturel.
(Coll. Champs visuels, 20.00 euros, 192 p.)
ISBN : 978-2-296-99785-1, ISBN EBOOK : 978-2-296-53096-6

RÉSEAUX (LES) DE NEURONES DE LA CONSCIENCE
Approche multidisciplinaire du phénomène
Rollet Guy
Cet ouvrage vise à la compréhension de la conscience. Il apparaît que les neurosciences computationnelles apportent incontestablement des éléments décisifs. Un réseau de neurones original est conçu pour coder une conscience *stricto sensu*, capable de raisonnement et de prise de décision. Celle-ci peut être orientée par les émotions. La capacité d'agir, la composition du Soi et la verbalisation de la pensée peuvent alors être envisagées.
(Coll. Biologie, écologie, agronomie, 25.00 euros, 240 p.)
ISBN : 978-2-336-00597-3, ISBN EBOOK : 978-2-296-51375-4

SCIENCE (LA), SYMPTÔME DE L'OCCIDENT
Le «comment» des impasses de la recherche scientifique occidentale
Thiebert Lawrence
Et si les scientifiques avaient trop compliqué leur processus de démonstration ? Et si la démonstration, peu concluante, s'embourbait simplement parce qu'elle relève en vrai d'un raisonnement paralogique psychiatrique tel que celui que l'on rencontre dans le discours du paranoïaque, discours logique certes mais qui part d'un postulat faux ? Nous sous-entendons ici que cette hypothèse est fort probable.
(Coll. Pensée Africaine, 13.00 euros, 116 p.)
ISBN : 978-2-296-97025-0, ISBN EBOOK : 978-2-296-50278-9

UNIVERS (L') FASCINANT DES INSECTES
Nos amis, nos ennemis
Mariau Dominique
Cet ouvrage aborde tous les aspects de la vie des insectes et les rôles essentiels qu'ils jouent dans la vie sur terre. Comment définit-on un insecte ? Depuis quand existent-ils ? Que connaît-on sur leurs organes des sens, leurs migrations, leur rôle, qu'il soit positif ou négatif ?
(Coll. Biologie, écologie, agronomie, 22.00 euros, 182 p.) ISBN : 978-2-296-96144-9

SCIENCE (LA), CREUSET DE L'INHUMANITÉ
Décoloniser l'imaginaire occidental
Royer Jean-Marc
En 1610, Galilée promeut un mode de connaissance qui se veut une lecture mathématique de l'Univers. Face à lui, l'Église. Un long combat s'engage alors, lois contre lois. Un siècle et demi plus tard, tandis que naît la fabrique industrielle basée sur le charbon, les philosophes optent pour ces «lumières». Ce savoir qui voulait mettre la subjectivité à distance aura réussi au-delà de toute espérance : c'est l'être humain que la rationalité calculatrice a rendu obsolète.
(Coll. Questions contemporaines, 23.00 euros, 218 p.)
ISBN : 978-2-296-96233-0

NATURE, TECHNOSCIENCES ET RATIONALITÉ
Le tryptique du bon sens
Makanga Blanchard
La résolution des problèmes écologiques qui touchent notre planète ne peut être l'exclusivité des technosciences et de l'écologie en tant que discipline scientifique. D'autres disciplines sont capables d'apporter des savoirs aussi sûrs et surtout moins risqués que ceux des sciences expérimentales. La philosophie se propose donc de le faire à travers, notamment, la réflexion éthique basée sur la morale stoïcienne, en faisant de l'environnement un nouvel objet d'étude.
(Coll. Sciences et Société, 23.50 euros, 236 p.)
ISBN : 978-2-296-96960-5

UNDO THE MATH !
How semiotic gaps warp thinking
Idelson Marc
In a study inspired by author's observation of the spiraling out of control use of mathematics by bankers, financiers and economists, the Western world's reliance on arithmetic and geometry is traced back, with support from the works of Medieval historian Alfred Crosby and of Anthropologist of Knowledge Paul Jorion, to its Medieval and Antiquity roots. The author bases on different areas such as philosophy with François Jullien's Chinese thought and Michel Bitbol with his epistemological reflections.
(Coll. Recherches en Gestion, 20.00 euros, 190 p.)
ISBN : 978-2-296-96993-3

COMMENT L'HOMME QUITTA LA TERRE
Marc Jacques
L'auteur déroule ici une chronique des croyances, pensées et idées qui ont inspiré, tout au long des millénaires, philosophes et poètes, rêveurs et empiriques, bricoleurs et ingénieurs tandis qu'avançaient les sciences et les techniques permettant de concrétiser un des plus grands rêves de l'humanité : «voguer» dans l'espace jusque vers les étoiles.
(Coll. Acteurs de la Science, 15.50 euros, 152 p.)
ISBN : 978-2-296-96490-7

L'HARMATTAN ITALIA
Via Degli Artisti 15; 10124 Torino

L'HARMATTAN HONGRIE
Könyvesbolt ; Kossuth L. u. 14-16
1053 Budapest

L'HARMATTAN KINSHASA
185, avenue Nyangwe
Commune de Lingwala
Kinshasa, R.D. Congo
(00243) 998697603 ou (00243) 999229662

L'HARMATTAN CONGO
67, av. E. P. Lumumba
Bât. – Congo Pharmacie (Bib. Nat.)
BP2874 Brazzaville
harmattan.congo@yahoo.fr

L'HARMATTAN GUINÉE
Almamya Rue KA 028, en face
du restaurant Le Cèdre
OKB agency BP 3470 Conakry
(00224) 657 20 85 08 / 664 28 91 96
harmattanguinee@yahoo.fr

L'HARMATTAN MALI
Rue 73, Porte 536, Niamakoro,
Cité Unicef, Bamako
Tél. 00 (223) 20205724 / +(223) 76378082
poudiougopaul@yahoo.fr
pp.harmattan@gmail.com

L'HARMATTAN CAMEROUN
BP 11486
Face à la SNI, immeuble Don Bosco
Yaoundé
(00237) 99 76 61 66
harmattancam@yahoo.fr

L'HARMATTAN CÔTE D'IVOIRE
Résidence Karl / cité des arts
Abidjan-Cocody 03 BP 1588 Abidjan 03
(00225) 05 77 87 31
etien_nda@yahoo.fr

L'HARMATTAN BURKINA
Penou Achille Some
Ouagadougou
(+226) 70 26 88 27

L'HARMATTAN SÉNÉGAL
10 VDN en face Mermoz, après le pont de Fann
BP 45034 Dakar Fann
33 825 98 58 / 33 860 9858
senharmattan@gmail.com / senlibraire@gmail.com
www.harmattansenegal.com

L'HARMATTAN BÉNIN
ISOR-BENIN
01 BP 359 COTONOU-RP
Quartier Gbèdjromèdé,
Rue Agbélenco, Lot 1247 I
Tél : 00 229 21 32 53 79
christian_dablaka123@yahoo.fr

638245 - Janvier 2016
Achevé d'imprimer par

1livre.com
du rêve à la réalité !

www.ingramcontent.com/pod-product-compliance
Lightning Source LLC
LaVergne TN
LVHW011020061026
849535LV00006B/1981
* 9 7 8 2 3 4 3 0 6 6 7 8 3 *